高技能人才培养用书

物流无人机操作与运维

（初级）

北京京东乾石科技有限公司　组编

主　编　易　美　莫桂芳　李傲寒

参　编　沈晓燕　刘曦明　雷　雯　魏晓鹏　陈克宗

张　翼　陈江茹　李　悦　职小洁　严敏琳

孙　宁　时　坤　范广辉　刘越东　王　家

机械工业出版社

本书依托京东物流无人机技术基础，较系统地介绍了物流无人机操作与运维（初级）的基础知识。本书主要内容包括：无人机物流基础、无人机法律法规、无人机管理及申报工作、飞行环境、无人机飞行原理及飞行性能、多旋翼无人机系统、物流无人机模拟飞行技术、物流无人机运营前准备、物流无人机视距内基础飞行、物流无人机视距内飞行、物流无人机视距内安全保障飞行和物流无人机系统日常维护。

本书面向物流、无人机相关专业学生，大中型企事业单位的物流部门，以及第三方物流公司，储运公司，飞行器制造、服务、教育、应用等企事业单位的运营或服务部门各类人员。

图书在版编目（CIP）数据

物流无人机操作与运维：初级 / 北京京东乾石科技有限公司组编；易美，莫桂芳，李傲寒主编. -- 北京：机械工业出版社，2024. 11（2025.12 重印）. --（高技能人才培养用书）.
ISBN 978-7-111-77140-1

Ⅰ. V271.2；V279

中国国家版本馆 CIP 数据核字第 2024GR2638 号

机械工业出版社（北京市百万庄大街 22 号　邮政编码 100037）
策划编辑：陈玉芝　张雁茹　　责任编辑：陈玉芝　张雁茹　关晓飞
责任校对：肖　琳　李　杉　　封面设计：张　静
责任印制：单爱军
中煤（北京）印务有限公司印刷
2025 年 12 月第 1 版第 2 次印刷
184mm × 260mm · 13.75 印张 · 310 千字
标准书号：ISBN 978-7-111-77140-1
定价：68.00 元

电话服务　　网络服务
客服电话：010-88361066　机　工　官　网：www.cmpbook.com
010-88379833　机　工　官　博：weibo.com/cmp1952
010-68326294　金　书　网：www.golden-book.com
封底无防伪标均为盗版　机工教育服务网：www.cmpedu.com

编 委 会

组 编

北京京东乾石科技有限公司

主 编

易 美 广西物流职业技术学院

莫桂芳 广西物流职业技术学院

李傲寒 安徽理工大学

参 编

沈晓燕 安徽理工大学

刘曦明 安徽理工大学

雷 雯 安徽理工大学

魏晓鹏 安徽理工大学

陈克宗 合肥市技师学院

张 翼 安徽交通职业技术学院

陈江茹 新疆天山职业技术大学

李 悦 博尔塔拉职业技术学院

职小洁 海南经贸职业技术学院

严敏琳 福建船政交通职业学院

孙 宁 威海市职业中等专业学校

时 坤 北京京东乾石科技有限公司

范广辉 北京京东乾石科技有限公司

刘越东 北京京东远升科技有限公司

王 家 北京京邦达贸易有限公司

前 言

无人机在物流行业的应用，正在越来越多地受到政府、企业的重视和青睐。《“十四五”航空物流发展专项规划》中多次提到无人机，指出无人机需要在扶贫领域发挥作用，助力“快递进村、村村通邮”；强调智慧物流与新兴无人技术搭配，发挥组合效应。无人机物流的本质是使用先进的生产工具去发展生产力，是物流业机械化、自动化和智能化发展的结果和成果，是智慧物流体系中的一个重要分支。

未来，物流无人机的基础运营、货物分拣、配送运输、装配、试飞、维护与检修等，将成为新一代物流人的就业岗位。物流无人机也将持续助力物流业实现跨越式发展，成为现代物流业不可缺少的基础设施之一。

基于此，我们依托京东多年运营物流无人机积累的丰富经验，由京东集团提供具体案例数据和工作方法，由来自多所院校、行业协会及科研院所的老师结合相关科学理论，梳理并编写了本书，旨在培养可从事物流无人机的基础运营、货物分拣、配送运输、装配、试飞、维护与检修的人员。

本书在编写过程中参考了大量的文献资料，在此，我们向所参考的文献的作者表示诚挚的感谢。

由于本书编写时间仓促及编写水平有限，书中难免有疏漏与不当之处，敬请广大读者批评指正。

编　者

目录

单元 1
无人机物流基础

【内容概览】

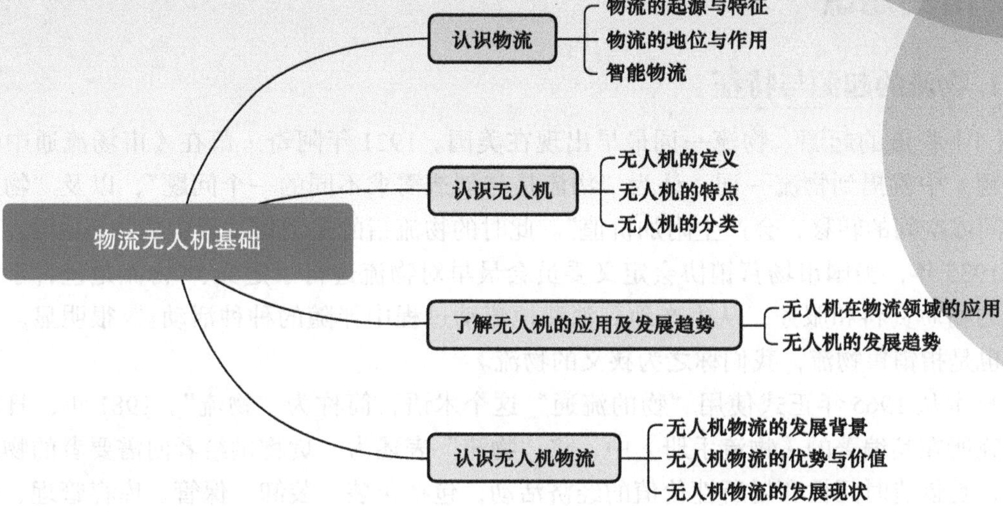

【知识目标】

1. 了解物流的起源与特征。
2. 了解物流的地位与作用。
3. 了解智能物流。
4. 了解无人机的定义。
5. 了解无人机的特点、分类与应用。
6. 了解无人机物流的背景。
7. 了解无人机物流的优势与价值。
8. 了解无人机物流的发展现状。

【技能目标】

1. 掌握物流的基础知识。
2. 掌握物流无人机的基础知识。

【素养目标】

培养爱岗敬业的工作态度，形成严谨务实的工作作风。

任务 1 认识物流

任务描述

通过学习物流的起源与特征、物流的地位与作用、智能物流等知识，提高学生对物流相关知识的了解，更好地认识物流。

相关知识

1. 物流的起源与特征

（1）物流的起源　物流一词最早出现在美国。1921 年阿奇 · 萧在《市场流通中的若干问题》中就提到物流一词，认为“物流是与创造需求不同的一个问题”，以及“物资经过时间或空间的转移，会产生附加价值”。此时的物流指的是销售过程中的物流。

1935 年，美国市场营销协会定义委员会最早对物流进行了定义：“物流是包含于销售之中的物质资料和服务，从生产地到消费地流动过程中伴随的种种活动。”很明显，这种物流也是指销售物流，我们称之为狭义的物流。

日本从 1965 年正式使用“物的流通”这个术语，简称为“物流”。1981 年，日本综合研究所在其编著的《物流手册》中，将“物流”表述为“货物供给者向需要者的物理性移动，是创造时间性和场所性价值的经济活动，包括包装、装卸、保管、库存管理、流通加工、运输配送等诸种活动”。

我国开始使用物流一词始于 1979 年。1979 年 6 月，我国物资工作者代表团赴日本参加第三届国际物流会议，回国后在考察报告中第一次引用和使用物流这一术语。1989 年 4 月，第八届国际物流会议在北京召开，物流一词在我国开始普及。

2001 年，美国物流管理协会对物流的定义进行了完善：“物流是供应链运作中，以满足客户要求为目的，对货物、服务和相关信息在产出地和销售地之间实现高效率和低成本的流动和储存所讲行的计划、执行和控制的过程。”

我国国家标准《物流术语》对物流的定义：根据实际需要，将运输、储存、装卸、搬运、包装、流通加工、配送、信息处理等基本功能实施有机结合，使物品从供应地向接收地进行实体流动的过程。

（2）物流的特征　现代物流集成了信息处理、运输、仓储、配送、装卸搬运及包装等物流活动，与现代化工业、商贸流通业、农业紧密联系，广泛采用了代表当今生产力发展水平的管理技术、工程技术、信息技术。其主要特征有以下几点。

1）系统化。现代物流不是运输、仓储、配送、装卸搬运、加工、包装、信息处理等活动的简单叠加，而是通过彼此的内在联系和相互作用，围绕着共同的目标形成一个有机系统，通过物流功能的最佳组合实现物流整体活动的最优，服务于生产物流和生活物流。

2）总成本最小化。现代物流是建立在物流总成本意识的基础上，利用物流系统各功能要素之间的效益背反关系，通过物流各功能活动的相互配合和总体协调，达到物流总成本最小化的目的。

3）信息化。现代物流比传统物流对信息有更大的依赖，现代物流通过信息将各项物流活动有机结合在一起，控制物流活动按照预定的目标运行。准确地掌握信息，如消费者的需求信息、供应商的供应信息、制造商的生产和库存信息，可以减少低效率、非增值的物流活动，提高物流服务水平。经济活动中的物流、信息流和资金流如图 1-1 所示。

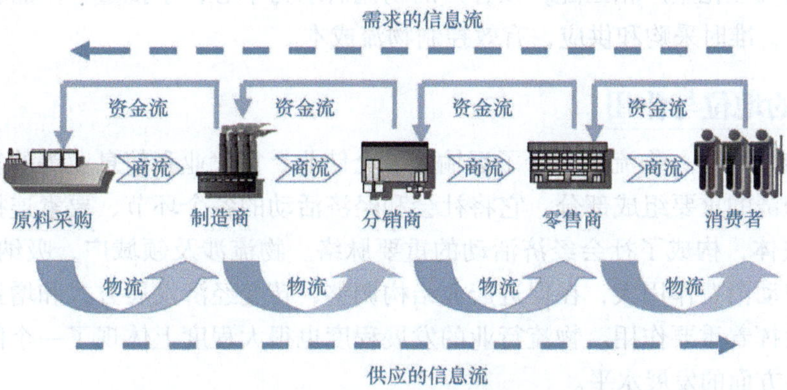

图 1-1　经济活动中的物流、信息流和资金流

4）机械化。机械化是组织物流活动的物质技术基础，体现着企业的物流能力大小。在现代物流活动中，先进的机械设备在运输、仓储、装卸搬运、包装及流通加工等作业过程中得到了广泛的使用，极大地减轻了劳动强度，提高了物流运作效率和服务质量。物流分拣中心的高速分流器自动分拣线如图 1-2 所示。

图 1-2　物流分拣中心的高速分流器自动分拣线

5）社会化。现代物流以外包为主，生产方式已从自给自足转变为社会分工条件下的专业化。社会组织或个人对物流的需求任务，不再单纯追求内部自我完成，而是交给社会专门的物流企业去完成，以获得更高的物流效率和规模效益。

6）专业化。社会分工促使了物流专业化的形成与发展，在企业内部物流管理已作为企业的一个专业职能部门独立存在，如海尔物流公司。在社会经济领域，出现了更多的专业化物流企业提供专业化的物流服务，这也需要专业化的物流人才和设备来支持。

7）电子化。现代信息技术、通信技术以及网络技术已广泛应用于现代物流信息的处理和传输过程，电子技术已渗透到物流各个环节。自动化、智能化、实时化和可视化等许多物流技术成果都建立在电子技术的基础上，可以说没有电子化就没有现代物流的信息化。

8）网络化。现代物流网络一方面是物流组织网和交通运输网，如大型的物流企业在全国建立分公司或业务代办点，另一方面是指以互联网为支撑的物流信息技术网络。网络化使物流企业对客户的需求做出快速响应成为可能。

9）快速化。现在市场竞争要求企业对市场需求做出快速反应，进而要求物流服务商对上下游的物流需求做出快速反应，缩短前置时间和配送间隔，加快货物周转，减少库存，如快递物流企业提供的当日送达和次日送达服务。

10）柔性化。多样化、个性化的消费者需求，要求制造企业更具柔性化。现代物流需要与制造业的柔性化生产相匹配，以客户的物流需求为中心，小批量、多品种、高品质地调整物流作业，准时采购和供应，有效控制物流成本。

2. 物流的地位与作用

（1）物流的地位　物流是融合了运输业、仓储业、货代业和信息业等的复合型服务产业，是国民经济的重要组成部分，它将社会和经济活动的各个环节、要素连接在一起形成一个综合性整体，构成了社会经济活动的重要脉络。物流涉及领域广，吸纳就业人数多，促进生产、拉动消费作用大，在促进产业结构调整、转变经济发展方式和增强国民经济竞争力等方面发挥着重要作用。物流行业的发展程度也很大程度上体现了一个国家经济、科技、工业等多方面的发展水平。

1）物流业是调节与平衡市场供需的重要领域。在市场经济中，物流业能加速商品流通，降低商品流通费用，减少流通环节，调节市场供需，促使经济运行与商品流通的调节与平衡更加合理化。它不仅对生产及经济的运行具有调节作用，而且还能加速商品流通领域中相关产业，如金融业、交通运输业、商品零售与批发业等行业增长方式的转变，同时也是国家赖以进行经济调控的重要工具。

2）物流业是推动市场体系发展完善和范围扩张的重要方式。物流业与经济发展的各个产业部门都有紧密联系，有助于提升经济发展效益与效率，促使经济市场扩大，并促进经济各产业部门间形成更加稳固的联系。同时，物流业的扩张推动了经济活动地域范围和规模的日趋扩大，加速了地区之间、企业之间在更为广阔的区域中进行分工与协作，也推进了全球统一市场的形成与世界经济全球化的进程。

3）物流业是满足社会消费需求的有效工具。在传统经济活动中，商流、物流、信息流及资金流四位一体，由批发或零售商业组织独立完成。随着现代物流业的诞生，商流与物流的职能分离，提高了流通领域的运作效率，突出了物流的专业化地位与职能。不仅如此，物流活动还可以作为企业开展市场营销活动的有效工具与手段，引导消费结构、消费方式及消费倾向的积极调整，具有不断满足社会对商品品种丰富、商品购销便利等方面的需求，以及进一步引导需求、改变需求理念甚至创造需求的功能。

（2）物流的作用

1）服务商流。在商流活动中，商品所有权在购销合同签订的那一刻，便由供应方转移到需求方，而商品实体并没有因此而移动。除了非实物交割的期货交易，一般的商流都必须伴随相应的物流过程，即按照需求方（买方）的需要将商品实体由供应方（卖方）以适当方式、途径向需求方转移。在这整个流通过程中，物流实际上是以商流的后继者和服务者的姿态出现的。没有物流的作用，一般情况下，商流活动都会退化为一纸空文。电子商务的发展需要物流的支持，就是这个道理。

2）保障生产。从原材料的采购开始，便要求有相应的物流活动，将所采购的原材料配送到位，否则，整个生产过程便成了无米之炊。在生产的各工艺流程之间，也需要原材料、半成品的物流过程，以实现生产的流动性。就整个生产过程而言，它实际上就是系列化的物流活动。合理化的物流具有通过降低运输费用而降低成本，通过优化库存结构而减少资金占压，通过强化管理进而提高效率等方面的作用，从而有效促进整个社会经济水平的提高。

3）方便生活。实际上，生活的每一个环节都有物流的存在：通过先进的仓储技术，可以让新鲜的果蔬在任何季节亮相；搬家公司周到的服务，可以让人们轻松地乔迁新居；方便快捷的快递业务，可以让人们足不出户尽享线上购物的便利和乐趣。

3. 智能物流

（1）智能物流的概念　智能物流是以物联网广泛应用为基础，利用先进的信息采集、信息传递、信息处理、信息管理、智能处理技术，通过信息集成、技术集成和物流业务管理系统的集成，实现贯穿供应链过程中生产、配送、运输、销售以及追溯的物流全过程优化以及资源优化，并使各项物流活动优化、高效运行，为供应方提供最大化利润，为需求方提供最佳服务，同时消耗最少的自然资源和社会资源，最大限度地保护好生态环境的整体智能社会物流管理体系。

（2）智能物流设备

1）自动化设备（见图1-3）。通过自动化立体库、自动分拣中心、输送带等，可实现存取、拣选、搬运、分拣等环节的机械化、自动化。

a) 自动化立体仓库

b) 自动分拣中心

图1-3　自动化设备

2）智能设备。智能设备通过自主控制技术，进行智能抓取、码放、搬运及自主导航等，使整个物流作业系统具有高度的柔性和扩展性。常用的智能设备有拣选机器人、码垛机器人、无人机、配送无人车等，如图1-4所示。

3）智能终端。使用高速联网的移动智能终端设备（见图1-5），物流人员的操作将更加高效便捷，人机交互协同作业将更加人性化。

a) 拣选机器人

b) 码垛机器人

c) 无人机

d) 配送无人车

图 1-4　智能设备

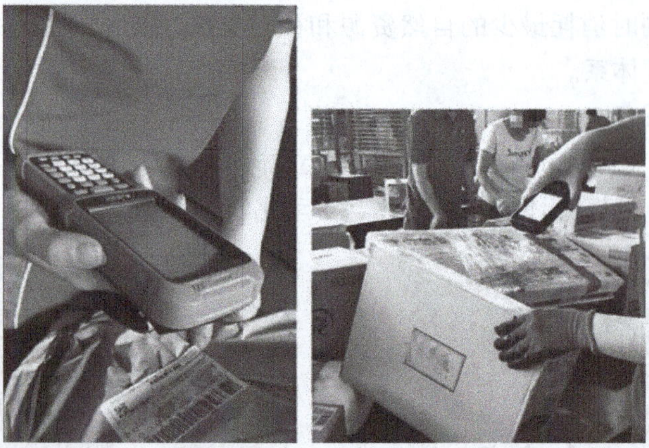

图 1-5　快递扫描巴枪

（3）智能物流的应用

1）产品的智能可追溯网络系统。目前，在医药、农产品、食品、烟草等行业领域，产品追溯体系发挥着货物追踪、识别、查询、信息采集与管理等方面的巨大作用，已有很多成功应用。

2）物流过程的可视化智能管理网络系统。这是基于卫星导航定位技术、射频识别（RFID）技术、传感技术等多种技术，在物流过程中实时实现车辆定位、运输物品监控、在线调度、配送可视化与管理的系统。

3）智能化的企业物流配送中心。这是基于传感、RFID、声、光、机、电、移动计算等各项先进技术，建立的全自动化的物流配送中心。借助配送中心智能控制、自动化操作的网络，可实现商流、物流、信息流、资金流的全面协同。目前一些先进的自动化物流中心，基本实现了机器人堆码垛、无人搬运车搬运物料、分拣线上开展自动分拣、计算机控制堆垛机自动完成出入库，整个物流作业与生产制造实现了自动化、智能化与网络化。这也是物联网的初级应用。

4）企业的智能供应链。怎样能使供应链更加智能，怎样才能做出准确的客户需求预测，这些是企业经常遇到的现实问题。这就需要智能物流和智能供应链的后勤保障网络系统支持。

知识拓展

京东的智能物流系统

京东通过建立仓库群、整合供应商资源、实施无线条码技术与全景监控实现了智能仓储管理系统；通过建立配送站、采用送货上门 + 自提点、自建网络 + 第三方物流实现了“最后一公里”；通过网络下沉、供应链自动补货，实现了总仓、分仓之间的联合运营；通过整合配送网络资源、建立项目调拨实现了仓配一体的云物流。

京东物流昆山无人分拣中心是目前全球首个正式落成并运营成功的全程无人分拣中心。它标志着京东物流配送中的分拣环节进入了全场无人化、智能化阶段。场内自动化设备覆盖率达到 100%。京东智能物流在基础硬件的建设和软件系统的构建都树立了行业新标杆。

任务小结

本任务重点介绍了物流的特征和作用等基本知识，需要了解物流的起源和地位，掌握物流的特征和作用，并了解智能物流等物流发展趋势。

课后训练

一、选择题（每题可能有一个或者多个正确答案）

1.“物流”一词是由（　　）简化提出的。

A. 中国　　B. 美国　　C. 日本　　D. 英国

2. 物流的作用是（　　）。

A. 服务商流　　B. 保障生产　　C. 方便生活　　D. 提升成本

3. 常见的智能物流设备有（　　）。

A. 自动化设备　　B. 智能设备　　C. 智慧终端　　D. 手动设备

二、判断题（正确的画“√”，错误的画“×”）

1. 物流的特征有系统化、总成本最小化、信息化等。（　　）

2. 物流的作用包括服务商流、保障生产、方便生活。（　　）

任务2 认识无人机

任务描述

通过学习无人机的定义、特点与分类，提高对无人机相关知识的认识，可以更好地了解无人机。

相关知识

1. 无人机的定义

无人机是从有人驾驶飞机发展而来的一种重于空气的可重复使用无人驾驶航空器。对无人机的定义有一种简化的观点：无人机是一种用计算机和无线链路取代飞机驾驶员的飞机。美国航空航天学会（AIAA）对无人机的定义：一种设计或改装过的、不搭载飞行员、依靠飞行控制器进行控制，或者依靠机载自动飞行驾驶系统进行控制的飞行器。

2. 无人机的特点

（1）无人机的优势　与有人机相比，无人机具有以下优势。

1）机上没有驾驶员，无须配备生命保障系统，简化了系统，减轻了重量，降低了成本。

2）机上没有驾驶员，执行危险任务时不会危及飞行人员的安全，更适合执行危险性高的任务。

3）机上没有驾驶员，可以适应更激烈的机动飞行和更加恶劣的飞行环境，留空时间也不会受到人所固有的生理限制和影响。

4）无人机在制造、使用和维护方面的技术门槛和成本相对更低。

制造方面：放宽了冗余性和可靠性指标，放宽了机身材料、过载、耐久等要求。

使用方面：使用相对简单，训练更易上手，而且可用模拟器代替真机进行训练，节省了真机的实际使用寿命。

维护方面：维护相对简单，维护成本低。

5）无人机对环境要求较低，包括起降环境、飞行环境和地面保障等。

6）无人机重量轻、体积小、结构简单、应用领域广泛。

（2）无人机的局限性　与有人机相比，无人机具有以下局限性。

1）无人机上没有驾驶员和机组人员，对导航系统和通信系统的依赖性更高。

2）无人机放宽了冗余性和可靠性指标，降低了飞行安全。当发生机械或电子故障时，无人机及机载设备可能会产生致命损伤。

3）无人机的续航时间相对较短，尤其是电动系统无人机。

4）无人机遥控器、地面站、图传数传电台等设备的通信频率和地面障碍物等限制了无人机系统的通信传输距离，也限制了无人机的飞行范围。

5）无人机的体积、重量和动力等决定了无人机的抗风、抗雨能力比较有限。

3. 无人机的分类

目前，无人机的用途广泛，种类繁多，型号各异，各具特点。无人机的分类有助于相关标准规范的确立，有助于无人机的飞行管理，有助于无人机的发展。

（1）按飞行平台构造形式分类　按飞行平台构造形式的不同，无人机可分为固定翼无人机、无人直升机、多旋翼无人机、无人伞翼机、无人扑翼机和无人飞艇等。

1）固定翼无人机。固定翼无人机是指由动力装置产生前进的推力或拉力，由机身固定的机翼产生升力，在大气层内飞行的重于空气的无人机。图 1-6 所示为一种典型的固定翼无人机。

固定翼无人机的特点是：载荷大、续航时间长、航程远、飞行速度快、飞行高度高，但起降受场地限制，无法沿任意方向飞行。

2）无人直升机。无人直升机是指依靠动力系统驱动一个或多个旋翼产生升力和推进力，实现垂直起落及悬停、任意方向飞行、定点回转等可控飞行的无人机。图 1-7 所示为一种典型的无人直升机。

图 1-6　固定翼无人机

图 1-7　无人直升机

按旋翼数量和布局方式的不同，无人直升机可分为单旋翼无人直升机、双旋翼无人直升机和四旋翼无人直升机等不同类型。

无人直升机的特点是：可垂直起降、可悬停、操作灵活、可任意方向飞行，但结构复杂、故障率较高。与固定翼无人机相比，其飞行速度慢、油耗高、载荷小、航程短、续航时间短。

3）多旋翼无人机。多旋翼无人机是指具有三个及以上旋翼轴提供升力和推进力的可垂直起降无人机。图 1-8 所示为一种典型的多旋翼无人机。

图 1-8　多旋翼无人机

与无人直升机通过自动倾斜器、变距舵机和拉杆组件来实现桨叶的周期变距不同，多旋翼无人机的旋翼总距是固定不变的，通过调整不同旋翼的转速来改变单轴推进力的大小，从而改变无人机的飞行姿态。

多旋翼无人机的特点是：结构简单、价格低廉、操作灵活、可沿任意方向飞行，但有效载荷较小、续航时间较短等。

4）无人伞翼机。无人伞翼机是指以伞翼为升力面，以柔性伞翼代替刚性机翼的无人机。伞翼位于全机的上方，多用纤维织物织成不透气柔性翼面，可收叠存放，张开后利用迎面气流产生升力。图 1-9 所示为一种典型的无人伞翼机。

无人伞翼机的特点是：体积小、速度慢、飞行高度低等。

5）无人扑翼机。无人扑翼机是一种利用仿生原理，通过机翼主动运动模拟鸟的翅膀振动，产生升力和前行力的无人机。其特征是机翼主动运动、靠机翼拍打空气的反作用力作为升力和前行力、通过机翼及尾翼的位置改变进行机动飞行。图 1-10 所示为一种典型的无人扑翼机。

图 1-9 无人伞翼机

图 1-10 无人扑翼机

6）无人飞艇。无人飞艇是一种轻于空气、具有操纵和推进系统的无人机。图 1-11 所示为一种典型的无人飞艇。

图 1-11 无人飞艇

无人飞艇分为硬式、半硬式和软式三种类型。现代无人飞艇多为软式无人飞艇。软式无人飞艇一般由气囊、辅助气囊、吊舱、推进装置以及尾翼、方向舵和升降舵等组成。其中，气囊由涤纶、聚酯纤维、Mylar（俗称迈拉，一种聚酯薄膜）等人造材料组成，里面充满了轻于空气的气体，如氢气、氦气；辅助气囊通过充气和放气来控制与保持飞艇的形状及浮力；吊舱位于飞艇下方，里面装有发动机；推进装置为飞艇的起飞、降落和空中悬停提供动力；尾翼、方向舵和升降舵为飞艇提供机动能力。

无人飞艇最大的优势是滞空时间和静音性能，但也存在造价昂贵、速度过慢等问题。

（2）按应用领域分类　按应用领域的不同，无人机可分为军用无人机、民用无人机和科研无人机。

1）军用无人机。军用无人机是指应用于军事领域的无人机。无人机最早起源和应用于军事领域，军用无人机具有较强的技术保密性和垄断性。

军用无人机按用途可分为靶机、侦察无人机、诱饵无人机、电子对抗无人机、通信中继无人机和无人战斗机等。

2）民用无人机。民用无人机是指应用于民用领域的无人机。与军用无人机相比，民用无人机技术要求低，更注重经济性。军用无人机技术的民用化降低了民用无人机市场进入门槛和研发成本，使得民用无人机得以快速发展。

民用无人机可分为消费级无人机和工业级无人机。消费级无人机主要用于个人娱乐、个人航拍、青少年科普教育等方面，强调产品的易操作性、便携性和性价比。工业级无人机主要用于各个行业应用领域，强调产品的专业性、稳定性和可靠性。

3）科研无人机。科研无人机是指应用于科学研究、科学实验或类似用途的无人机。

（3）按飞行航程分类　按飞行航程的不同，无人机可分为超近程无人机、近程无人机、短程无人机、中程无人机和远程无人机，见表1-1。

表1-1　无人机的分类（按飞行航程划分）

无人机的分类	无人机的飞行航程 /km
超近程无人机	<15
近程无人机	15 ~ 50
短程无人机	50 ~ 200
中程无人机	200 ~ 800
远程无人机	>800

（4）按飞行高度分类　按飞行高度的不同，无人机可分为超低空无人机、低空无人机、中空无人机、高空无人机和超高空无人机，见表1-2。

表1-2　无人机的分类（按飞行高度划分）

无人机的分类	无人机的飞行高度 /m
超低空无人机	0~100
低空无人机	100~1000
中空无人机	1000~7000
高空无人机	7000~18000
超高空无人机	>18000

（5）按民航法规分类　按中国民用航空局飞行标准司2018年发布的咨询通告《民用无人机驾驶员管理规定》（AC-61-FS-2018-20R2），无人机的分类等级见表1-3。

表 1-3　无人机的分类等级

分类等级	空机重量 /kg	起飞全重 /kg
Ⅰ	0 < 空机重量（起飞全重）≤ 0.25	
Ⅱ	0.25 < 空机重量≤ 4	1.5 < 起飞全重≤ 7
Ⅲ	4 < 空机重量≤ 15	7 < 起飞全重≤ 25
Ⅳ	15 < 空机重量≤ 116	25 < 起飞全重≤ 150
Ⅴ	植保类无人机	
Ⅺ	116 < 空机重量≤ 5700	150 < 起飞全重≤ 5700
Ⅻ	空机重量（起飞全重）> 5700	

按现行《无人驾驶航空器飞行管理暂行条例》中的规定，无人机按照性能指标可分为微型、轻型、小型、中型和大型。

任务小结

本任务重点介绍了无人机的特点及分类，要求掌握不同种类的无人机及其特点，以便在工作过程中，能根据不同环境选择使用不同类型的无人机。

课后训练

一、选择题（每题可能有一个或者多个正确答案）

1. 短程无人机的飞行航程是（　　）。

A. 15 ~ 50km　B. 50 ~ 200km　C. 200 ~ 800km　D. 800 ~ 1000km

2. 与有人机相比，无人机具有的局限性不包括（　　）。

A. 对导航系统和通信系统的依赖性更高

B. 使用相对简单，训练更易上手

C. 抗雨能力比较有限

D. 无人机的续航时间相对较短

3. 无人直升机的特点不包括（　　）。

A. 可垂直起降　B. 操作灵活　C. 可任意方向飞行　D. 故障率较高

4. 与有人机相比，无人机具有以下优势（　　）。

A. 无人机无须配备生命保障系统

B. 无人机技术门槛和成本相对更低

C. 无人机对环境要求较低

D. 无人机重量轻、体积小、结构简单

5. 与有人机相比，无人机具有的局限性包括（　　）。

A. 对导航系统和通信系统的依赖性更高

B. 无人机的续航时间相对较短，尤其是电动系统无人机

C. 无人机技术门槛和成本相对更低

D. 无人机的体积、重量和动力等决定了无人机的抗风、抗雨能力比较有限

6. 无人机按飞行平台构造形式可分为（　　）。

A. 固定翼无人机　B. 多旋翼无人机　C. 无人直升机　D. 民用无人机

7. 固定翼无人机的优点有（　　）。

A. 载荷大　B. 航程远　C. 无法悬停　D. 续航时间长

8. 按应用领域的不同，无人机可分为（　　）。

A. 无人直升机　B. 军用无人机　C. 民用无人机　D. 科研无人机

二、判断题（正确的画“√”，错误的画“×”）

1. 轻型无人机空机重量不超过 15kg。（　　）
2. 无人机的体积、重量和动力等决定了无人机的抗风、抗雨能力比较强。（　　）
3. 多旋翼无人机的特点是结构简单、价格低廉、操作灵活、可沿任意方向飞行，但有效载荷较小、续航时间较短等。（　　）
4. 无人伞翼机的特点是体积大、速度慢、飞行高度低。（　　）
5. 工业级无人机主要用于个人娱乐、个人航拍、青少年科普教育等方面，强调产品的易操作性、便携性和性价比。（　　）

任务 3　了解无人机的应用及发展趋势

任务描述

通过学习无人机在物流领域的应用，掌握无人机快递的优势及目前存在的不足，并了解无人机的发展趋势。

相关知识

1. 无人机在物流领域的应用

（1）无人机快递概述　随着科学技术的不断进步，无人机的性能也不断提高，应用也越来越广泛。无人机在物流方面的应用主要为无人机快递，即给无人机搭载快递物品进行配送，通过地面控制端对无人机飞行安全进行监控，并确保物品准确送达。无人机快递运输是利用无线电遥控设备和自身的控制程序，来操控无人机进行低空飞行，并将快递物品自动送达目的地的过程，如图 1-12 所示。

图 1-12　无人机快递运输

（2）无人机快递的优势

1）直线距离最短。无人机在空中飞行距离为直线，距离短，可忽略地形影响，相比于普通快递运输来说速度提高很多。

2）运营成本较低。使用无人机运输快递成本较低，节省人力和时间。预计未来实现定型和规模化后，配送成本将下降 40% ~ 50%。

3）非常适用于偏远地区和紧急件的派送。无人机快递非常适合偏远地区及最后一公里配送，既节省时间又节省成本。相比于其他配送方式来说，无人机快递可以完美地避开大部分问题，而且还能保证速度。

（3）无人机快递目前存在的不足

1）初始投资成本较高。目前无人机快递的应用成熟度还不高，各类传感器、电池、电动机等设备硬件成本较高，导致初始投资成本较高。

2）电池续航时间短，载重量有限。目前多数电动无人机的续航时间较短，载重量有限，大部分机型的载重量不超过 30kg。

3）有效荷载较低。受制于多旋翼无人机的自身局限性，导致其有效荷载较低。以亚马逊和 DHL 为例，其有效荷载均在 2 ~ 3kg。

4）容易受天气影响。

5）国家监管较为严格。世界各国针对无人机、无人机驾驶员、无人机空域等都有严格要求。

（4）无人机快递系统　目前，无人机快递发展尚未成熟，所以无人机快递系统版本较多，常见的系统核心模块一般由快递无人机、自助快递柜、快递盒、快递集散分点、快递集散基地和区域调度中心等部分组成。

1）快递无人机。无人机通过网络与调度中心和自助快递柜等进行数据传输，实时地向区域调度中心发送自己的地理坐标和状态信息，并接收区域调度中心发来的指令和目的坐标，然后自动飞行到自助快递柜。

2）自助快递柜。自助快递柜引导无人机降落，并向区域调度中心发送该柜的快递列表信息和无人机等候信息。自助快递柜会与用户联系快递情况，用户也可以通过自助快递柜投送快递。

3）快递盒。快递盒主要用于封装快递，便于无人机携带，以及对快件的身份进行识别。快递盒空闲时放置在区域快递柜的快递盒架上，可供用户自行取用。

4）快递集散分点。快递集散分点负责不同区域间快递的集散功能。

5）快递集散基地。异地快递在抵达本区域后先运往快递集散基地，基地将快递按片区分类，将快递信息发送到区域调度中心。

6）区域调度中心。区域调度中心统一管理本区域所有快递的接收与投放，同时对无人机进行调度。

（5）无人机快递流程　由于无人机续航能力低、快递业务范围面积广、通信手段不成熟等因素，业内一般将整个快递系统划分为若干区域，区域内部独立运作，区域之间协同运作，保障无人机快递系统的运行通畅。

无人机快递系统中，对无人机的调度是关键。调度的核心是建立无人机状态列表和自助快递柜状态列表。无人机状态列表包括无人机编号、当前坐标、当前任务状态、运行状态、续航能力等信息。自助快递柜状态列表包括快递柜编号、地理坐标、运转状态和拥塞程度等信息。

调度流程的步骤如下：

1）无人机实时向区域调度中心发送状态信息，区域调度中心实时更新无人机状态列表。

2）快递柜收到快递后向区域调度中心发送收件信息，区域调度中心更新快递投送表。

3）从快递投送表中取出优先级最高的快递编码，及其所在的快递柜编号和目的快递柜编号。

4）从所在快递柜的无人机到达时刻表中取出具备续航能力且最快到达的无人机编号。

5）区域调度中心向此无人机发送指令，给出收件坐标位置和投件坐标位置。

6）无人机到达目标位置后，向快递柜发送着陆请求。

7）利用卫星导航定位系统，快递柜精确引导无人机对接、着陆、装卸快件。

8）无人机装卸快件后将向区域调度中心发送快递到位报告。

9）无人机如任务未完或有其他任务将继续执行任务。

10）无人机如无其他任务，将接收快递柜引导停靠临时停机台的让位指令，快递柜会在收到其他无人机发出着陆请求时发出让位指令。

11）快递柜在快递入柜后将向区域调度中心发送快递到位确认报告，并同时向用户发送手机短信，提醒用户及时收取。

12）超过系统设定时限未被取走的快递将按照无人查收的方式退回原地，并短信通知用户；退回后超时无人取走的快递将送往就近的快递集散分点储存。

2. 无人机的发展趋势

（1）行业应用更加专业　无人机的价值在于搭载不同的载荷，完成规定的任务。随着对无人机应用价值认知程度的加深，无人机技术必将颠覆众多行业的传统作业方式。通过实施“无人机 +”计划，使无人机与传统职业跨界融合，如无人机应急救援、无人机公共安全、无人机环境保护、无人机石油巡线等垂直应用，将开拓全新的无人机产业民用发展新局面。

（2）消费产品人性化　消费级无人机将抓住市场及消费者需求，通过准确定位、产品技术升级等，设计出迷你型、个性化、便携式的无人机，让消费者得到更好的使用体验，从而使得行业规模得到更好的拓展。

（3）产业体系更完善　随着无人机市场的逐渐兴盛，无人机产业将不仅仅局限在设计、研发、制造等领域，也会延伸到无人机服务、保障、培训等领域，将逐步形成一条新的产业链，使上下游的企业互相促进、协作创新，从而形成跨产业、跨领域的产业形态，构建制造业与服务业一体化的新型产业体系。

（4）研发更加智能化　随着人工智能技术的不断完善，无人机将集成先进的机器人技术和算法技术、丰富的传感器和任务设备，可以智能化地完成各种复杂的任务。智能无人机与 VR 技术、大数据、云计算、互联网相结合，未来可成为具备智能视觉、深度学习的“空中智能机器人”。

（5）安全监管更加规范　在无人机法律法规领域，要不断建立更加完善的标准规范和法规体系。政府相关部门应建立统一高效的多部门联动协调监管机制，协同制定无人机产业发展顶层规划，并通过立法明确民用无人机的法律属性等，使无人机使用、飞行、管理等都有法可依。

任务小结

本任务重点介绍了无人机在物流领域的应用，以及无人机快递的优势及目前存在的不足，并讲解了无人机的发展趋势。

课后训练

一、选择题（每题可能有一个或者多个正确答案）

1. 无人机快递的优势不包括（　　）。

A. 直线距离最短　　B. 运营成本较低

C. 效率低、速度慢　　D. 适用于小批量、高频次运输

2. 无人机快递目前存在的不足包括（　　）。

A. 初始投资成本较高　　B. 电池续航时间短，载重量有限

C. 容易受天气影响　　D. 适用于小批量、高频次运输

3. 无人机快递系统核心模块一般由（　　）、快递集散基地和区域调度中心等部分组成。

A. 快递无人机　　B. 自助快递柜　　C. 快递盒　　D. 快递集散分点

二、判断题（正确的画“√”，错误的画“×”）

1. 无人机快递适用于大批量、低频次运输。（　　）

2. 无人机快递非常适用于偏远地区和紧急件的派送。（　　）

任务 4　认识无人机物流

任务描述

学习无人机物流相关知识，了解无人机物流的发展背景及发展现状。

相关知识

1. 无人机物流的发展背景

智能时代是无人机物流得以发展的一个重大背景，大数据、云计算、人工智能的不断发展都为其提供了良好的技术条件。此外，我国经济步入了高质量发展的新阶段，创新发

展和综合效益显得尤为重要，这是另一大背景。结合经济和社会实际，无人机物流得以发展的具体背景可归纳如下：

（1）网络购物的兴盛　乡村电商市场潜力巨大。2021年，京东618全球年中购物节累计下单金额达到3438亿元人民币。2021年，我国快递业务量达1083亿件，连续6年世界第一，同比分别增长24%，人均快件使用量为45件，比2018年增加9件。2019年，全国农村网络零售额从2014年的1800亿元人民币增加到1.7万亿元人民币，规模扩大8.4倍。

4G和5G网络、手机支付、直播带货等技术和应用的快速发展和普及，极大地改变了人们的生活方式和消费习惯。网购下单更便捷，交易量庞大，其品类和范围不断拓宽。

同时，得益于国家乡村振兴战略的全面实施，极大改善了乡村的网络基础建设，移动互联网的发展拉近了乡村与城市在生活购物方面的距离，也带动了乡村电商的迅速发展。要满足这样不断增长的消费需求和交易行为，就必须要实现并借助物流的高效率、低成本和物流触角的延伸，无人机物流在这些方面具备先天性的技术优势和发展空间。

（2）单日快递“亿件时代”的到来　电商、移动互联网、手机支付、地域贸易加强、经济社会发展、需求升级，以及人们观念转变等，这些因素的混合共振，使得全球的快递包裹数量激增。早在2017年，我国快递业务量就已达400.6亿件，日均约1.1亿件，常态化进入单日“亿件时代”。“双11”期间行业包裹投递量甚至达到了2.26亿件，比2016年的1.54亿件增长了46.7%，创下截至当时行业日投递量的历史最高纪录。这也标志着中国的物流快递行业已进入由大到强的新时代，一方面，物流愈加成为同“水电煤”一样的社会基础设施，收发快递成为人们日常生活的重要内容；另一方面，随着新科技进入寻常百姓家，面对“降本增效”的新一轮需求，物流业中的无人机物流、无人驾驶、机器人分拣搬运和AI等智能应用技术应运而生，科技化、智能化的物流变革已拉开序幕。

（3）适龄劳动力短缺　中国从1999年正式迈进老龄化社会后，人口老龄化程度持续加深（见图1-13）。由此产生的适龄劳动力短缺问题已经出现，而且有逐步加剧的趋势。2012年，中国15～59岁劳动年龄人口数量为9.37亿人，同比减少345万人，是多年增长后适龄劳动力人口首次下降。适龄劳动力短缺、人工成本昂贵等难题在物流快递业体现更

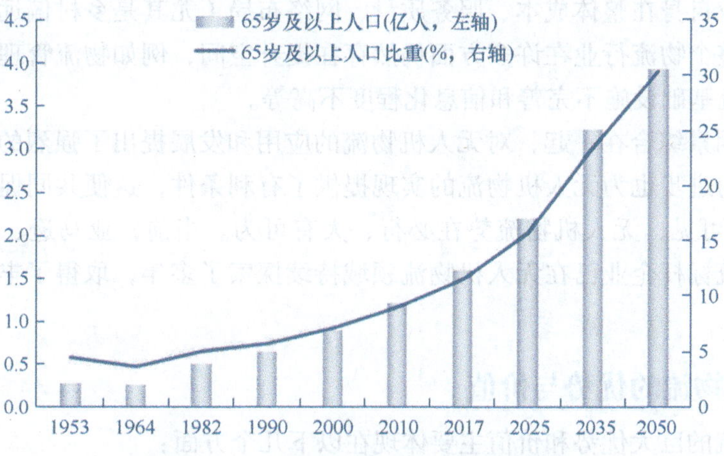

图1-13　中国人口老龄化速度及规模

甚。通常快递一线人员适合的年龄在 18 ~ 35 岁，毕竟每天派送大量包裹，需要强健的体力和旺盛的精力。人口红利收缩将倒逼物流业升级，转向效率驱动和创新驱动，推动科技创新，持续提高劳动生产率。因此，只有“以机器替代人工”，或采用新工具协助人工的“人机协同”，才能减缓“无工可用”的压力。

（4）跨境电商蓬勃发展　近些年，我国经济的开放程度越来越高，“一带一路”倡议等影响深远，在国家相关政策鼓励和市场需求推动下，中国跨境电商蓬勃发展，商品销售品类也不断拓展，新业态新模式快速涌现。2018 年，中国跨境电商交易总规模为 9 万亿元人民币，同比增长 11.6%。目前，类似“双 11”这样的购物节影响力已达全球 200 多个国家和地区。2020 年受新冠疫情影响，全球消费者正在主动或被动地将消费行为加速转移到线上。跨境电商平台正成为消费者采购的重要渠道，将在世界范围内对接生产和消费，为消费者提供便利和实惠，为生产者和商家提供商机，将极大地促进国际贸易和交流活动。而跨境电商的持续健康发展，必然离不开高效便捷的物流配套能力。

（5）无界零售与环境的变化　移动互联网的大潮和支付手段的革命催生了无界零售等许多新的业务模式。京东提出的无界零售更突出无边无际、无处不在的零售模式，追求场景无限（无论在什么时间、什么地点）、货物无边（商品、数据、服务都会在一起销售）、人企无间（用户会参与到产品的设计当中，也可能会成为企业的分销商）。这些未来的零售模式都是在打通全渠道，都是运用最新的技术手段对用户进行个性化服务，都对物流的能力提出了进一步的要求。要实现“无界零售”就需要有“无界物流”，通过人工智能、大数据、无人机、无人车、区块链等各项前沿技术的加持，把各种线上线下、内部外部资源相结合，挖掘其潜力，提升其效率。此外，随着全球人口、生活需求、环境气候等的不断变化，相应的新需求也由此产生。信息、贸易、交通和人口等的交流活动都更为活跃，人们的观念、需求和生活方式也更为开放和得到提升，这一切，都需要有相适应的物流服务水平来保障。可想而知，无人机物流将在其中扮演重要的角色。

（6）克服物流瓶颈　我国物流业的市场规模十分庞大，2021 年我国物流行业的市场规模达到 11.9 万亿元人民币，但现阶段能满足电子商务发展的物流企业数量仍然很少，即使存在也有着不少问题。尽管这主要是由其自身的“实物流通”特性所决定的，但同时也反映出物流企业自身在整体成本、服务质量、网络布局（尤其是乡村偏远区域）等方面的短板。同时，整个物流行业在许多方面仍然存在提升空间，例如物流管理观念落后、专业人才缺乏、物流基础设施不完善和信息化程度不高等。

以上多重因素综合在一起，对无人机物流的应用和发展提出了强烈的需求，加之相关的软硬件技术的进步也为无人机物流的实现提供了有利条件，这便共同促成了这个物流创新的“变局”。可见，无人机物流势在必行、大有可为。当前，亚马逊、DHL、京东、顺丰等国内外物流标杆企业已在无人机物流领域持续探索了多年，取得了丰硕的成果，值得学习和借鉴。

2. 无人机物流的优势与价值

无人机物流的巨大优势和价值主要体现在以下几个方面：

（1）效率高，速度快　在客户对物流速度不断提出更高需求的今天，“当日达”“次日达”“限时达”等传统时效已经不能完全满足客户的需要，“两小时达”“即刻达”“一小时到家”等逐渐成为客户新的时效选择。而无人机配送因为拓展了空间的使用效率（由平面到立体），避免了堵车、等红灯、快递员找地址等难题，并且配送路径能直接取直线，因此配送效率比传统地面物流高出数倍，可以实现同城的加急配送，甚至可以实现“闪电达”。如亚马逊让无人机和配送车搭档，能将包裹在 30min 或更短时间内送到客户手中。

（2）运营成本较低　无人机物流具有部署便捷、成本低、机动性强、对任务环境要求低等优点，能通过合理利用闲置的低空资源，有效减轻地面交通的负担，节约时间成本、建设成本和人力资源。纽约金融研究机构 Ark-invest 公司研究显示，亚马逊公司采用无人机配送让快递小包裹的成本降到每件 1 美元左右，而在纽约等城市采用传统方式实现一小时内配送，费用则高达每件 7.99 美元。在我国，由于农村网购用户布局分散、交通不便且配送量少，造成配送路线长、耗时多、成本高。即使在大城市，因为交通拥堵、交通管制等原因，货物在配送的最后一公里中产生的成本和运送复杂性也很高。

（3）减轻人工压力，破解人口老龄化难题　人口老龄化导致适龄劳动力短缺、工作压力增大和服务水平降低等问题，如果能合理开发应用无人机物流（见图 1-14），并辅以周密部署和科学管理，就能与其他物流方式更好地衔接配合，从而节约人工。同时，采用无人机物流还可以减轻行业劳动力的压力，协助人力发挥“人机协同”效应，最终实现最佳的综合效益。例如，在大型的高位货架仓库中，货物检视和盘点是一项费时费力的工作，且人工盘点的准确性仅有 89% 左右。而无人机结合视觉识别、RFID、条形码等技术，就可以对货架上存放的货物信息进行采集，从而实现货物盘点。

图 1-14　林德设计的无人机和搬运机器人盘点库存

（4）产能协同和运力优化　无人机物流作为一种新技术的应用，是对传统方式的有益补充。无人机的末端配送和支线运输，再结合传统的公路、铁路、水运、管道和多式联运，利用“互联网 +”的技术方式进行立体化物流体系的科学规划，能够实现物流产能协同，从而提升物流服务能力，优化整体效率、成本和运力。例如亚马逊和沃尔玛等企业为了处理需要快速交货和连续补货的订单，在建设先进的信息系统、智能仓储系统以及优化业务流程的基础上，还规划了智能、高效的无人机城市配送中心（例如亚马逊的无人机塔）以及无人机航母（空中配送基地）等，如图 1-15 所示。这些配套设施，将为无人机物流的智能作业提供支持和保障。

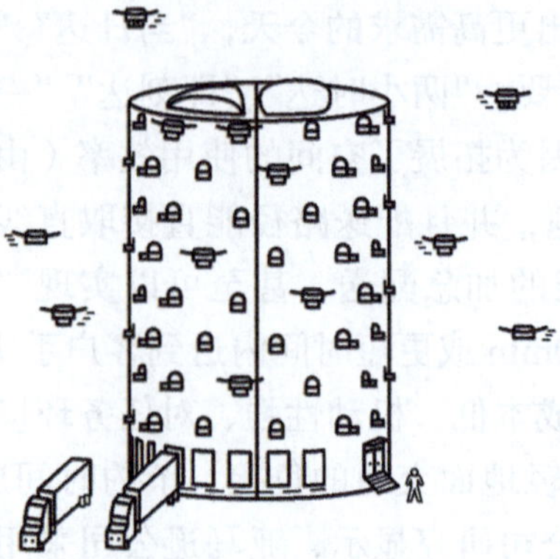

a) 无人机塔

b) 无人机航母

图 1-15 亚马逊的无人机塔和无人机航母

（5）超越时空，配送条件要求低 目前，无人机实时获取周边环境信息进行避障的主要方式是采用视觉、超声波、红外以及激光等多种传感器组合以实现环境感知。其中，红外、超声波和激光等传感方式都不易受可见光影响，且无人机操控是通过通信链路远程控制，白天和黑夜的运行标准一致，因此，相较于以往需要驾驶员的飞行器，无人机在全天范围内的可运行时间更长，受限制更少。从时间上看，无人机物流可以实现全天候运行。

另外，无人机物流不受地形限制，对运行航线、起降场地的空间和温度等条件要求均较低，且全程无需飞行员，可以充分满足偏远山区甚至一些危险或特殊场合的配送需求。

某无人机配送负责人表示，由于四川地势因素限制，以前一些直线距离很近的地方，但需要花费快递员大半天时间才能够把货物安全送达。而有了无人机之后，空间不受限制，更加自由便捷，可以保障配送安全快捷，时间也缩短了，大大提升了用户的购物体验。因此，从空间上看，无人机物流不受复杂地形限制，非常适合偏远地区和紧急件的派送。

（6）极致体验，创新增值服务 无人机物流号称“空中快递”，以技术变革和创新服务为核心，其新鲜、快捷、智能等特性，以及不依赖地面交通和不受地形地势约束的先天优势，使其易被社会视为电商和物流的高端元素，将有机会为高附加值商品的用户创造与众不同、高规格的物流体验。

3. 无人机物流的发展现状

（1）国外无人机物流的发展现状 亚马逊是最早尝试无人机物流的企业之一，在无人机物流方面进行了巨大的投入，也在实际应用中积累了大量成熟的技术和经验。2013 年 12 月，亚马逊公布了名为“Prime Air”的无人机计划，测试使用 8 桨无人机在 120m 以下空域自动飞行，实现 5lb（磅，1lb=0.4536kg）以下小包裹的配送，所有订单在 30min 内送达 1.6km 范围内的客户手中。亚马逊的 Prime Air 无人机如图 1-16 所

图 1-16 亚马逊的 Prime Air 无人机

示。同年，UPS 也测试了无人机配送项目，除了点对点送货外，还可以在物流中心和分拣中心传递包裹；DHL 公司也在总部完成了无人机投递室外测试。

2014 年 6 月，法国邮政完成了主要针对山区的无人机投递包裹测试。同年 9 月，DHL 的第二代无人机获得德国联邦运输部和航空管理局许可，进行了无人机快递试飞，并在次月宣布将在德国实现无人机配送。

2015 年 4 月，美国联邦航空管理局（FAA）决定向亚马逊和谷歌公司发放进行小型无人机“空中快递”的飞行试验许可，表明美国政府支持小型无人机物流业务的发展。同年 7 月，FAA 允许由美国航空航天局（NASA）和其他企业组成的“联盟”借助无人机进行药物运输，标志着美国政府首次批准无人机物流业务。

2016 年，DHL 先后完成了第三代无人机的试飞和无人机与物流链智能包裹柜的整合。亚马逊于 2016 年 12 月在英国完成了首次无人机送货业务测试。

2017 年 2 月，UPS 测试了无人机与投递车相结合的投递模式（见图 1-17）。2017 年 3 月，亚马逊在美国本土首次完成了无人机包裹快递。2017 年 4 月，沃尔玛也推出了店内无人机送货，并获得了专利批准。

图 1-17　UPS 车载无人机送货

（2）我国无人机物流的发展现状　虽然中国通用航空的发展落后于欧美国家，但因顺丰、京东、苏宁、中国邮政等快递物流企业纷纷布局无人机物流领域，且市场广阔，目前中国无人机物流已领跑全球。

1）顺丰。顺丰在 2012 年提出无人机物流概念，在 2013 年进行了无人机测试和试运行，在 2015 年与成都中科航空成立朗星无人机公司。

2017 年 6 月，顺丰与江西赣州市南康区联合申报的物流无人机示范运行的空域申请得到了正式批复，顺丰也成为国内首家获得正式审批的物流无人机示范空域企业，并在获批空域内进行了首次业务运营飞行。次月，顺丰宣布在成都双流自贸试验区建立大型物流无人机总部基地，这是国内首个正式落地的无人机支线物流运输项目。当年 10 月，顺丰与其他单位共同研发的全球首款吨位级货运无人机 AT200 完成首次公开飞行（见图 1-18）。

2018 年，顺丰先后获批国内首张无人机航空运营（试点）许可证（见图 1-19）和阳澄湖空域的无人机应用许可，现已开展大闸蟹等特色生鲜水产的无人机运输，无人机物流常态化和商业化，正式进入合法运营。

2020 年 4 月以来，顺丰一直在浙江舟山开展无人机岛际运输项目。在通过 4000 多平方千米的空域申请后，顺丰开通了三江—秀山等 7 条航线。在舟山开渔节上，顺丰和当地政府联袂进行了无人机首飞仪式，这是国内首次大规模采用无人机运输海鲜。

2）京东。2015 年，京东无人机项目正式立项。2016 年 5 月，京东成立 X 事业部开展无人机研发，规划建设了“干线 - 支线 - 末端”三级无人机通航物流体系，并于次月在江苏宿迁进行了首次无人机配送试运营。

图 1-18　AT200 货运无人机

图 1-19　顺丰获批无人机航空运营（试点）许可证

2017 年 2 月，京东与陕西省政府签署了协议，宣布开展基于智慧物流体系、无人机通航物流体系、传统物流体系升级等方面的合作。次月，京东在海南省正式启用试运营的第一个无人机配送站并实现首单配送。同年 6 月，京东在宿迁建立了全球首个智慧物流全国运营调度中心并投入使用（见图 1-20），在西安、宿迁、北京大兴等部分地区实现了无人机物流常态化运营。2017 年 8 月，京东获得了覆盖陕西全省范围的无人机空域批文，成为首个以省域范围进行无人机物流配送的国家级试点企业。

2018 年 2 月，国家民航局西北地区管理局向京东集团授牌“陕西省无人机航空物流多式联运创新试点”企业。同时，京东已在陕西、江苏、海南、青海等多个省建立了上百条航线，覆盖数百个偏远山村。京东通过自主研发的运行调度平台，可以对无人机物流配送的全程进行监控和记录，确保安全运行。

2018 年 6 月，京东第一架自主研发的重型支线无人机“京鸿”完成总装正式下线（见图 1-21），这是首个真正意义上基于物流运输场景需求研发的大型原生无人机。同时，京东超重型无人机项目也正式立项。

图 1-20　宿迁京东智慧物流全国运营调度中心

图 1-21　京东“京鸿”货运无人机

2020 年 11 月，“京鸿”无人机顺利进行载货检飞，意味着京东无人机支线物流即将可以进入常态化运营。

3）苏宁。2016 年，苏宁成立苏宁物流研究院，并下设 S 实验室，力求打造苏宁智慧物流生态系统，而 S 实验室重点探索的项目之一便是无人机物流配送。2017 年，苏宁物流无人机在浙江完成了首次实景派送，历时 23min，飞行 15.06km，创造了国内无人机物流飞行新纪录，随后苏宁无人机物流正式进入常态化运营。

同时，苏宁也在进一步延伸边远地区的物流网络布局，建设低空空域飞行网络，并围绕无人机物流核心建设“两网一平台”。“两网”即“天网”和“地网”。“天网”重点解决空中飞行航线和安全性问题，涵盖低空无人机货运的干线、支线及末端配送的空中物流网络；“地网”重点建设覆盖全国的无人机研制和应用服务网络，集中管理无人机行业资源，解决各项服务问题。“一平台”即无人机云服务平台，进行行业标准制定、监管和业务对接。此外，苏宁还和易瓦特公司合作探索货仓无人机自动检货系统，尝试用无人机代替人工进行商品的检索和盘点。

与此同时，中国邮政和菜鸟网络等国内行业代表性企业也在持续推进无人机物流项目。截至目前，国内无人机物流试点飞行已累计超过 1.5 万小时，飞行超 4 万架次，范围囊括四川、云南等，成效显著。再加上疫情期间无人机配送防疫用品等应用不断增多，价值不断凸显，无人机物流的普及商用即将到来。

任务小结

本任务介绍了无人机物流的发展背景和发展现状，重点分析了无人机物流的优势，要求熟悉无人机物流的发展现状，理解发展无人机物流的价值。

课后训练

一、选择题（每题可能有一个或者多个正确答案）

1.（　　）年，我国快递日均业务量首次突破 1 亿件。

A. 2016　　B. 2017　　C. 2018　　D. 2019

2. 下列属于无人机物流优势的是（　　）。

A. 部署便捷　　B. 成本低　　C. 机动性强　　D. 对任务环境要求低

3. 无人机常用的避障方式有（　　）。

A. 视觉传感器　　B. 超声波传感器　　C. 红外传感器　　D. 激光传感器

4. 国内物流企业布局无人机物流的有（　　）。

A. 京东　　B. 顺丰　　C. 中国邮政　　D. 苏宁

二、判断题（正确的画“√”，错误的画“×”）

1. 无人机物流只能用于送货。（　　）

2. 无人机物流主要用于干线运输。（　　）

三、简答题

1. 什么是无人机物流？

2. 无人机物流得以发展的具体背景有哪些？

3. 我国物流发展的瓶颈有哪些？

4. 简述无人机物流的优势。

单元 2
无人机法律法规

【内容概览】

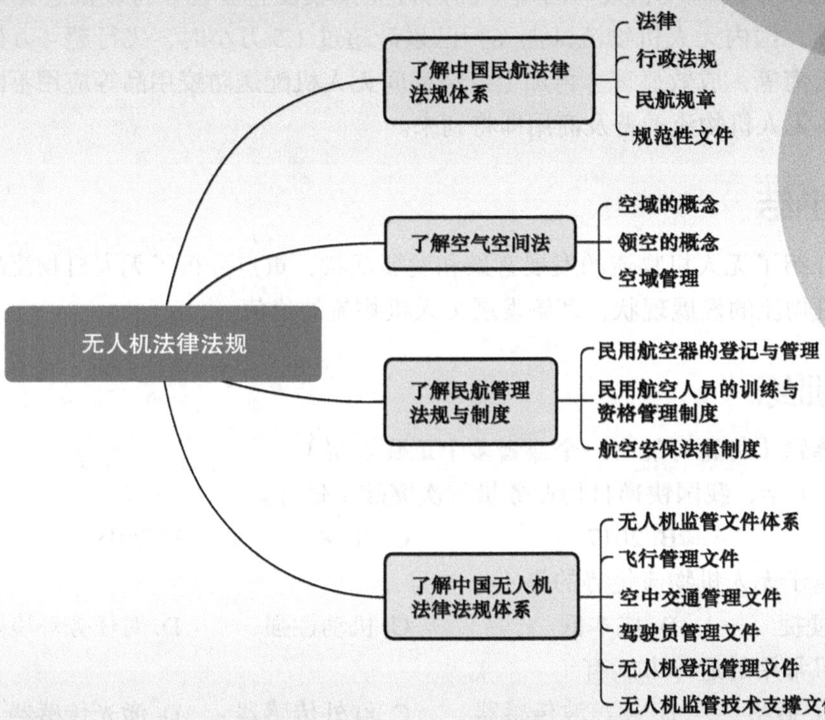

【知识目标】

1. 了解中国民航法律法规体系。
2. 了解中国无人机管理相关法律法规。

【技能目标】

1. 能够按照法律法规管理和使用无人机。
2. 按规定进行无人机飞行申报并开展飞行活动。

【素养目标】

立足岗位，知法懂法守法，成为一名合格的无人机驾驶员。

任务 1　了解中国民航法律法规体系

任务描述

无人机的应用涉及空中飞行，因此无人机使用者除了要掌握相关的飞行技术，还要全面理解和掌握我国对航空器的持有和维护、航空器飞行的管理、空域安全的管理、航空器驾驶员的管理等相关的法律法规。在无人机购买、训练、使用等方面的学习和工作过程中，要严格遵守并随时关注、学习国家的相关法律法规，要通过法律规定的正规的渠道进行与飞行相关的申报，坚决不做违法购买、违法使用无人机的事情。

我国民用航空相关的法律法规经过几十年的发展，已形成法律、行政法规和民航规章三个层次，外加各种管理程序、咨询通告、管理文件、工作手册和信息通告等规范性文件的多层次体系。

民用无人机作为民用航空器的一员，在我国经历了井喷式的快速发展，但发展历史很短，与之配套的相关法律法规、规范性文件和标准体系文件等都相对滞后，亟须完善发展。

相关知识

1. 法律

《中华人民共和国民用航空法》是我国民航法律体系的第一层次，属于国家法律，是我国民用航空法律法规体系的龙头，是制定民航行政法规和民航规章的依据。

《中华人民共和国民用航空法》旨在维护国家的领空主权和民用航空权利，保障民用航空活动安全和有秩序地进行，保护民用航空活动当事人各方的合法权益，促进民用航空事业的发展。该法由第八届全国人民代表大会常务委员会第十六次会议于 1995 年 10 月 30 日审议通过，并由国家主席签署主席令发布，自 1996 年 3 月 1 日起实施。当前版本于 2021 年 4 月 29 日第十三届全国人民代表大会常务委员会第二十八次会议修改。

《中华人民共和国民用航空法》共分为 16 章，215 条。

第一章　总则（1 ~ 4 条）

第二章　民用航空器国籍（5 ~ 9 条）

第三章　民用航空器权利（10 ~ 33 条）

　　第一节　一般规定（10 ~ 13 条）

　　第二节　民用航空器所有权和抵押权（14 ~ 17 条）

　　第三节　民用航空器优先权（18 ~ 25 条）

　　第四节　民用航空器租赁（26 ~ 33 条）

第四章　民用航空器适航管理（34 ~ 38 条）

第五章　航空人员（39 ~ 52 条）

　　第一节　一般规定（39 ~ 42 条）

　　第二节　机组（43 ~ 52 条）

第六章　民用机场（53 ~ 69 条）

第七章　空中航行（70 ~ 90 条）

　　第一节　空域管理（70 ~ 72 条）

　　第二节　飞行管理（73 ~ 81 条）

　　第三节　飞行保障（82 ~ 89 条）

　　第四节　飞行必备文件（90 条）

第八章　公共航空运输企业（91 ~ 105 条）

第九章　公共航空运输（106 ~ 144 条）

　　第一节　一般规定（106 ~ 108 条）

　　第二节　运输凭证（109 ~ 123 条）

　　第三节　承运人的责任（124 ~ 136 条）

　　第四节　实际承运人履行航空运输的特别规定（137 ~ 144 条）

第十章　通用航空（145 ~ 150 条）

第十一章　搜寻援救和事故调查（151 ~ 156 条）

第十二章　对地面第三人损害的赔偿责任（157 ~ 172 条）

第十三章　对外国民用航空器的特别规定（173 ~ 183 条）

第十四章　涉外关系的法律适用（184 ~ 190 条）

第十五章　法律责任（191 ~ 212 条）

第十六章　附则（213 ~ 215 条）

2. 行政法规

行政法规是我国民航法律法规体系的第二层次，是国务院根据宪法和法律，按照《行政法规制定程序条例》的规定而制定的法规。行政法规由国务院总理签署国务院令或授权中国民用航空局发布，它的效力次于法律、高于民航规章和地方法规。目前，我国主要的民航行政法规见表 2-1。

表 2-1　我国主要的民航行政法规

行政法规名称	文号	发布日期	实施日期
外国民用航空器飞行管理规则		1979-02-23	1979-02-23
国务院关于保障民用航空安全的通告		1982-12-01	1982-12-01
国务院、中央军委关于使用飞机执行各项专业任务的规定		1984-12-24	1984-12-24
中华人民共和国民用航空器适航管理条例		1987-05-04	1987-06-01
民用航空运输不定期飞行管理暂行规定	国务院令第 29 号	1989-03-02	1989-03-02
中华人民共和国搜寻援救民用航空器规定	民航局令第 29 号	1992-12-28	1992-12-28
中华人民共和国民用航空安全保卫条例	国务院令第 201 号	1996-07-06	1996-07-06

（续）

行政法规名称	文号	发布日期	实施日期
中华人民共和国民用航空器国籍登记条例	国务院令第 232 号	1997-10-21	1997-10-21
中华人民共和国民用航空器权利登记条例	国务院令第 233 号	1997-10-21	1997-10-21
中华人民共和国飞行基本规则	国务院、中央军委令第 312 号	2000-07-24	2001-08-01
通用航空飞行管制条例	国务院、中央军委令第 371 号	2003-01-10	2003-05-01
国内航空运输承运人赔偿责任限额规定	民航总局第 164 号令	2006-02-28	2006-03-28
民用机场管理条例	国务院令第 553 号	2009-04-13	2009-07-01

3. 民航规章

民航规章全称为中国民用航空规章（China Civil Aviation Regulations，CCAR），是我国民航法律法规体系的第三层次。民航规章由中国民用航空局通过，由中国民用航空局局长以民航局令的形式发布。

民航规章的部号编码形式为 CCAR-×××-R×。其中，CCAR 为中国民用航空规章的英文缩写，××× 代表规章部号编码，R× 代表版本号。

目前，我国民航规章内容最广、数量最多，共分为 15 类、400 部。我国民航规章目录分类见表 2-2。

表 2-2　我国民航规章目录分类

序号	类别名	CCAR 部号
1	行政程序规则	CCAR 1~20 部
2	航空器	CCAR 21~59 部
3	航空人员	CCAR 60~70 部
4	空域、导航设施、空中交通规则和一般运行规则	CCAR 71~120 部
5	民用航空企业合格审定及运输	CCAR 121~139 部
6	学校、非航空人员及其他单位的合格审定及运行	CCAR 140~149 部
7	民用机场建设和管理	CCAR 150~179 部
8	委任代表规则	CCAR 180~189 部
9	航空保险	CCAR 190~200 部
10	综合调控规则	CCAR 201~250 部
11	航空基金	CCAR 251~270 部
12	航空运输规则	CCAR 271~325 部
13	航空保安	CCAR 326~355 部
14	科技和计量标准	CCAR 356~390 部
15	航空器搜寻援救和事故调查	CCAR 391~400 部

4. 规范性文件

规范性文件曾经作为民用航空法规体系的一个层次，现已明确不在法律范畴之内，不向法庭提供，但必须遵守法律、行政法规和民航规章的规定，不得与其冲突。

规范性文件包括管理程序、咨询通告、管理文件、工作手册和信息通告等。

（1）管理程序 管理程序（Aviation Procedure，AP）的文件编号通常以 AP 开头。它是有关民用航空规章的实施办法或具体管理程序，是民航行政机关工作人员从事管理工作和法人、其他经济组织或者个人从事民用航空活动应当遵守的行为规则。

（2）咨询通告 咨询通告（Advisory Circular，AC）的文件编号通常以 AC 开头。它是对民用航空规章条文所做的具体阐述。

（3）管理文件 管理文件（Management Document，MD）的文件编号通常以 MD 开头。它是我国民用航空管理工作的重要事项的通知、决定或政策说明。

（4）工作手册 工作手册（Working Manual，WM）的文件编号通常以 WM 开头。它是用于规范和指导民航行政机关工作人员的具体行为的文件。

（5）信息通告 信息通告（Information Bulletin，IB）的文件编号通常以 IB 开头。它是用于反映民用航空活动中出现的新情况以及国内外有关民航技术上存在的信息问题进行通报的文件。

任务小结

本任务介绍了我国民航法律法规体系，它可分为法律、行政法规和民航规章，还有非法律范畴的规范性文件（包括管理程序、咨询通告、管理文件、工作手册和信息通告等）。

课后训练

一、选择题（每题可能有一个或者多个正确答案）

1.（　　）是我国民航法律体系的第一层次，属于国家法律，是我国民用航空法律法规体系的龙头，是制定民航行政法规和民航规章的依据。

A.《中华人民共和国民用航空法》

B.《民用无人驾驶航空器系统空中交通管理办法》

C.《中华人民共和国飞行基本规则》

D.《民用无人驾驶航空器经营性飞行活动管理办法（暂行）》

2.《中华人民共和国民用航空法》旨在（　　）。

A. 维护国家的领空主权和民用航空权利

B. 保障民用航空活动安全和有秩序地进行

C. 保护民用航空活动当事人各方的合法权益

D. 促进民用航空事业的发展

3.（　　）是我国民航法律法规体系的第二层次，是国务院根据宪法和法律，按照《行政法规制定程序条例》的规定而制定的法规。

A. 法律　　B. 地方法规　　C. 行政法规　　D. 规章

4. 我国民航法律法规体系可分为（　　）三个层次。

A. 法律　　B. 管理程序　　C. 行政法规　　D. 民航规章

5. 规范性文件包括（　　）等。

A. 管理程序　　B. 咨询通告　　C. 管理文件

D. 工作手册　　E. 信息通告

6. 颁布国内三个层次航空法规的部门分别是（　　）。

A. 全国人大或全国人大常委会　　B. 国务院、中央军委

C. 民航局　　D. 民航地区管理局

二、判断题（正确的画“√”，错误的画“×”）

1. 规范性文件曾经作为民用航空法规体系的一个层次，现已明确不在法律范畴之内，不向法庭提供，但必须遵守法律、行政法规和民航规章的规定，不得与其冲突。（　　）

2. 民航规章由中国民用航空局通过，由中国民用航空局局长以民航局令的形式发布。（　　）

3. 行政法规由国务院总理签署国务院令或授权中国民用航空局发布，它的效力高于法律、民航规章和地方法规。（　　）

4. 管理文件是有关民用航空规章的实施办法或具体管理程序，是民航行政机关工作人员从事管理工作和法人、其他经济组织或者个人从事民用航空活动应当遵守的行为规则。

任务 2　了解空气空间法

任务描述

通过学习空气空间法，了解空域、领空、空域管理的知识，为后期无人机飞行过程打下理论基础，避免在飞行过程中越过领空，引起不必要的麻烦。

相关知识

1. 空域的概念

空域是航空器运行的活动场所，也称为空气空间，是地球表面被大气层笼罩的空间，是隶属于国家主权的国家领陆和领水之上的空气空间。航空器在空气空间的运行活动，即是我们所说的空中航行。

空域是一个“范围”，其横向是国家之间的领空范围，但其纵向高度尚未确定，即空气空间与外层空间的界限没有确定。

空间领空根据航空器的活动领域可分为空气空间和外层空间两类，空气空间根据主权性质可分为领空和公空。领空是国家领土的组成部分，国家拥有完全的排他的主权。公空内各国享有同样的航行权，不属于任何国家管辖，但要遵守国际航空公约飞行。图 2-1 所示为空间领空的分类。

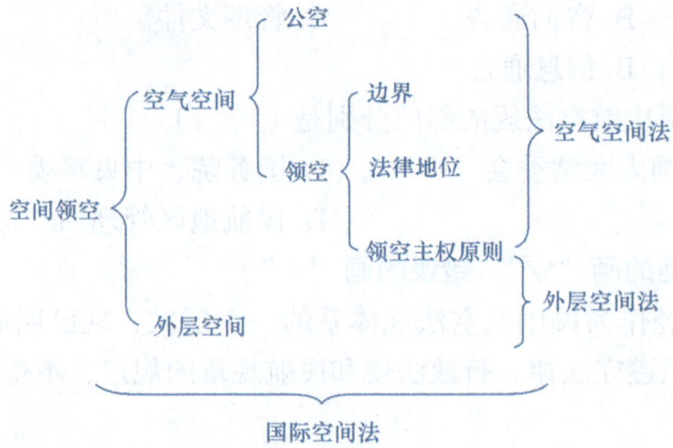

图 2-1　空间领空的分类

外层空间是空气空间以外的整个空间，是任何国家不能主张权利的空间。外层空间的两个原则：一是外层空间供各国自由探索和使用；二是外层空间不得为任何国家所占有。调整各国在外层空间活动的法律关系的法律，称为外层空间法。

2. 领空的概念

领空是指处在一个国家主权支配之下，在国家疆界之内的陆地（领陆）和水域（领水）之上的空气空间。领空属于领土的一部分。领土是指国家行使主权的空间，包括领陆、领水（内水和领海）和领空，以及领陆和领水的底土。图 2-2 所示为领土的组成。

（1）领空的范围　领空的范围是指以地球中心为顶点，由与国家在地球表面上的领陆和领水的边界线相垂直的直线所包围的圆锥形立体空间。所以，它不仅包括平面边界，还包括垂直边界。

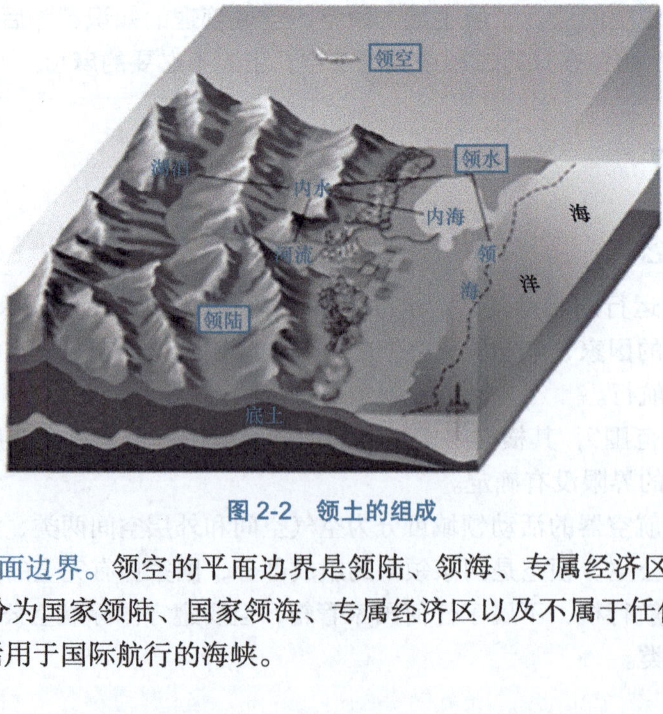

图 2-2　领土的组成

1）领空的平面边界。领空的平面边界是领陆、领海、专属经济区在地球上的边界。地球表面通常划分为国家领陆、国家领海、专属经济区以及不属于任何国家的领土和公海；此外，还包括用于国际航行的海峡。

2）领空的垂直边界。领空的垂直边界即空气空间的上限或外层空间的下限。空气空间是航空器的运行场所。外层空间也称为“太空”或“宇宙空间”，是航天器的活动领域。国家对其领土上空享有主权，但其高度范围只能基于领土之上的空气空间，具体高度没有界定。

（2）领空主权的法律属性　领空主权是指每一国家对其领土之上的空气空间享有完全的和排他的主权，包括国家对领空资源的排他的占有、使用、处分权和对领空及其内的人、物、事的管辖权，体现在领空资源的开发利用、制定航空法律规章、保留国内载运权、设立空中禁区等。国家对其领空实施完全的管辖和控制，有权禁止或允许外国飞行器通过或降落。领空是国家进行空中航行和运输以及保卫国家领土主权与国家安全的重要领域。

领空主权的法律属性主要表现在以下几个方面：

① 国家对其领空享有所有权：国家有权规定准许外国飞机飞入其领空的条件，国外飞机未经许可擅自飞入一国领空，是对该国领空主权的侵犯。

② 国家对其领空享有管理权：各国有权制定有关外国航空器在境内飞行的规章制度，可指定外国航空器停降的设关机场，规定航空器内发报机的使用。

③ 国家对其领空享有管辖权：各国有权保留国内载运权。

④ 国家对其领空享有自保权：各国有权设立空中禁区。

3. 空域管理

空域管理是指根据国家颁布的相关法律、法规，为维护国家安全，兼顾民用、军用航空的需要和公众利益，统一规划，合理、充分、有效地利用空域的管理工作。空域由国家进行统一管理。

（1）空域管理的必要性　空域是国家领土，是国家的重要资源。航空器的各种活动都离不开空域。空域是一种可以反复无限使用、不可再生的自然资源，国家的领空就是该国家的空域资源。我国管辖着 1080 万 km^2 的天空面积，空域资源是很丰富的。为了在广阔的空间对飞行的飞机提供及时、有效的空中交通管制服务、飞行情报服务和告警服务，保证飞行安全，促使空中交通有秩序地运行，必须进行空域管理。

（2）空域管理的原则　按照国际民航组织有关要求，空域管理的原则是主权性原则、安全性原则、经济性原则。

1）主权性原则是指空域管理代表各国主权，不容侵犯，具有排他性。

2）安全性原则是指在有效的空域管理体系下，确保航空器空中飞行安全，具有绝对性。

3）经济性原则是指在飞行安全基础上，科学地对空域实施管理，保证航行器沿着最佳飞行路线，在最短时间内完成飞行活动，具有效益性。

（3）空域管理的内容　空域管理的内容主要包含空域的划分和空域的规划。

1）空域的划分。空域的划分是指根据需要对飞行器的飞行空间进行合理的划分，以提高空域的利用率。空域的划分包括飞行高度层规定和各种空中交通服务区域的划分。

空域的划分是按照统一管制和分区负责相结合的原则，将全国空域划分为若干飞行情报区和飞行管制区，并为在上述区域内的民用航空飞行提供空中交通服务。

2）空域的规划。空域的规划包括航路规划、进离场方法和飞行程序的制定三个方面的内容。民用航空空域规划的目的是增大空中交通容量，理顺空中交通流量，有效地利用空域资源，减轻空中交通管制员工作负荷，提高飞行安全水平。

（4）特殊空域　特殊空域是指国家某些单位为了政治、军事或者科学试验的需要，经国务院、中央军委批准划设的一定空域。特殊空域分为禁航区、限制区、危险区以及防空识别区。一般情况下，民用航空器是不能在特殊空域飞行的，但是也会有特殊情况的发生，所以民用航空器在特殊空域内运行时要注意防止发生冲突，主要是防止跟军用或者是别的特殊用途的航空器发生冲突。

1）禁航区。禁航区是指在一个国家的陆地或领水上空，禁止航空器飞行的划定空域。任何航空器未经特许，都不得进入禁航区。任何航空器非法进入禁航区，都将承担严重的法律后果。

2）限制区。限制区是指在一国陆地或领水上空，根据某些规定的条件，限制航空器飞行的划定区域。

3）危险区。危险区是指在规定时间内，存在对飞行有危险活动的划定空域。

4）防空识别区。防空识别区（Air Defense Identification Zone，ADIZ）是指从地球陆地或水域的表面向上延伸的划定空域。在该空域内，为了国家安全，要求对航空器能立即识别、定位和管制。

设置防空识别区的主要目的是防止国籍不明的航空器侵犯主权国领空，提示或警告进入“防空识别区”的他国航空器不要误入或闯入主权国领空。

（5）空域管理的依据　空域管理的依据是《中华人民共和国民用航空法》《中华人民共和国飞行基本规则》《通用航空飞行管制条例》和《民用无人驾驶航空器系统空中交通管理办法》等。

（6）空中交通管制　空中交通管制是指根据规定的飞行计划，对航空器在空中的活动进行管理和控制，目的在于防止飞机与空中飞机和地面障碍物相撞，使其能有效地利用空域，安全地进行空中交通运输。

空中交通管制服务的任务是防止航空器在空中相撞，防止机场区域内的航空器与地面障碍物相撞，维护空中交通秩序，保障空中交通畅通，保证飞行安全和提高飞行效率。空中交通管制服务包括机场管制服务、进近管制服务和区域管制服务。空中交通管制对航空器有如下要求：

1）航空器必须标明明显的识别标志。

2）民用航空器未经允许不得飞出中华人民共和国领空。

3）非经特殊允许，民用航空器不得飞越城市上空。

4）为了防止相撞，规定航空器在相对飞行相遇时，各自向右转躲避对方。

5）必须遵守统一的飞行规则。

6）民用航空器机组人员的飞行时间、执勤时间不得超过国务院民用航空主管部门规定的时限。

知识拓展

空气空间法又称为国际航空法，是调整国家之间利用空气空间进行民用航空活动所产生的各种关系的法律规则的总称。

空气空间法用于调整民用航空活动领域所产生的社会关系，体现民用性。空气空间法是平时性，而非战时性，并不规定战争或者武装冲突各方之间的权利和义务。《国际民用航空公约》明确规定："本公约仅适用于民用航空器，不适用于国家航空器。""用于军事、海关和警察部门的航空器，应认为是国家航空器。""如遇战争，本公约的规定不妨碍受战争影响的任一缔约国的行动自由，无论其为交战国或为中立国。如遇任何缔约国宣布其处于紧急状态，并将此事通知理事会，上述原则同样适用。"

任务小结

本任务重点介绍了空域、领空的概念，以及空域管理的相关知识。

课后训练

一、选择题（每题可能有一个或者多个正确答案）

1. 国家领土包括（　　）。

A. 领陆　　B. 领水　　C. 领空　　D. 领土

2. 领水包括（　　）。

A. 内水　　B. 领海　　C. 领空　　D. 领陆

二、判断题（正确的画"√"，错误的画"×"）

1. 空域是航空器运行的活动场所，也称为空气空间，是地球表面被大气层笼罩的空间，是隶属于国家主权的国家领陆和领水之上的空气空间。（　　）

2. 空间领空根据航空器的活动领域可分为空气空间和外层空间两类，空气空间根据主权性质可分为领空和公空。（　　）

3. 领空是指处在一个国家主权支配之下，在国家疆界之内的陆地和水域之上的空气空间。领空属于领土的一部分。（　　）

三、简答题

1. 什么是空域？

2. 什么是领空？

3. 空域管理的原则是什么？

任务 3　了解民航管理法规与制度

任务描述

通过本任务的学习，了解民用航空器的登记与管理、民用航空人员的训练与资格管理制度、航空安保法律制度。

相关知识

1. 民用航空器的登记与管理

航空器是指以空气的反作用力为支撑的任何器械，根据需要和用途不同，可分为国家航空器、民用航空器、通用航空器和无人航空器。

民用航空器是指除用于执行军事、海关、警察飞行任务以外的航空器。

民用航空器具有如下特征：在一国的民用航空当局注册登记；从事运送旅客、行李、货物和邮件等公共航空运输任务。

（1）航空器的国籍与登记

1）航空器国籍。国籍最早是用来识别某一自然人的一种法律上的身份，是指一个人作为某一国家的国民或公民而隶属于该国。这种关系意味着个人效忠国家和国家保护个人的义务。国籍是一个人同某一特定国家的固定的法律联系，也是国家实行外交保护权利的法律依据。在现代社会中，国籍的概念已经从自然人扩大到法人、船舶、航空器以及一般财产。

航空器国籍是航空器身份的象征，是航空器权利的具体体现所在，是国家对其实行外交保护的法律依据。但是航空器国籍不具有自然人国籍的类似法律效力，也不能因航空器具有登记国的国籍，就认定或拟制航空器是其登记国领土的一部分。

2）民用航空器国籍登记的内容。我国民用航空器国籍登记的内容主要包括以下内容：

① 民用航空器国籍标志和登记标志。

② 民用航空器制造人名称。

③ 民用航空器型号。

④ 民用航空器出厂序号。

⑤ 民用航空器所有人的名称及地址。

⑥ 民用航空器占有人的名称及地址。

⑦ 民用航空器登记日期。

⑧ 民用航空器国籍登记证书签发人姓名。

3）民用航空器国籍登记管理的原则。民用航空器国籍登记管理是指通过对民用航空器国籍的登记，实现对具有其国籍的民用航空器给予保护和施行管理。

民用航空器国籍登记管理必须遵守所有权登记原则、只许有一个国籍原则、联合经营原则。

① 所有权登记是指民用航空器在哪里登记与它归属于哪个国家的管理。登记制度是各国民商法中普遍采用的一种确定财产所有权的规则，即对不动产和价值重大的动产，必须向国家有关当局注册登记，目的是证明你拥有这些财产。

② 只许有一个国籍是指航空器只能在一个国家进行登记，只能拥有一个国籍。只有一个国籍的好处是从根本上杜绝了无人管辖、双重或多重管辖的混乱。

③ 联合经营就是几个国家或者组织共同经营一个航空器。这种经常发生在航空关系比较密切的国家之间。

（2）民用航空器权利登记

1）民用航空器权利登记的含义。民用航空器权利登记是指民用航空器权利人按照国务院民用航空主管部门的规定，分别填写民用航空器所有权、占有权或者抵押权登记申请书，并向国务院民用航空主管部门提交规定的相应文件，由主管部门依法在权利登记簿上进行登记。

2）民用航空器的权利及其种类。民用航空器权利包括对民用航空器构架、发动机、螺旋桨、无线电设备和其他一切为了在民用航空器上使用的，无论安装于其上或者暂时拆离的物品的权利。民用航空器权利的种类主要有：民用航空器所有权、通过购买行为取得并占有民用航空器的权利、根据租赁期限为六个月以上的租赁合同占有民用航空器的权利、民用航空器抵押权。

国务院民用航空主管部门设立民用航空器权利登记簿。同一民用航空器的权利登记事项应当记载于同一权利登记簿中。民用航空器权利登记事项可以供公众查询、复制或者摘录。

3）民用航空器权利登记制度。民用航空器权利登记制度是指权利登记机关（即国务院民用航空主管部门），应权利登记申请人的申请，对民用航空器权利人、权利性质及种类、权利取得时间、民用航空器国籍等有关事项，在专门的权利登记簿中进行记载的一种法律制度。

民用航空器权利登记制度的作用主要表现在确认权利、实施管理和公示社会三个方面。

4）民用航空器权利登记管理。民用航空器权利登记管理是指由权利登记管理部门（主管部门），依据民用航空器权利登记的程序，将权利登记内容以及民用航空器权利的变更和注销登记等登记在权利登记簿上，从而实现对民用航空器权利登记的管理。

5）民用航空器的国籍登记（权利）的转移。民用航空器国籍登记的转移指的是民用航空器的所有权、占有权、租赁权和抵押权转移给第三方。

我国航空法规定：除民用航空器经依法强制拍卖外，在已经登记的民用航空器权利得到补偿或者民用航空器权利人同意之前，民用航空器的国籍登记或者权利登记不得转移至国外。

6）民用航空器优先权。民用航空器优先权是指债权人依照规定，就援救该民用航空器的报酬、保管维护该民用航空器的必需费用向民用航空器所有人、承租人提出赔偿请求，对产生该赔偿请求的民用航空器具有优先受偿的权利。

（3）民用航空器的适航管理 中国民用航空器的适航管理由中国民用航空局负责，下设适航司，适航司具体负责民用航空器适航管理工作。在地区管理局分别设有适航处，业务上受民航局领导。适航处对民用航空产品的设计进行型号审定、对民用航空产品的生产进行生产许可审定。

1）适航管理。航空器适航管理是指航空器适航主管机关依照法律规定，对航空器从设计、定型开始，到生产、使用直至停止使用的全过程实行监督，以保证航空器的安全性为目标的技术管理和科学管理。

民用航空器的适航管理，是以保障民用航空器的安全为目标的技术管理，是国务院民用航空主管部门在制定了各种最低安全标准的基础上，对民用航空器的设计、制造、使用和维修等环节进行科学的、统一的审查、鉴定、监督和管理。

2）适航管理的分类。民用航空器的适航管理分为初始适航管理和持续适航管理两类。

初始适航管理是指在航空器交付使用之前，适航部门依据各类适航标准和规范，对民用航空器的设计和制造所进行的型号合格审定和生产许可审定，以确保航空器部件的设计、制造是按照适航部门的规定进行的。也就是在航空器交付使用前，适航部门根据各类适航标准对航空器的设计、制造所进行的管理。

持续性适航管理是指航空器满足初始适航管理要求，取得适航证并投入运营后，为保持它在设计制造时的基本安全标准或适航水平所进行的管理。航空器以及航空器的使用、维修人员和单位是持续适航管理的三个主要对象。

3）适航管理的内容。航空器的适航管理主要包括航空器的设计、航空器的制造、航空器的维护与维修三方面的内容。

我国的民用航空器适航管理的法规主要是围绕民用航空器（含航空发动机、螺旋桨）的设计适航管理，民用航空器的生产、维修适航管理，民用航空器的进、出口适航管理，民用航空器的使用适航管理四个方面的内容而制定的。图 2-3 所示为型号合格证。

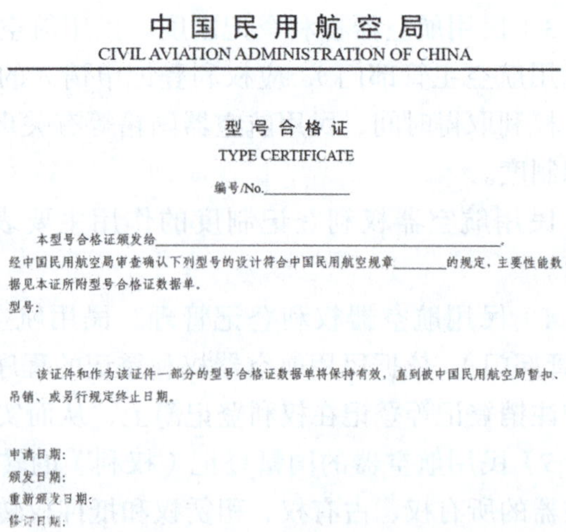
中 国 民 用 航 空 局

CIVIL AVIATION ADMINISTRATION OF CHINA

型 号 合 格 证

TYPE CERTIFICATE

编号/No.____________

本型号合格证颁发给______________________________________.

经中国民用航空局审查确认下列型号的设计符合中国民用航空规章________的规定，主要性能数据见本证所附型号合格证数据单。

型号：

该证件和作为该证件一部分的型号合格证数据单将保持有效，直到被中国民用航空局暂扣、吊销、或另行规定终止日期。

申请日期：

颁发日期：

重新颁发日期：

修订日期：

图 2-3 型号合格证

适航管理的目的是使民用航空器的所有人或者承租人，严格按照所持有的适航证书的类别和使用范围从事相应的飞行活动，不可超范围飞行；同时要认真做好民用航空器的维护保养工作，使民用航空器处于适航状态，以保证民用航空活动的安全进行，提高民用航空事业的整体安全水平，促进民航事业的发展和进步。

4）运行适航管理规定。民用航空器运行是指以航行（包括驾驶、操纵航空器）为目的，使用或获准使用航空器，而不论所有人、使用人或其他人对航空器是否拥有合法的控制权。运行适航管理规定包括运行的一般规定、营运人及其适航责任、飞行记录本。

2. 民用航空人员的训练与资格管理制度

民用航空人员是指从事民用航空活动的空勤人员和地面人员。其中，空勤人员包括驾驶员、领航员、飞行机械人员、飞行通信员、乘务员；地面人员包括民用航空器维修人员、空中交通管制员、飞行签派员、航空电台通信员。无人机的航空人员主要有空中交通管制员、地面维修检测人员、飞机驾驶人员、签派员等。图 2-4 所示为京东无人机驾驶员。

（1）资格的取得与丧失　民用航空从业人员应当接受专门训练，经考核合格，取得国务院民用航空主管部门颁发的执照，方可担任其执照载明的工作。民用航空器空勤人员和空中交通管制员在取得执照前，还应当接受国务院民用航空主管部门认可的体格检查单位的检查，并取得国务院民用航空主管部门颁发的体格检查合格证书。

1）资格管理与取得。中国民航局飞行标准司负责全局驾驶员、飞行教员的审定和执照的管理工作。

民航地区管理局飞行标准部门是本地区驾驶员和飞行教员审定工作机构，负责本地区驾驶员、飞行教员的审定和执照的管理工作。

对于从业人员的资格证书，在取得之前需要满足从业人员身体合格、文化及技术考核合格（即通过理论考试和技术考核，并且各科成绩都在良好以上），方可发放执照。图 2-5 所示为民用航空器驾驶员执照。

图 2-4　京东无人机驾驶员

图 2-5　民用航空器驾驶员执照

2）资格的丧失。航空人员在取得资格后因种种原因未能继续符合规定的要求和达到规定的标准，其航空器从业人员的资格即告丧失。航空器从业人员资格的丧失有执照的收留、收回、自然中断和注销四种情况。

（2）工作时限及体检规定　工作时限是指民航工作人员连续工作的时间。为了确保飞行安全，防止飞行人员疲劳，保护飞行人员的身体健康，《中华人民共和国民用航空法》

规定，民用航空器机组人员的飞行时间、执勤时间不得超过国务院民用航空主管部门规定的时限。具体规定的飞行时间、执勤时间和休息时间的时限根据体检合格证规定和不同岗位的空勤人员组成，有不同的时限标准，并且主管部门要定期和不定期地进行检查和考核，以保证飞行安全。飞行时间是指机组成员在飞机飞行期间的执勤时间，包括在座飞行时间（飞行经历时间）和不在座飞行时间。执勤时间是指机组成员在接受合格证持有人安排的飞行任务后，从报到时刻开始，到解除任务为止的连续时间。休息时间是指从机组成员到达休息地点起，到为执行下一个任务离开休息地点为止的连续时间。

体检规定是指航空器空勤人员和空中交通管制员在取得执照前，应当接受国务院民用航空主管部门颁发的体格检查合格证书。《中华人民共和国民用航空法》第四十条第 2 款和第四十一条规定：空勤人员和空中交通管制员在取得执照前，还应当接受国务院民用航空主管部门认可的体格检查单位的检查，并取得国务院民用航空主管部门颁发的体格检查合格证书。空勤人员在执行飞行任务时，应当随身携带执照和体格检查合格证书，并接受国务院民用航空主管部门的查验。

3. 航空安保法律制度

（1）航空安保制度的确立　随着我国民航事业的不断壮大，伴随而来的危害民用航空安全的犯罪行为也时有发生，为进一步保障航空安全、降低事故率，从根本上加强航空安保工作已成为航空界的共同目标和紧迫任务。为了惩治、预防危害航空安全的犯罪行为，我国一方面在履行、恪守《国际民用航空公约》《东京公约》《海牙公约》和《蒙特利尔公约》及其补充议定书等国际公约的义务和规定的同时；另一方面，积极制定国内航空安保法律、法规，将公约的相关内容转化为国内法，颁布了一系列有关航空安保的法律、法规、规章及相关规范性文件，初步建立起国内航空安保法律体系，并保证其在中华人民共和国境内的有效实施。

1）我国法律层面的制度建设。1979 年制定的《中华人民共和国刑法》，其中专门将劫机、破坏飞机、破坏机场等足以使飞机发生毁坏危险的行为规定为严重的刑事犯罪行为，予以严惩。

1992 年 12 月，全国人民代表大会制定了《关于惩治劫持民用航空器犯罪分子的决定》，专门规定劫机罪的构成及其刑罚，用以严厉打击劫持航空器的犯罪行为。

1996 年施行的《中华人民共和国民用航空法》也专章规定了危害民用航空安全的犯罪行为的构成及其处罚。

1997 年修订《中华人民共和国刑法》时，将《关于惩治劫持民用航空器犯罪分子的决定》的规定直接纳入新刑法中。

2）我国法规方面的制度建设。1996 年 7 月 6 日，国务院令第 201 号发布了《中华人民共和国民用航空安全保卫条例》。这是我国目前仅有的一部专门规定航空安保的行政法规，对民用机场的安全保卫、民用航空营运的安全保卫、民用航空安全检查以及违法责任都做了比较明确的规定，对防止非法干扰民用航空活动、维护民用航空秩序、保障民用航空安全也起到了很好的作用。

3）我国规章方面的制度建设。关于航空安保的规章制度是由相关部门根据相关法律、法规制定的，涉及机场、航空器、旅客、行李、货物等方面的航空安全保卫工作的部门规章。这些规章对于规范民用航空安全保卫工作，维护航空运输秩序，制止威胁飞行安全的行为，防止机上滋扰行为，保护所载人员和财产的安全，保障民用航空飞行安全起着十分重要的作用。此类规章包括《民用航空安全检查规则》《中国民用航空监察员管理规定》《航空安全员合格审定规则》《公共航空旅客运输飞行中安全保卫规则》等。

为了更好落实航空安全保卫工作，国务院、公安部、民航局以及民航局公安局职能部门根据有关法律、法规和规章的内容，发布了大量有关航空安保的非规章类的规范性文件，例如《国家处置劫机事件总体预案》《关于实施居民身份证查验制度后民航办理乘机和货运手续的有关规定》等。这些规范性文件的数量大大超过了法律、法规、规章的总和。虽然法律、行政法规对这些规范性文件的地位、效力没有明确的规定，但是实践中，这些规范性文件在我国民航安保工作中占有非常重要的地位，对有关航空安保的行政法规和行政规章起到了必要的和有效的执行作用，在一定条件下还起到了补充的作用。

（2）我国航空安保制度的完善　为适应国际国内形势发展的需要，规范航空安保管理和安保运行，总结、归纳我国这些年来航空安保工作经验，形成固化的长效工作机制，实现国际航空安保标准和建议性措施的国内法转化，进一步完善有关航空安保的法规体系，我国迫切需要将国际民航组织规定的强制性安保标准在国内法中体现出来，以利于规定标准的统一、有效执行，有必要制定各个方面航空安保工作的规章，对相关事项予以系统化规范。

任务小结

本任务重点介绍了民用航空器的登记与管理、民用航空人员的训练与资格管理制度、航空安保法律制度。通过本任务的学习，可以更好地掌握民航管理法规与制度。

课后训练

一、选择题（每题可能有一个或者多个正确答案）

1. 航空器的适航管理主要包括（　　）三方面的内容。

A. 航空器的设计　　B. 航空器的制造

C. 航空器的维护与维修　　D. 航空器的销售

2. 民用航空器国籍登记管理必须遵守（　　）、（　　）联合经营原则。

A. 所有权登记原则　　B. 只许有一个国籍原则

C. 允许有多个国籍原则　　D. 可以有多个国籍原则

二、判断题（正确的画“√”，错误的画“×”）

1. 航空器国籍是航空器身份的象征，是航空器权利的具体体现所在，是国家对其实行外交保护的法律依据。（　　）

2. 为了确保飞行安全，防止飞行人员疲劳，保护飞行人员的身体健康，《中华人民共和国民用航空法》规定，民用航空器机组人员的飞行时间、执勤时间不得超过国务院民用航空主管部门规定的时限。（　　）

三、简答题

1. 什么是民用航空器？

2. 什么是航空器国籍登记管理？

任务4　了解中国无人机法律法规体系

任务描述

通过本任务的学习，了解无人机监管文件体系、飞行管理文件、空中交通管理文件、驾驶员管理文件、无人机登记管理文件和无人机监管技术支撑文件。

案例描述

2018年2月7日，某技术有限公司员工唐某与某航空有限公司郭某等4人，操纵混合动力无人机在河北省某地上空约1000m高度，对某生产区域进行航空测绘。中国人民解放军中部战区的雷达部队发现了该次空情，出动了战斗机升空查证，同时派出地面部队赶事发地域，协助地方公安部门进行了处置。

这次违规飞行事件虽然没有造成重大损失，但实际上扰乱了空中管理秩序，影响了民航安全飞行，干扰了部队正常训练，占用了战备资源，耗费了大量的人力、物力，给相关地区空防安全带来了严重的威胁，是一起无人机违法飞行对军、民航造成巨大损失的事件。

经调查，唐某和郭某等4人都不具备无人机驾驶资格，在操纵无人机飞行前也没有申请空域，该4人涉嫌过失以危险方法危害公共安全罪，将受到法律的制裁。另外，与引发该事件相关的单位和个人也将承担相应的责任和处罚。

从该案例我们可以得到什么启示呢？

案例分析

从以上案例我们可以认识到，操纵无人机不可随意进行。在从事无人机相关工作前，要全面、系统地学习相关法律法规，在正规渠道取得无人机驾驶资格证。在操纵无人机前要按照正规流程提出申请，操纵无人机过程中严格按照规定飞行，坚决杜绝违法、违规操作，完成飞行后要及时总结经验。

相关知识

1. 无人机监管文件体系

目前，我国无人机的监管文件体系相对滞后，在民航法律法规、无人机法律法规、无人机规范性文件和无人机标准体系文件方面陆续出台了一系列监管文件和标准体系文件，很多文件仍处于征求意见稿、试行阶段，亟须进一步完善。

目前，我国出台的无人机监管文件及标准体系文件见表 2-3。

表 2-3　我国出台的无人机监管文件及标准体系文件

文号	文件名称	文件分类	发文日期
	飞行管理		
MD-TR-2018-01	民用无人驾驶航空器经营性飞行活动管理办法（暂行）	规范性文件（管理文件）	2018-03-21
—	无人驾驶航空器飞行管理暂行条例	行政法规	2023-05-31
AC-91-FS-2015-31	轻小无人机运行规定（试行）	规范性文件（咨询通告）	2015-12-29
	空中交通管理		
AC-93-TM-2019-01	轻小型民用无人机飞行动态数据管理规定	规范性文件（咨询通告）	2019-11-05
MD-TM-2016-004	民用无人驾驶航空器系统空中交通管理办法	规范性文件（管理文件）	2016-09-21
	驾驶员管理		
AC-61-FS-2018-20R2	民用无人机驾驶员管理规定	规范性文件（咨询通告）	2018-08-31
AC-61-FS-2019-20R3	民用无人机驾驶员管理规定（征求意见稿）	规范性文件（咨询通告）	2019-04-15
	无人机管理		
AP-45-AA-2017-03	民用无人驾驶航空器实名制登记管理规定	规范性文件（管理程序）	2017-05-16
	标准体系文件		
MH/T 2011—2019	无人机云系统数据规范	民用航空（行业标准）	2019-10-22
CTSO-C213	无人机系统控制和其它安全关键通信空地链路无线电设备	技术标准规定	2019-06-04
MH/T 1069—2018	无人驾驶航空器系统作业飞行技术规范	民用航空（行业标准）	2018-08-21
MH/T 2008—2017	无人机围栏	民用航空（行业标准）	2017-10-20
MH/T 2009—2017	无人机云系统接口数据规范	民用航空（行业标准）	2017-10-20
—	无人驾驶航空器系统标准体系建设指南（2017—2018 年版）	技术性文件（标准体系）	2017-06-06

（1）民航法律法规　民用无人机作为民用航空器的一员，民航相关法律法规对民用无人机也具有约束力，虽针对性不强，但可作为无人机法律法规的补充，如《中华人民共和国民用航空法》《中华人民共和国飞行基本规则》《中华人民共和国无线电管理条例》《通用航空飞行管制条例》《民用机场管理条例》《民用航空空中交通管理规则》等。

（2）无人机法律法规　对比我国民航法律法规体系的 3 个层次，我国专门针对无人机的法律法规在国家立法、行政法规和规章 3 个层次上暂时空白。

国务院、中央军委空中交通管制委员会组织起草了《无人驾驶航空器飞行管理暂行条例（征求意见稿）》，于 2018 年初面向社会公开征求意见，并于 2023 年 5 月 31 日由国务院、中央军委发布了《无人驾驶航空器飞行管理暂行条例》，这是国家层面无人机产业法律法规零的突破。

（3）无人机规范性文件　近几年，我国相关部门陆续出台了一些针对无人机的咨询通告、管理文件等规范性文件，如《轻小无人机运行规定（试行）》（AC-91-FS-2015-31）、《轻小型民用无人机飞行动态数据管理规定》（AC-93-TM-2019-01）、《民用无人驾驶航空器系统空中交通管理办法》（MD-TM-2016-004）、《民用无人机驾驶员管理规定》（AC-61-FS-2018-20R2）和《民用无人驾驶航空器实名制登记管理规定》（AP-45-AA-2017-03），在无人机飞行管理、空中交通管理、驾驶员管理和无人机登记管理等方面进行了规定，成为法律法规的有益补充。

（4）无人机标准体系文件　无人机标准体系建设能引领和规范行业的发展，也将进一步提高无人机的监管水平。

2017 年 6 月 6 日，国家标准化管理委员会、工业和信息化部、科技部、公安部、农业部、国家体育总局、国家能源局和中国民用航空局 8 部门联合发布了《无人驾驶航空器系统标准体系建设指南（2017—2018 年版）》。

2017 年 10 月 20 日，中国民用航空局正式发布《无人机围栏》和《无人机云系统接口数据规范》两部行业标准，并于 2017 年 12 月 1 日起开始实施，我国也由此成为全球范围最早出台此类行业标准的国家。

2018 年 8 月 21 日和 2019 年 10 月 22 日中国民用航空局分别发布了行业标准《无人驾驶航空器系统作业飞行技术规范》（MH/T 1069—2018）和《无人机云系统数据规范》（MH/T 2011—2019），2019 年 6 月 4 日中国民用航空局航空器适航审定司发布了技术标准规定《无人机系统控制和其它安全关键通信空地链路无线电设备》（CTSO-C213）。

2. 飞行管理文件

（1）《无人驾驶航空器飞行管理暂行条例》　为了规范无人驾驶航空器飞行以及有关活动，促进无人驾驶航空器产业健康有序发展，维护航空安全、公共安全、国家安全，国务院、中央军委制定了《无人驾驶航空器飞行管理暂行条例》，于 2023 年 5 月 31 日公布，自 2024 年 1 月 1 日起施行。

《无人驾驶航空器飞行管理暂行条例》共分为总则、民用无人驾驶航空器及操控员管理、空域和飞行活动管理、监督管理和应急处置、法律责任和附则 6 部分。

附则中还解释了以下用语的含义：空中交通管理机构、微型无人驾驶航空器、轻型无人驾驶航空器、小型无人驾驶航空器、中型无人驾驶航空器、大型无人驾驶航空器、无人驾驶航空器系统、农用无人驾驶航空器、隔离飞行、融合飞行、分布式操作、集群、模型航空器、无人驾驶航空器反制设备、空域保持能力。

（2）《轻小无人机运行规定（试行）》　为了规范民用无人机，特别是低空、慢速、微轻小型无人机的运行，依据 CCAR-91 部，中国民用航空局飞行标准司于 2015 年 12 月 29 日下发了咨询通告《轻小无人机运行规定（试行）》（AC-91-FS-2015-31）。

2016 年 7 月 11 日，中国民用航空局飞行标准司下发了咨询通告《民用无人机驾驶员管理规定》（AC-61-FS 2016-20R1），对《轻小无人机运行规定（试行）》进行了修正和完善。

《轻小无人机运行规定（试行）》共分为目的、适用范围及分类、定义、民用无人机机长的职责和权限、民用无人机驾驶员资格要求、民用无人机使用说明书、禁止粗心或鲁莽的操作、摄入酒精和药物的限制、飞行前准备、限制区域、视距内运行（VLOS）、视距外运行（BVLOS）、民用无人机运行的仪表设备和标识要求、管理方式、无人机云提供商须具备的条件、植保无人机运行要求、无人飞艇运行要求、废止和生效 18 个部分。

各部分主要内容如下：

1）目的。制定本咨询通告的目的是规范民用无人机，特别是低空、慢速、微轻小型无人机的运行。

2）适用范围及分类。本咨询通告适用范围及分类的相关规定。其中，根据可在视距内或视距外操作、空机重量、起飞全重、校正空速等指标对无人机进行了分类。

3）定义。本咨询通告对无人机、无人机系统、无人机系统驾驶员、无人机系统机长、无人机观测员、运营人、控制站、指令与控制数据链路、视距内运行（VLOS）、超视距外运行（BVLOS）、融合空域、隔离空域、人口稠密区、重点地区、机场净空区、空机重量、无人机云系统、电子围栏、主动反馈系统和被动反馈系统等术语进行了定义。

4）民用无人机机长的职责和权限。民用无人机机长的职责和权限的相关管理规定。

5）民用无人机驾驶员资格要求。民用无人机驾驶员的执照、合格证、等级、训练、考试、检查和航空经历等资格要求方面的规定。

6）民用无人机使用说明书。民用无人机使用说明书的相关管理规定。

7）禁止粗心或鲁莽的操作。

8）摄入酒精和药物的限制。

9）飞行前准备。飞行前机长应做好的相关准备。

10）限制区域。机长应确保无人机避免进入限制区域。

11）视距内运行（VLOS）。视距内运行的相关规定。

12）视距外运行（BVLOS）。视距外运行的相关规定。

13）民用无人机运行的仪表设备和标识要求。

14）管理方式。轻小型民用无人机运行管理的相关规定，包括民用无人机的运行管理、民用无人机运营人的管理等规定。

15）无人机云提供商须具备的条件。

16）植保无人机运行要求。

17）无人飞艇运行要求。

18）废止和生效。本咨询通告于 2015 年 12 月 29 日生效。

3. 空中交通管理文件

（1）《轻小型民用无人机飞行动态数据管理规定》　为了实现轻、小型民用无人机及植保无人机飞行动态实时监控，逐步简化轻、小型民用无人机及植保无人机的飞行空域、飞行计划、飞行活动管理，实施民用无人机空中交通管理。中国民用航空局空管行业管理办公室于 2019 年 11 月 5 日下发了《轻小型民用无人机飞行动态数据管理规定》（AC-93-TM-2019-01）。

《轻小型民用无人机飞行动态数据管理规定》共分为目的和依据、适用范围、管理要求、数据与传输要求、第三方平台系统技术与安全要求、附则和定义 7 章。

各章主要内容如下：

1）目的和依据。制定本咨询通告的目的和依据的法律法规规章。

2）适用范围。本咨询通告的适用范围。

3）管理要求。轻小型民用无人机飞行动态数据管理要求的相关规定，包括管理主体、报送数据的要求、数据接收的系统、数据报送方式、数据管理与应用等方面的规定。

4）数据与传输要求。轻小型民用无人机飞行动态数据与传输要求的相关规定，包括数据类型、数据格式、数据示例、频率与时间要求、传输协议与安全要求等方面的规定。

5）第三方平台系统技术与安全要求。第三方平台系统技术与安全要求的相关规定。

6）附则。本规定自2020年5月1日起生效。

7）定义。定义了无人驾驶航空器、遥控航空器、自主航空器、模型航空器（航空模型）、无人机系统、微型无人机、轻型无人机、小型无人机、中型无人机、大型无人机、植保无人机、空机重量、空域保持能力和可靠被监视能力等用语的含义。

（2）《民用无人驾驶航空器系统空中交通管理办法》 为了加强对民用无人驾驶航空器飞行活动的管理，规范其空中交通管理工作，中国民用航空局空管行业管理办公室于2016年9月21日下发了《民用无人驾驶航空器系统空中交通管理办法》（MD-TM-2016-004），同时废止了原《民用无人机空中交通管理办法》（MD-TM-2009-002）。

《民用无人驾航空器系统空中交通管理办法》共分为总则、评估管理、空中交通服务、无线电管理和附则5章。

各章主要内容如下：

1）总则。本管理办法的制定依据、适用对象、管理分工、飞行空域及责任主体等。

2）评估管理。民用无人驾驶航空器评估管理的相关规定，包括需要评估管理的条件、评估的内容、评估报告的审查等方面的规定。

3）空中交通服务。民用无人驾驶航空器空中交通服务的相关规定，包括隔离空域划设原则和要求、隔离空域内运行要求、安全措施和违规飞行监管等方面的规定。

4）无线电管理。民用无人驾驶航空器无线电管理的相关规定，包括无线电频率、无线电设备、发射语音广播和无线电管制等方面的规定。

5）附则。本管理办法下发施行的同时，废止原《民用无人机空中交通管理办法》。

本管理办法还定义了民用无人驾驶航空器、民用无人驾驶航空器系统、遥控驾驶航空器系统、遥控驾驶航空器、遥控站、指挥与控制链路、自主无人驾驶航空器系统、电子围栏、感知与避让、运营人、驾驶员、观测员、隔离空域、非隔离空域、目视视距内、超目视视距、无线电视距内、超无线电视距、机场净空区、人口稠密区和重点地区等术语的含义。

4. 驾驶员管理文件

随着民用无人机驾驶员数量的快速增加，为了加强对民用无人机驾驶员的规范管理，促进民用无人机产业的健康发展，中国民用航空局飞行标准司于2018年8月31日下发了咨询通告《民用无人机驾驶员管理规定》（AC-61-FS-2018-20R2），同时废止了2016年7

月 11 日发布的咨询通告《民用无人机驾驶员管理规定》(AC-61-FS-2016-20R1)。

《民用无人机驾驶员管理规定》共分为目的、适用范围、定义、执照和等级要求、无人机系统驾驶员管理、修订说明和咨询通告施行 7 个部分。

各部分主要内容如下：

（1）目的　针对目前出现的无人机系统的驾驶员实施指导性管理，并将根据行业发展情况随时修订，最终目的是按照国际民航组织的标准建立我国完善的民用无人机驾驶员监管体系。

（2）适用范围　用于民用无人机系统驾驶人员的资质管理。

（3）定义　定义了无人机、无人机系统、无人机系统驾驶员、等级、类别等级、固定翼、直升机、多旋翼、垂直起降固定翼、自转旋翼机、飞艇、视距内运行、超视距运行、扩展视距（EVLOS）运行、授权教员、无人机系统的机长、无人机观测员、运营人、控制站（也称为遥控站、地面站）、指令与控制数据链路、感知与避让、无人机感知与避让系统、融合空域、隔离空域、人口稠密区、空机重量、飞行经历时间、飞行经历记录本、训练记录、理论考试、实践考试、申请人、无人机云系统（简称无人机云）、无人机云交换系统（无人机云数据交换平台）、分布式操作等术语的含义。

（4）执照和等级要求　无人机系统驾驶员实施分类管理。

1）无人机系统驾驶员自行负责、无须执照管理的情形。

2）无人机系统驾驶员执照由局方实施管理的情形。

3）自 2018 年 9 月 1 日起，民航局授权行业协会颁发的现行有效的无人机驾驶员合格证自动转换为民航局颁发的无人机驾驶员电子执照，原合格证所载明的权利一并转移至该电子执照。原Ⅶ分类等级（超视距运行的Ⅰ、Ⅱ类无人机）合格证载明的权利转移至Ⅲ分类等级电子执照。

（5）无人机系统驾驶员管理　对无人机系统驾驶员的管理的相关规定。

1）执照和等级分类。

2）颁发无人机驾驶员执照与等级的条件。

3）执照有效期及其更新。

4）教员等级更新。

5）教员等级过期后的重新办理。

6）熟练检查。

7）增加等级。

8）执照和等级的申请与审批。

9）飞行经历记录。

10）考试一般程序。

（6）修订说明　结合《轻小无人机运行规定（试行）》(AC-91-FS-2015-31)，对原《民用无人驾驶航空器系统驾驶员管理暂行规定》(AC-61-FS-2013-20) 进行了第一次修订，修订的主要内容包括重新调整无人机分类和定义、新增管理机构管理备案制度、取消部分运行要求。

（7）咨询通告施行 本咨询通告于 2018 年 8 月 31 日生效，2016 年 7 月 11 日发布的《民用无人机驾驶员管理规定》（AC-61-FS-2016-20R1）同时废止。

5. 无人机登记管理文件

为了加强民用无人驾驶航空器（以下简称民用无人机）的管理，对民用无人机拥有者实施实名制登记，中国民用航空局航空器适航审定司于 2017 年 5 月 16 日发布了管理程序《民用无人驾驶航空器实名制登记管理规定》（AP-45-AA-2017-03）。

《民用无人驾驶航空器实名制登记管理规定》共分为总则、职责、民用无人机实名登记要求和附则 4 个部分。

各部分主要内容如下：

（1）总则 制定本管理规定的目的、适用范围、登记要求和相关术语定义等。定义的术语包括民用无人机、民用无人机拥有者、民用无人机最大起飞重量和民用无人机空机重量等。

1）目的。为加强民用无人机的管理，对民用无人机拥有者实施实名制登记，特制定本管理规定。

2）适用范围。本管理规定适用于在中华人民共和国境内最大起飞重量为 250 克以上（含 250 克）的民用无人机。

3）登记要求。自 2017 年 6 月 1 日起，民用无人机的拥有者必须按照本管理规定的要求进行实名登记。

（2）职责 中国民用航空局航空器适航审定司、民用无人机制造商和民用无人机拥有者各自职责的相关规定。

（3）民用无人机实名登记要求 实名登记的流程、实名登记的信息内容、民用无人机的登记标志、民用无人机的标识要求和登记信息的更新等方面的相关规定。

民用无人机制造商和民用无人机拥有者在“国家无人驾驶航空器一体化综合监管服务平台（民用无人驾驶航空器综合管理平台）”（https：//uom.caac.gov.cn）上申请账户。实名注册的具体操作步骤（因网站更新缘故，其中的网页和步骤会与书中不同）如下：

步骤 1：打开 https://uom.caac.gov.cn/#/login 网页，单击“免费注册”，如图 2-6 所示。

图 2-6 网站首页

步骤 2：在注册信息中输入账号、密码和手机号码，并选择用户类型，如图 2-7 所示。

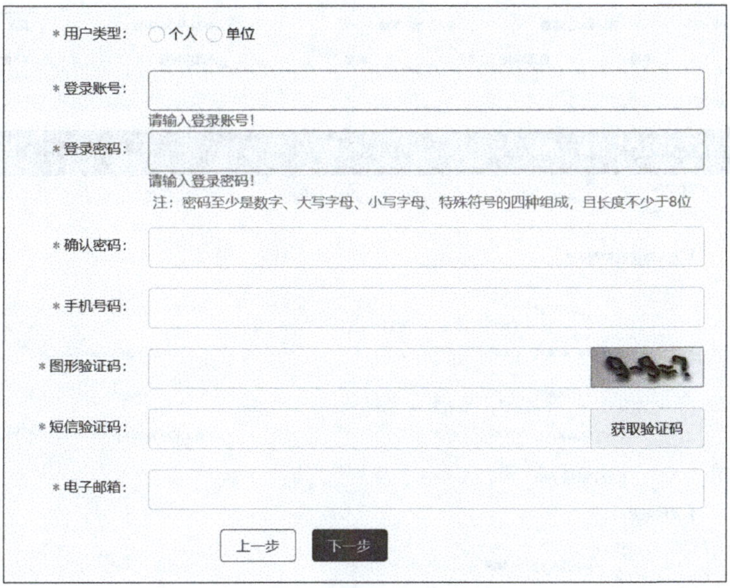

图 2-7　注册身份信息

步骤 3：初次登录后页面即显示个人信息页，需要用户输入邮箱、真实姓名、证件号码、证件地址，如图 2-8 所示。其中的邮箱用来接收无人机登记成功后系统发出的序列号和二维码。完成之后单击“保存”。

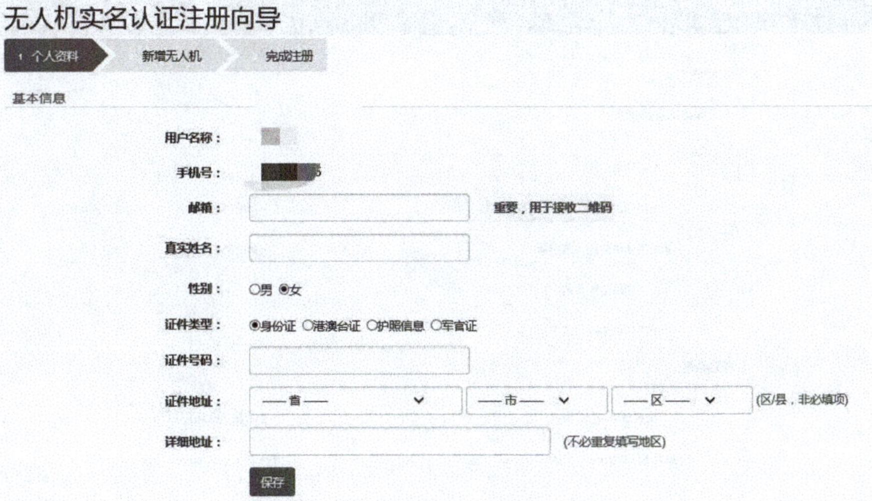

图 2-8　修改个人信息

步骤 4：在界面上面一栏单击“新增无人机”，然后在下面一栏单击“注册品牌无人机”，输入无人机的序列号、生产厂商名称、型号、空机重量、类型和用途等信息，完成输入后单击“提交”，如图 2-9 所示。

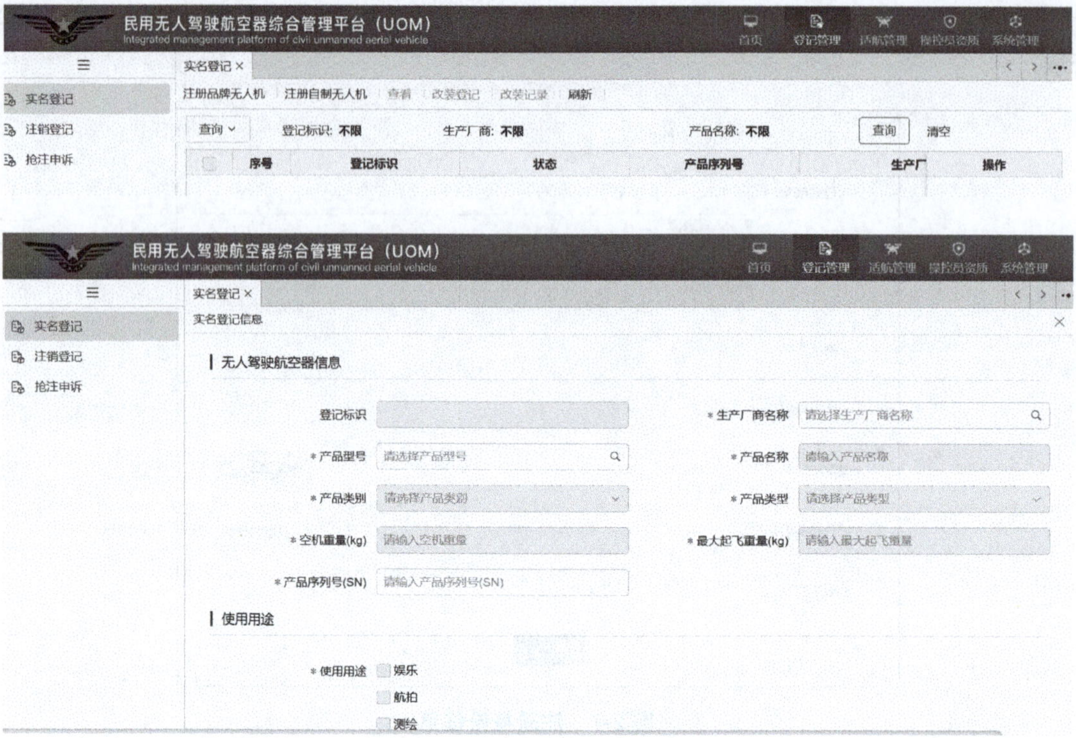

图 2-9 输入品牌无人机信息

步骤 5：如果注册的是自制无人机，则可选择“新增自制无人机”，然后填写相关信息，如图 2-10 所示。

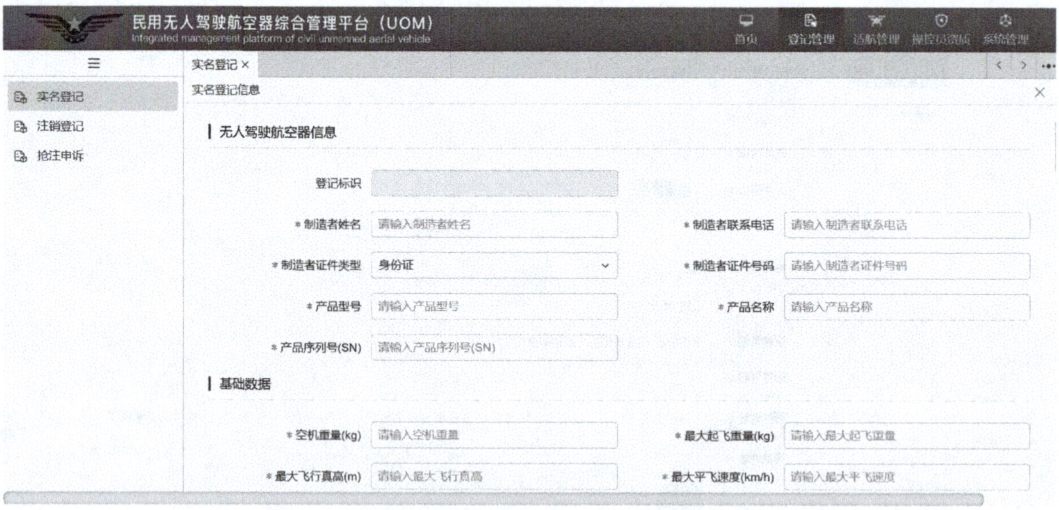

图 2-10 输入自制无人机信息

步骤 6：输入无人机信息后，在无人机管理界面中，可以看到已经完成注册的无人机，如图 2-11 所示。在无人机信息的右侧单击“发送二维码”，则系统会弹出提示窗口提示“系统已发送二维码到你的电子邮箱”。

图 2-11　无人机管理界面

步骤 7：系统会发送二维码到注册时填写的电子邮箱。在使用无人机之前，打印其中任何一个二维码，然后进行剪裁（剪裁后的尺寸不小于 50mm × 50mm），最后将剪裁好的二维码粘贴在无人机不易破损且显著的位置。

（4）附则　本管理规定由中国民用航空局航空器适航审定司负责解释，自 2017 年 5 月 16 日起生效。

6. 无人机监管技术支撑文件

2017 年 6 月 6 日，国家标准化管理委员会、工业和信息化部、科技部、公安部、农业部、国家体育总局、国家能源局和中国民用航空局 8 部门联合发布了《无人驾驶航空器系统标准体系建设指南（2017—2018 年版）》，从管理和技术两个角度提取共性抽象特征，构建无人驾驶航空器系统管理架构和技术架构。将管理架构的分级分类维度和应用对象维度组成的平面依次映射到生命周期维度的 7 个层级，形成研发、注册、鉴定、制造、流通、运行和报废 7 类管理标准。

无人驾驶航空器系统管理架构如图 2-12 所示；无人驾驶航空器系统技术架构如图 2-13 所示；无人驾驶航空器系统标准体系结构如图 2-14 所示。

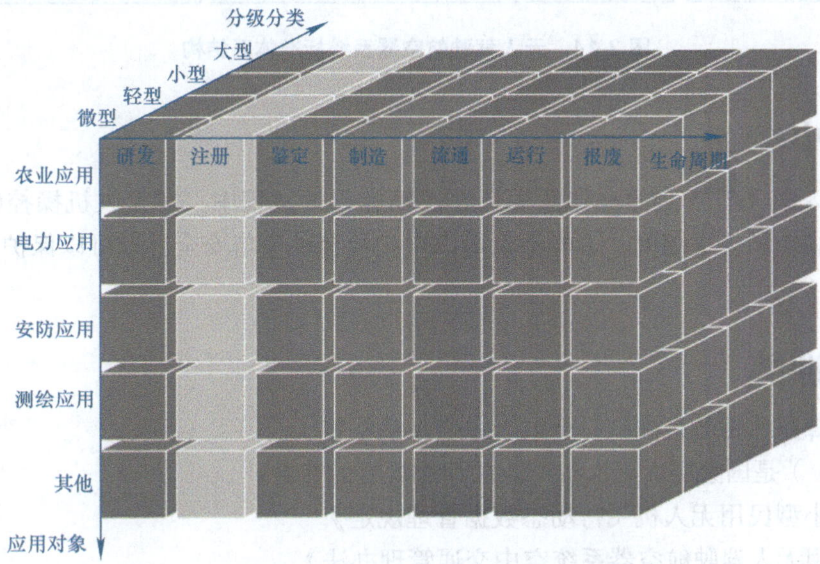

图 2-12　无人驾驶航空器系统管理架构

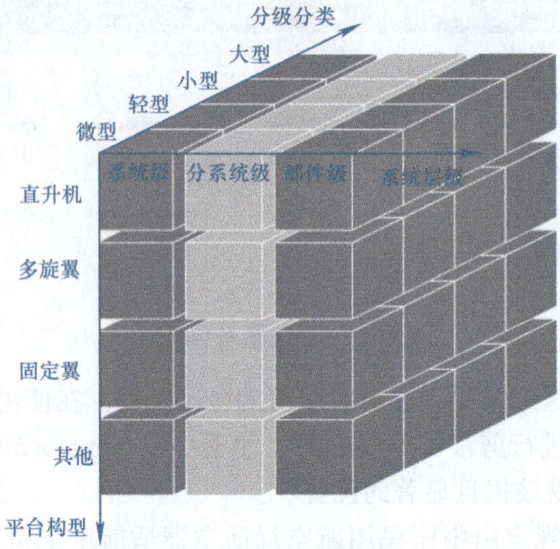

图 2-13　无人驾驶航空器系统技术架构

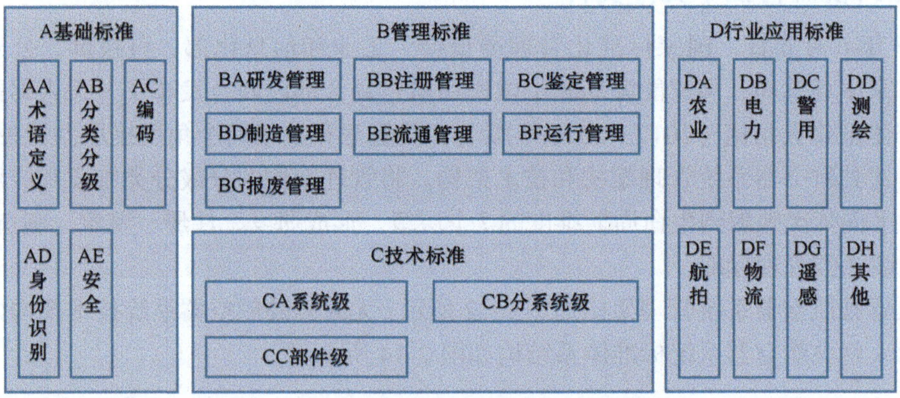

图 2-14　无人驾驶航空器系统标准体系结构

任务小结

针对无人机飞行安全的法律法规还在不断完善的过程中，在无人机操控时要严格遵守相关法律法规和规章制度，这样不仅可以维护社会秩序与安全，也可以保护自身的合法权益。

课后训练

一、选择题（每题可能有一个或者多个正确答案）

1.（　　）是国家层面无人机产业法律法规零的突破。

A.《轻小型民用无人机飞行动态数据管理规定》

B.《民用无人驾驶航空器系统空中交通管理办法》

C.《无人驾驶航空器飞行管理暂行条例》

D.《民用无人机驾驶员管理规定》

2. 为了加强对民用无人驾驶航空器飞行活动的管理，规范其空中交通管理工作，中国民用航空局空管行业管理办公室于2016年9月21日下发了（　　）。

A.《民用无人机空中交通管理办法》

B.《民用无人驾驶航空器系统空中交通管理办法》

C.《无人驾驶航空器飞行管理暂行条例》

D.《民用无人驾驶航空器实名制登记管理规定》

3. 下列民航相关法律法规对民用无人机虽针对性不强，但可作为无人机法律法规的补充的有（　　）。

A.《中华人民共和国无线电管理条例》

B.《民用机场管理条例》

C.《民用航空空中交通管理规则》

D.《通用航空飞行管制条例》

4.《民用无人驾驶航空器实名制登记管理规定》规定适用于在中华人民共和国境内最大起飞重量为（　　）克以上（含（　　）克）的民用无人机。

A. 200，200　　B. 250，250　　C. 300，300　　D. 500，500

二、判断题（正确的画"√"，错误的画"×"）

1. 民用无人机拥有者不需进行实名登记。（　　）

2. 民用无人机作为民用航空器的一员，民航相关法律法规对民用无人机也具有约束力，虽针对性不强，但可作为无人机法律法规的补充。（　　）

3.《民用无人机驾驶员管理规定》用于民用无人机系统驾驶人员的资质管理。（　　）

4. 2017年10月20日，中国民用航空局正式发布《无人机围栏》和《无人机云系统接口数据规范》两部行业标准，并于2017年12月1日起开始实施，我国也由此成为全球范围第二个出台此类行业标准的国家。（　　）

5.《无人驾驶航空器飞行管理暂行条例》共分为总则、无人机系统、无人机驾驶员、飞行空域、飞行运行、法律责任和附则7个部分。（　　）

6. 民用无人机制造商和民用无人机拥有者在"民用无人驾驶航空器综合管理平台"（https://uom.caac.gov.cn）上申请账户。（　　）

单元 3
无人机管理及申报工作

【内容概览】

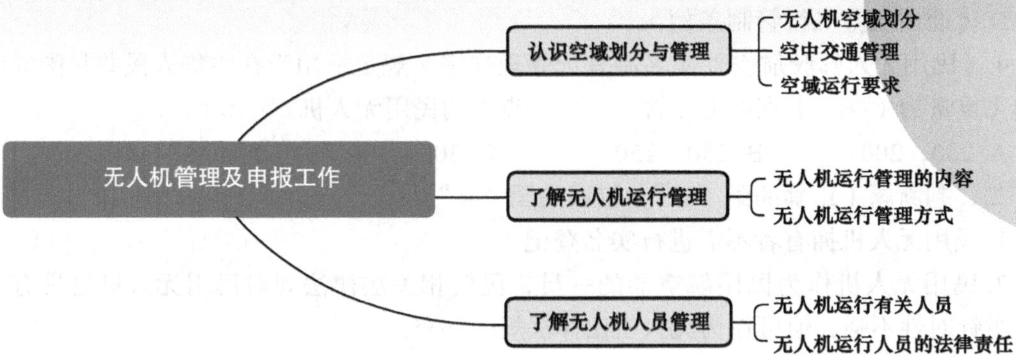

【知识目标】

1. 了解无人机空域划分与管理。
2. 了解无人机运行管理。
3. 了解无人机人员管理。

【技能目标】

1. 了解国家制定的无人机行业法律法规。
2. 了解无人机运行管理的内容。
3. 掌握无人机运营人员的训练与管理工作。

【素养目标】

能够胜任无人机运营管理人员工作。

任务1 认识空域划分与管理

任务描述

了解空域划分与管理相关知识，熟悉空域运行要求。

相关知识

1. 无人机空域划分

无人机空域是指无人机执行任务的航空空域。按照航空管理局的相关规定，无人机空域可以分为适飞空域、管控空域和禁飞空域。

1）适飞空域：适用于航空器的公共航路，可进行无人机飞行活动，但飞行高度不能超过120m范围。

2）管控空域：一般用于测试、演示或其他特殊活动。未经空中交通管理机构批准，不得在管制空域内实施无人机飞行活动。

3）禁飞空域：禁止一切无人机飞行活动的空域，包括机场、铁路等敏感地区，以及行政机构驻地和军事区域等。

2. 空中交通管理

空中交通管理（Air Traffic Management，ATM）的主要任务是有效维护和促进空中交通安全，维护空中交通秩序，保障空中交通畅通。空中交通管理包括空中交通服务、空域管理和空中交通流量管理3大部分。

（1）空中交通服务　空中交通服务（Air Traffic Service，ATS）由空中交通管制单位为飞行中的民用航空器提供，包括空中交通管制服务、飞行情报服务和告警服务。

1）空中交通管制服务。空中交通管制（Air Traffic Control，ATC）服务旨在防止民用航空器之间、民用航空器与障碍物体之间干扰或相撞，维持并提升空中交通秩序。按管制范围，空中交通管制服务可分为航路管制、进近管制和机场管制3个部分。空中交通管制服务如图3-1所示。

2）飞行情报服务。飞行情报服务（Flight Information Service，FIS）旨在为飞行前或飞行中的航空器提供有助于安全和有效实施飞行建议的情报，如危险天气及各种限制性空域等信息。飞行情报服务可分为航图、航行资料和气象报告3类。

3）告警服务。告警服务（Alerting Service，AS）旨在当民用航空器遇险需要搜寻援救时，向相关部门发出搜寻救援通知，并协助搜寻援救。

（2）空域管理　空域管理（Air Space Management，ASM）是指依据既定空域结构条件，实现对空域的充分利用，尽量满足空域使用各方的需求。空域管理的主要内容包括空域划分、流量平滑、航路优化设计、飞行程序设计和飞行管制等。通常对空域进行时分共用，按照各种短期需求划分空域，以满足不同类型用户的需要。

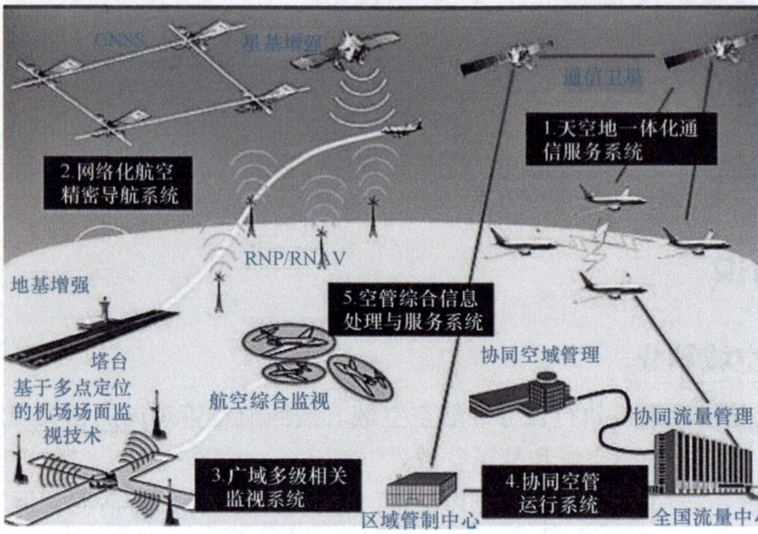

图 3-1　空中交通管制服务

GNSS—全球卫星导航系统　RNP/RNAV—所需导航性能和区域导航

（3）空中交通流量管理　空中交通流量是指单位时间内流向或通过某空域的航空器数量。空中交通流量管理（Air Traffic Flow Management，ATFM）有助于空中交通安全、有序和快捷地流通，以确保最大限度地利用空中交通管制服务（ATC）的容量并符合有关空中交通服务当局公布的标准和容量，保证空中交通最佳地流向或通过特定区域；为飞机运营者提供及时、精确的信息以规划和实施一种经济的空中运输，为尽可能准确地预报飞行情报、减少延误而设置相关服务。造成空中交通拥挤的原因通常有恶劣天气、持续增长的空运需求、节假日高峰、军民航协调不足、各管制区空管能力差异、流量管理理论缺乏等。解决空中交通拥挤的传统方法有机场扩建、缩短放行时间或距离间隔、提升飞行情报（气象）服务。

随着无人机的广泛应用，部分无人机违规飞行造成的险情不断增加。为此，美国不仅设置了无人机禁飞区，对违规飞行人员实行重罚和刑事指控，同时对小型无人机要求实名注册。澳大利亚官方规定普通无人机的飞行高度必须在 120 m 之内。荷兰警方专门训练老鹰将无人机当作猎物去捕捉。法国空军成立金雕培训小组，利用具有凶猛捕猎能力的金雕控制违规飞行的无人机。

我国《民用机场管理条例》规定，机场跑道中心线两侧各 10000m、跑道端外 20000m 的区域为“净空区”，净空区内禁止无人机、风筝、孔明灯等飞行物活动，一旦抓获，将处以 2 万元以上 10 万元以下的罚款。如果施放的飞行器影响到航班安全或者带来安全事故，最高量刑可至死刑。无人机飞行，即使在净空区以外区域，也必须具备相应条件。依据《民用无人驾驶航空器系统驾驶员管理暂行规定》《中华人民共和国飞行基本规则》《民用无人驾驶航空器实名制登记管理规定》，使用者不仅须持民用无人机驾驶执照，飞行前还必须向空管部门提出申请，经批准后方可实施。

3. 空域运行要求

1）概况。目前我国民用遥控驾驶航空器系统使用空域分为融合空域和隔离空域。融合空域是指有其他载人航空器同时运行的空域。隔离空域是指专门分配给遥控驾驶航空器运行的空域，通过限制其他载人航空器的进入以规避碰撞风险。

2）申报飞行空域。申报飞行空域原则上与其他空域水平间隔不小于 20000m，垂直间隔不小于 2000m，一般需提前 7 日提交申请并提交下列文件：

① 国籍标志和登记标志。

② 驾驶员相应的资质证书。

③ 飞行器性能数据和三视图。

④ 可靠的通信保障方案。

⑤ 特殊情况处置预案。

3）申报飞行计划。无论在融合空域还是在隔离空域实施飞行都要预先申请，经过相应部门批准后方能执行。飞行计划申报应于北京时间前一日 15 时前向所使用空域的管制单位提交飞行计划申请并包含下列基本内容：

① 飞行单位、任务，预计开始飞行与结束时间。

② 驾驶员姓名、代号（呼号）。

③ 型别与架数。

④ 起飞、降落地和备降地。

⑤ 飞行气象条件。

⑥ 巡航速度、飞行高度和飞行范围。

⑦ 其他特殊保障需求。

4）紧急飞行计划的申报。执行紧急救护、抢险救灾或者其他紧急任务，飞行计划申请最迟应在飞行前一小时提出。

任务小结

本任务重点介绍了空域划分与管理，同时学习了空中交通管理的相关知识，还了解了违规飞行会产生的一些后果以及空域运行要求。

课后训练

一、选择题（每题可能有一个或者多个正确答案）

1.（　　）是指依据既定空域结构条件，实现对空域的充分利用，尽量满足空域使用各方的需求。

A. FIR　　B. ASM　　C. ICAO　　D. ATM

2.（　　）旨在当民用航空器遇险需要搜寻援救时，向相关部门发出搜寻救援通知，并协助搜寻援救。

A. 告警服务　　B. 飞行情报服务　　C. 空中交通管制服务　　D. 警告服务

3. 澳大利亚官方规定普通无人机的飞行高度必须在（　　）之内。

A. 80m　　B. 100m　　C. 120m　　D. 140m

4. 空中交通管理包括（　　）。

A. 飞行情报区　　B. 空中交通服务　　C. 空域管理　　D. 空中交通流量管理

5. 我国《民用机场管理条例》规定，机场跑道中心线两侧各 10km、跑道端外 20km 的区域为“净空区”，净空区内禁止（　　）等飞行物。

A. 无人机　　B. 飞机　　C. 风筝　　D. 孔明灯

二、判断题（正确的画“√”，错误的画“×”）

1. 如果施放的飞行器影响到航班安全或者带来安全事故，最高量刑可至死刑。（　　）

2. 空中交通管制服务的主要任务是有效维护和促进空中交通安全，维护空中交通秩序，保障空中交通畅通。（　　）

三、简答题

1. 简述目前无人机空域划分的类别。

2. 简述无人机违规飞行会有什么后果。

3. 简述如何申报飞行空域。

任务 2　了解无人机运行管理

任务描述

本任务主要介绍无人机运行管理相关内容，学生学习后需具备基本的无人机运行管理相关常识。

相关知识

1. 无人机运行管理的内容

无人机的管控机构较多，各管控机构间的管控职能有主有次，并存在一定的交叉。随着时间的推移，管控机构的管控职能会有一定的调整。

（1）无人机管控机构

1）空管部门。目前，我国实行的是“统一管制、分别指挥”的空管体制，即在国务院、中央军委空中交通管制委员会的领导下，由空军负责实施全国的飞行管制。军用飞机由空军和海军航空兵实施指挥，民用飞行和外航飞行则由民航实施指挥。国务院、中央军委空中交通管制委员会领导全国的飞行管制工作。就民航内部来说，空管系统实行“分级管理”的体制，即各级空管部门分别隶属于民航局、地区管理局、省（市、自治区）局以及航站。民航局空管局对民航空管系统实行业务领导，其余工作包括人事、财务、行政管理及基本建设等均由各地区管理局、省（市、自治区）局以及航站负责。

2）民航部门。民航部门负责民航空中交通管理、民航机场建设和安全运行的监督管理；承担民航飞行安全和地面安全监管、民航空防安全监管、航空运输和通用航空市场监管责任；起草相关的法律法规草案、规章草案、政策和标准，推进民航行业体制改革；拟定民用航空器事故及事故征候标准，按规定调查并处理民用航空器事故等。

3）公安部门。公安部门负责对违法违规飞行无人机的单位或个人进行查处，组织协调重大活动期间无人机地面防范管控工作，配合相关部门对无人机飞行实施管理等。

4）工商部门。工商部门负责对企业生产销售无人机进行登记管理，配合相关部门对未经许可私自生产销售无人机、违法违规飞行无人机的单位或个人进行查处。

5）海关部门。海关部门负责对进境无人机及其散装组件进行进境监管。

6）安全监管部门。安全监管部门负责协调并参与无人机安全事故的调查与处理，配合相关部门做好无人机生产经营单位的日常安全管理和安全教育培训等工作。

（2）无人机管控技术

1）无人机"感知-避让"技术。无人机"感知-避让"技术是指无人机通过自身携带的传感器对当前空域内的环境进行探测，利用通信网将周围态势向合作目标进行传输，系统预测未来一段时间内的飞行路线上是否存在飞行冲突，自动生成决策指令并执行规避动作以应对突发威胁，确保飞行安全的技术。感知-避让过程分为环境态势感知、飞行冲突预测和飞行冲突解脱3个部分。

《民用无人驾驶航空器系统空中交通管理办法》（MD-TM-2016-004）第七条规定，民用无人驾驶航空器在空域内运行应当符合国家和民航有关规定，经评估满足空域运行安全的要求，其中一条评估内容就是民用无人驾驶航空器系统的感知与避让能力。

2）无人机固件设定禁飞区。在无人机出厂前，无人机生产厂家将禁飞区固化在具有卫星定位功能的无人机内部的地图中，后期通过强行升级固件的方式不断增加或调整禁飞区。当无人机的卫星导航系统定位到当前位置处于禁飞区时，无人机将无法启动或自动降落或按失控模式返航。

3）雷达探测。通常目标体积越小、速度越慢、飞行高度越低，雷达探测的难度越大。目前很多国家纷纷投身于低空、慢速、小目标（以下简称低慢小目标）雷达探测技术的研发，美国、加拿大、以色列、英国等国在该技术与应用方面比较领先，我国也有多家公司和研究所在该技术与应用上取得了一定成绩。低慢小目标雷达探测系统通常由雷达设备、光电设备和无人机处置设备等组成，先由雷达对空域进行360°全方位不间断探测，发现目标后由光电设备进行二次确认，最后根据目标情况由处置设备对无人机进行干扰、迫降、返航和接管等处理，实现查打一体。

4）无线电干扰。通过发射2.4GHz和5.8GHz等特定频带的干扰信号与卫星定位干扰信号，对无人机的飞控信道、卫星定位信道和上下行通信信道进行阻塞式干扰反制，使无人机的导航系统失去信号、图传和数传无法回传、遥控失灵、地面站失联等，触发无人机模式转换、异常迫降、失控返航等保护程序，从而使无人机返航、降落或坠落。

5）无线电监测测向。通过无线电监测，确定无人机用频情况，尤其是非法用频情况，可发射无线电干扰信号对非法无人机进行压制干扰。通过对飞控信道测向，定位无人机控制器范围，并结合移动式或便携式监测测向设备进行测向定位。

6）无人机综合监管系统。无人机综合监管系统是一个针对无人驾驶航空器的综合管控和信息服务平台，它综合应用卫星定位、互联网、大数据、云计算等技术，实时监测低空空域的无人驾驶航空器的飞行状态，包括航迹、高度、速度、位置、航向等，系统根据这些实时监测数据进行相关的预警、避让工作，为空域安全和监管提供保障。

2. 无人机运行管理方式

对无人机的管理主要包括无人机产品信息的登记注册和适航管理。

1）登记注册。中国民用航空局航空器适航审定司于 2017 年 5 月 16 日下发了管理程序——《民用无人驾驶航空器实名制登记管理规定》（AP-45-AA-2017-03），要求在中华人民共和国境内最大起飞重量为 250 克以上（含 250 克）的民用无人机，自 2017 年 6 月 1 日起必须按照管理规定的要求进行实名登记，2017 年 8 月 31 日后未按照管理规定实施实名登记和粘贴登记标志的，其行为将被视为违反法规的非法行为，其无人机的使用将受影响，监管主管部门将按照相关规定进行处罚。

2）适航管理。目前，我国无人机适航标准和适航管理体系建设仍处于调研阶段，我国无人机适航管理面临以下挑战：管理规章欠缺，适航标准、专业技术标准空白；机型多，技术更新快，运行环境复杂；管理机构人力资源不足，业界人才储备不足，缺乏经验。

在 2018 年民用无人驾驶航空器发展国际论坛上，中国民用航空局航空器适航审定司原司长徐超群表示，对于未来的无人机适航管理，中国民用航空局将利用物联网技术、大数据技术、区块链技术等，进行运行风险评估，面向“智慧化、数据化、生态化”方向发展，建立无人机适航标准和适航管理体系。

任务小结

本任务重点介绍了无人机运行管理的内容，同时学习了无人机运行管理方式。

课后训练

一、选择题（每题可能有一个或者多个正确答案）

1.（　　）负责协调并参与无人机安全事故的调查与处理，配合相关部门做好无人机生产经营单位的日常安全管理和安全教育培训等工作。

A. 民航部门　　B. 工商部门　　C. 海关部门　　D. 安全监管部门

2. 当无人机的卫星导航系统定位到当前位置处于（　　）时，无人机将无法启动或自动降落或按失控模式返航。

A. 禁飞区　　B. 飞行区　　C. 限制区　　D. 危险区

3.（　　）是一个针对无人驾驶航空器的综合管控和信息服务平台。

A. 无线电干扰　　B. 无人机综合监管系统

C. 无线电监测测向　　D. 雷达探测

4.（　　）负责民航空中交通管理、民航机场建设和安全运行的监督管理。

A. 民航部门　　B. 工商部门　　C. 海关部门　　D. 安全监管部门

5. 民航部门负责（　　）的监督管理。

A. 民航空中交通管理　　B. 民航机场建设

C. 安全运行　　D. 航空运输

二、判断题（正确的画“√”，错误的画“×”）

1. 军用飞机由民航实施指挥，民用飞行和外航飞行则由空军和海军航空兵实施指挥。（　　）

2. 通常目标体积越小、速度越慢、飞行高度越低，雷达探测的难度越大。（　　）

三、简答题

无人机管控机构有哪些？

任务 3　了解无人机人员管理

任务描述

了解无人机运行有关人员的职责、相关要求及无人机运行人员的法律责任等，学生通过学习需了解无人机运行人员相关知识。

相关知识

1. 无人机运行有关人员

（1）无人机驾驶员　无人机驾驶员是具体负责操控无人机的人员，由运营人指派，经过正规培训，持有民航部门颁发的执照。图 3-2 所示为无人机视距内驾驶员执照。

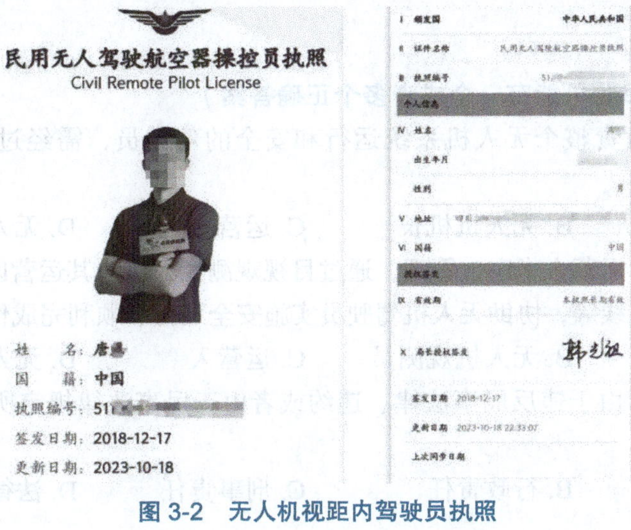

图 3-2　无人机视距内驾驶员执照

（2）无人机机长 无人机机长是负责整个无人机系统运行和安全的驾驶员，需经过正规培训，持有合格证，具备一定航线规划飞行不少于4h，正常飞行程序指挥不少于20h，任务指挥不少于4h的飞行经历要求。

（3）无人机观测员 无人机观测员是由运营人指定、管理，通过目视观测无人机及其运营区域内有无其他飞行器、影响飞行的高压线等，协助无人机驾驶员实施安全飞行、顺利完成作业的工作人员。

（4）运营人 运营人是从事或拟从事航空器运营的个人、组织或企业，拥有航空器的所有权及对操控人员的人事管理权。运营人的管理由政府相关部门根据法律法规进行管理。

2. 无人机运行人员的法律责任

无人机运行人员的法律责任是指行为人由于违法行为、违规行为或者违反法律规定而应承受的某种不利的法律后果，包括行政责任、民事责任、刑事责任。

（1）行政责任 行政责任是指因违反行政法规定或因行政法规定而应承担的法律责任。无人机运行人员在无人机运行过程中若违反相关运行管理制度，要接受空管部门、地方政府管理部门以及证照管理部门的行政处分，并承担相应的行政责任。

（2）民事责任 民事责任是指由于违反民事法律、违约或者由于民事法律规定所应承担的一种法律责任。例如由于无人机的违规运行、操作不当或故障原因造成他人的财物损失的，应当承担民事责任。

（3）刑事责任 刑事责任是指行为人因其犯罪行为所必须承受的，由司法机关代表国家所确定的否定性法律后果。例如无人机运行人员违反无人机运行管理规定，造成严重后果的，依法应当承担相应的刑事责任。

任务小结

本任务重点介绍了无人机人员管理相关内容，学生通过学习需要知道无人机运行有关人员的职责和相关要求，同时还学习了无人机运行人员的法律责任。

课后训练

一、选择题（每题可能有一个或者多个正确答案）

1.（　　）是负责整个无人机系统运行和安全的驾驶员，需经过正规培训，持有合格证。

A. 无人机驾驶员　B. 无人机机长　C. 运营人　D. 无人机观测员

2.（　　）是由运营人指定、管理，通过目视观测无人机及其运营区域内有无其他飞行器、影响飞行的高压线等，协助无人机驾驶员实施安全飞行、顺利完成作业的工作人员。

A. 无人机机长　B. 无人机观测员　C. 运营人　D. 无人机驾驶员

3.（　　）是指由于违反民事法律、违约或者由于民事法律规定所应承担的一种法律责任。

A. 民事责任　B. 行政责任　C. 刑事责任　D. 法律责任

4. 无人机运行有关人员包括（　　）。

A. 无人机机长　　B. 无人机观测员　　C. 运营人　　D. 无人机驾驶员

5. 无人机运行人员的责任包括（　　）。

A. 行政责任　　B. 刑事责任　　C. 民事责任　　D. 法律责任

二、判断题（正确的画"√"，错误的画"×"）

1. 无人机运行人员的法律责任是指无人机驾驶员由于违法行为、违规行为或者违反法律规定而应承受的某种不利的法律后果。（　　）

2. 刑事责任是指行为人因其犯罪行为所必须承受的，由司法机关代表国家所确定的否定性法律后果。（　　）

三、简答题

简述无人机运行人员的法律责任。

单元 4

飞行环境

【内容概览】

【知识目标】

了解空气运动状况及其影响要素。

【技能目标】

能够在无人机飞行过程中辨别当前空气运动状况是否适宜飞行。

【素养目标】

培养爱岗敬业的工作态度，形成严谨求实的工作作风。

任务　了解空气运动状况及其影响要素

任务描述

通过学习风向、风力、风与无人机的关系，掌握空气运动状况及其影响要素。

相关知识

空气运动产生的气流称为风。风向、风力对无人机的飞行都会产生直接影响。

1. 风向

风向是指风的来向，最多风向是指在规定时间段内出现频数最多的风向。在气象观测中，风的方向分为较细的 16 方位，海上多用 36 方位表示，在高空则用角度表示。用角度表示风向，是把圆周分成 360°，北风（N）是 0°（即 360°），东风（E）是 90°，南风（S）是 180°，西风（W）是 270°。

2. 风速和风力

风速是指单位时间内空气在水平方向运动的距离，单位为 m/s 或 km/h。气象学中的最大风速是指某个时段内出现的最大 10min 平均风速值，极大值是指某个时段内的最大瞬时风速。风力是指用风级表示的风的强度，风力越强，风级越大。风力等级划分见表 4-1。

表 4-1　风力等级划分

风力 / 级	1	2	3	4	5	6	7
风速 /（m/s）	0.3 ~ 1.5	1.6 ~ 3.3	3.4 ~ 5.4	5.5 ~ 7.9	8.0 ~ 10.7	10.8 ~ 13.8	13.9 ~ 17.1

风对飞行的影响主要表现在高空或低空、顺风或逆风或侧风等情况，可以应用升力公式对各种情况进行分析，具体结果如下：

高空顺风：增大地速、缩短飞行时间、减少燃油消耗、增加航程。

高空逆风：减小地速、增加飞行时间、缩短航程。

高空侧风：产生偏流，需进行适当修正以保持正确航向。

低空逆风：增大空速、减小接地速度、缩短着陆距离，故逆风起飞和着陆。

低空顺风：减小空速、增大接地速度、增加着陆距离。

低空侧风：产生偏流，对着陆和起飞产生不利影响。

根据风对地面物体或海面的影响程度，1805 年英国人弗朗西斯 · 蒲福（Francis Beaufort）将风力从弱到强划分为 0 ~ 12 共 13 个等级，称为蒲福风级（Beaufort scale）（见表 4-2）。蒲福风级是目前世界气象组织所建议的风力分级。后来人们发现自然界的实际风力可以大大地超过 12 级，于是把风力划分扩展到 17 级，即总共 18 个等级。

表 4-2　蒲福风级（部分摘录）

蒲福风级	风速 /（km/h）	风力名称	海面情况	浪高 /m	陆上情况
0	<1	无风（Calm）	平静如镜	0	静，烟直向上
1	1 ~ 5	轻微 / 微风（Light air）	无浪：波纹柔和，如鳞状，波峰不起白沫	0.1	烟可以表示风向，风向标不转动
2	6 ~ 11	轻微 / 微风 / 轻风（Light breeze）	小浪：小波相隔且短，但波浪显著；波峰似玻璃，光滑而不破碎	0.2	人面感觉有风，树叶微摇，风向标转
3	12 ~ 19	和缓 / 温和 / 微风（Gentle breeze）	小至中浪：小波较大，波峰开始破碎，波浪中有白头浪	0.6	树叶和小树枝摇动不息，旗展开
4	20 ~ 28	和缓 / 和风（Moderate breeze）	中浪：小波渐高，形状开始拖长，白头浪颇密	1	小树枝摇动，吹起地面灰尘和纸张
5	29 ~ 38	清劲 / 清风（Fresh breeze）	中至大浪：中浪形状明显拖长，白头浪更多，中间有浪花飞溅	2	有叶的小树，整棵摇摆；内陆水面有波纹
6	39 ~ 49	强风（Strong breeze）	大浪：大浪出现，四周都是白头浪，浪花颇大	3	大树枝摇摆，持伞有困难，电线有呼呼声
7	50 ~ 61	强风 / 疾风（Near gale）	大浪至非常大浪：海浪突涌堆叠，碎浪的白沫随风吹成条纹状	4	全树摇动，人迎风前行有困难

3. 风与无人机的关系

（1）空速和地速　无人机在空气中飞行，依靠机翼或螺旋桨对周围的空气介质施加作用力而前进，操作遥控器进行的任何打杆动作都会影响无人机相对于空气的运动状态。飞行器相对其周边空气介质的速度，称为对空速度，简称空速。例如，在空中松开气球后，气球越飘越远，它是被风，即空气介质团的整体裹挟而去的，相对于周围空气几乎没有移动，因此空速为 0。而相对于地面，气球离开的速度简称地速。无人机在诸如室内等平静无风的环境里，空速等于地速。而在有风的室外环境，静止在地面的人看到的无人机移动速度，还需要考虑它在空气中的相对运动，这时候飞机的地速还应加上风速（顺风飞行）或减去风速（迎 / 逆风飞行）。即使用同样的动力，顺风飞行时无人机对地速度更快，但空速相对较低，反之也是同样道理。如果空速与风速相同，且方向与风向相反时，会出现什么情况呢？这时，无人机相对于地面悬停在了空中，多用来拍摄固定目标。

风速和无人机的相对速度（即空速）决定了升力的大小。空速需要实时精确地进行测量，并将结果反馈给飞控芯片。空速管是飞机上极为重要的测量仪器，主要用来测量飞行的速度，也称为皮托管、总压管。空速管的安装位置要在飞机外面气流较少受到飞机影响的区域，一般在机头正前方、垂尾或翼尖前方。为了保险起见，一架飞机通常安装 2 套以上空速管，有的飞机还在机身两侧装有 2 根小的空速管。

（2）风力和风向影响无人机飞行　无人机在逆风、侧向逆风前进或静止时，将消耗更多的电能。对于侧风吹来的情况，一方面会使无人机偏离航向；另一方面为保持平衡无人机需要倾斜机体，做类似横行的“蟹式飞行”，速度随之降低。例如，无人机以 80km/h 的速度飞行，遭遇侧向 40km/h 的横风（风向与飞行方向垂直），无人机相对于运动方向朝风吹来的方向沿水平轴向偏转 45°，其相对于地面的速度降低为 40km/h。为了保持悬停状态，旋翼机必须向来风的方向倾斜机身，并加速旋翼转速。因此，侧风时飞行的滞空时间更长，同样的电池只能执行不超过正常时一半的任务。可进行航线规划的无人机系统能够通过选择参数来模拟不同风力、风向时的飞行时间和里程。驾驶员应提前设计，更准确地规划飞行任务。实际工作中只要在航线的往返，就会遭遇顺风和逆风的情况，驾驶员应该充分考虑这两种情况。

无人机飞行抗风能力指标的影响因素包括动力（航速）、机体和载荷的总质量，以及机身受风面积等。应该在风速不超过无人机设计最高速度 50% 时操作无人机。例如，5kg 的无人机工作环境风速不应超过 30km/h（小于 5 级风），更小的无人机多在 3 级或 4 级以下的风力环境中才能正常工作。

固定翼无人机机翼上下结构形状不同，空气流过时产生不同的速度，机翼下部低速气流空气压力大，上部高速气流空气压力小，进而形成托举机翼的升力。通常无人机应迎风起飞，获得相对较大的起飞空速，机翼开力增加，更容易克服地球引力；返航时无人机应尽量顺风飞行，使空速较小、升力降低，更容易着陆，同时也加快了作业转场的速度。

飞往目标的去程与回程通常是相同航线，总有一个顺风一个逆风的情况。如果有可能，优先选择逆风向的起飞点，即逆风去顺风回，保证返航安全。也可以利用不同高度层风速不同的自然现象，让去程与回程选择不同的飞行高度。

风矢量（风速和风向）在空中水平和垂直距离上的变化称为风切变。风切变对起飞和着陆的无人机影响最大，会导致无人机偏离航线、失稳，驾驶员无法控制。

（3）风力和风向影响无人机作业准确性 风力越大其内部瞬时变化也会越大。风向变化会使直线作业的无人机航线产生偏移、竖向颠簸，这些因素最终叠加起来，影响无人机作业准确性。

（4）风冷保温和降温 无人机的飞行控制系统（简称飞控）、螺旋桨电动机和汽油发动机等，都是靠风进行冷却的（大型无人机也有水冷模式）。较大的风力，在夏季对机载电子设备和发动机会有更好的降温效果，但在冬季，寒风使无人机各个系统的保温效果变差。

任务小结

本任务介绍了空气运动状况及其影响要素的相关知识，学生需掌握风向、风力、风与无人机的关系，为后期在无人机飞行过程中辨别当前环境是否适宜飞行打下基础。

课后训练

一、选择题（每题可能有一个或者多个正确答案）

1. 风力是用（　　）表示的风的强度，风力越强，风级越大。

A. 风级　　B. 风速　　C. 风向　　D. 风力

2. 在气象观测中，风的方向分为较细的（ ）方位，海上多用（ ）方位表示，在高空则用角度表示。

A. 16，36　　B. 16，26　　C. 36，16　　D. 26，36

3. 用角度表示风向，是把圆周分成360°，北风（N）是（ ）（即360°），东风（E）是（ ），南风（S）是（ ），西风（W）是（ ）。

A. 0°，90°，180°，270°　　B. 0°，180°，90°，270°

C. 0°，90°，270°，180°　　D. 0°，270°，180°，90°

二、判断题（正确的画"√"，错误的画"×"）

1. 空气运动产生的气流称为风。风向、风力对无人机的飞行都会产生直接影响。（ ）

2. 根据风对地面物体或海面的影响程度，1805年英国人弗朗西斯·蒲福（Francis Beaufort）将风力从弱到强划分为0 ~ 12共13个等级，称为蒲福风级（Beaufort scale）。（ ）

3. 无人机在顶风、侧向逆风前进或静止时，将消耗更多的电能。（ ）

单元 5
无人机飞行原理及飞行性能

【内容概览】

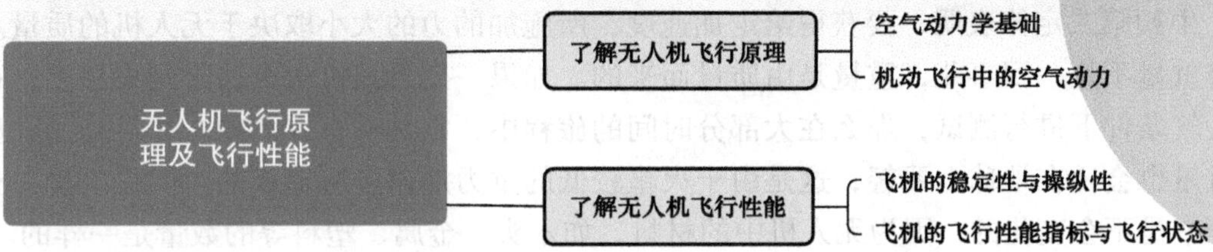

【知识目标】

1. 理解空气动力学的基础知识。
2. 了解飞机飞行的性能指标。

【技能目标】

1. 掌握机动飞行中的空气动力原理。
2. 掌握飞机如何保持稳定飞行的。

【素养目标】

培养爱岗敬业的工作态度，形成严谨求实的工作作风。

任务 1　了解无人机飞行原理

任务描述

通过学习无人机空气动力学基础、机动飞行中的空气动力，掌握无人机飞行原理。

相关知识

1. 空气动力学基础

（1）速度与加速度　速度（用 v 表示）在标准公式中的量纲是 m/s，而不是 km/h。要打破平衡，改变速度大小或飞行方向，需要力的变化来引起相应的加速度变化。

牛顿第二定律表明，要获得给定加速度，所施加的力的大小取决于无人机的质量。质量与重量不是一回事儿，重量是由质量而来的。如果一架无人机由火箭带到火星上，在当地大气条件下进行测试，那么在大部分时间的旅程中，它是没有重量的，并且到达火星后其重量也会比在地球上要轻，这是由于火星较低的重力加速度所造成的。但是质量在整个过程中是不会变化的，因为无人机中的材料，如木头、金属、塑料等的数量是一样的。

一个具有很大质量的物体需要用更大的力去打破它的平衡才能达到给定的加速度，而小质量的物体所需的力则小。这样一种性质有时是个优点，例如无人机受突风影响的时候，一个小质量的无人机在受到突风影响的时候可能会翻滚，而大质量的无人机可能只有微小的方向变化。但是大质量的无人机也需要较大的力才能使其从静止加速到飞行速度，再从平飞改变为爬升，同时保持转弯，还要较大的力将无人机重新回到静止状态。无论什么时候由外力打破平衡，如加速或减速，或者方向的变化，物体的惯性都会阻止这种变化。

（2）牛顿三大运动定律　所有的空气动力学理论都建立在运动定律之上。

1）牛顿第一定律（惯性定律）：一切物体总保持匀速直线运动状态或静止状态，直到有外力迫使它改变这种状态为止。原来静止的物体具有保持静止的性质，原来运动的物体具有保持运动的性质，因此我们把物体具有的保持运动状态不变的性质称为惯性，所以此定律又称为惯性定律。

此定律指出了一切物体具有保持匀速直线运动状态或静止状态的性质（惯性）；还指出了物体的运动并不需要力来维持，力是改变物体速度的原因。

运动和力的关系：力是维持物体运动的原因；力是改变物体运动状态的原因；不受力时物体的运动规律是匀速直线运动或静止。

2）牛顿第二定律（加速度定律）：物体加速度的大小跟作用力（所受的合力）成正比，跟物体的质量成反比，加速度的方向跟作用力（所受的合力）的方向相同。牛顿第二定律可以用比例式来表示，即$a \propto \frac{F}{m}$或$F \propto ma$；也可以用等式来表示，即$\sum F = kma$，其中 k 是比例系数；只有当 F 以 N、m 以 kg、a 以 m/s² 为单位时，$\sum F = ma$成立。

3）牛顿第三定律（作用力和反作用力定律）：两个物体间的作用力与反作用力总是大小相等、方向相反且作用在一条直线上。其数学表达式为$F = -F'$。

作用力与反作用力的特点是：大小相等，方向相反，作用在一条直线上；作用在不同的物体上；具有同种性质；具有同时性。

作用力与反作用力跟平衡力的区别见表 5-1。

表 5-1　作用力与反作用力跟平衡力的区别

作用力与反作用力	平衡力
作用在两个物体上	作用在一个物体上
具有同种性质	不一定具有同种性质
具有同时性	不一定具有同时性
不能求合力（不能抵消）	能求合力（能抵消）

（3）伯努利方程　伯努利方程是瑞士物理学家伯努利提出来的，是理想流体作稳定流动时的基本方程，对于确定流体内部各处的压力和流速有很大的实际意义，在水利、造船、航空等领域有着广泛的应用。

伯努利方程是理想流体在重力场中作稳定流动时，能量守恒定律在流动液体中的表现形式。它也可以被表述为$p + \frac{1}{2}\rho v^2 + \rho gh = C$。对于实际流体，如果其黏滞性很小，如水、空气、酒精等，可应用伯努利方程解决实际问题。

（4）翼型介绍　飞机最重要的部分当然是机翼了，飞机能飞在空中全靠机翼的浮力。机翼的剖面轮廓称为翼型，为了适应各种不同的需要，航空前辈们发展了各种不同的翼型。机翼的效率受翼型的影响极大，在一定程度上是受翼型弯度的影响和厚度的影响。常见的翼型如图 5-1 所示。

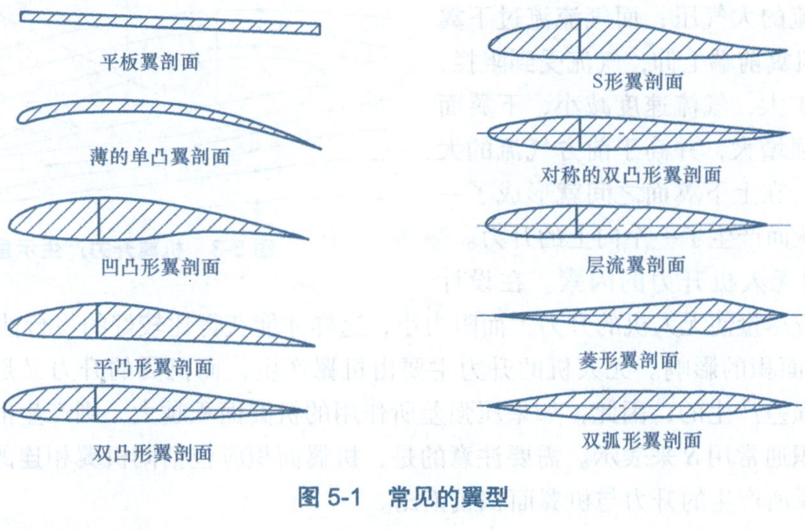

图 5-1　常见的翼型

翼型参数如图 5-2 所示。

1）翼弦（直线）。
2）中弧线（直线或弧线）。
3）相对厚度（厚弦比）：反映了翼型的厚薄程度。
4）最大厚度位置（比值）。
5）相对弯度：反映了上下翼面外凸程度差别的大小。

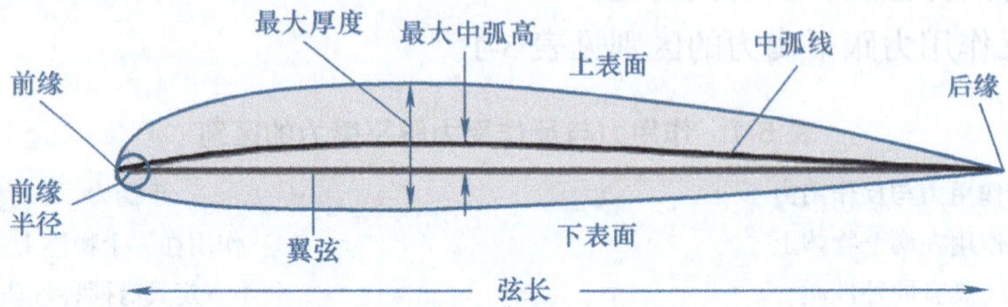

图 5-2　翼型参数

（5）升力

1）机翼升力的产生。无人机能在空气中飞行，最基本的条件是它在空中飞行时必须产生一种能克服无人机自身重力并将它托举在空中的力。作用在无人机上的空气动力包括升力和阻力两部分。升力主要靠机翼来产生，并用来克服无人机自身的重力；而阻力要靠发动机产生的推力来平衡，这样才能保证无人机在空中水平等速直线飞行。

机翼剖面的形状一般是流线型。机翼剖面是指沿平行于无人机对称面的切平面切割机翼所得到的剖面。图 5-3 所示为机翼升力产生示意图。如果要想在机翼上产生空气动力，必须让它与空气有相对运动，或者说必须有具有一定速度的气流流过机翼表面。当气流流到机翼的前缘时，气流分成上下两股分别流经机翼的上下翼面，由于翼型的作用，当气流流过上翼面时流动通道变窄，气流速度增大，上翼面上的空气压强降低，并低于前方气流的大气压；而气流流过下翼面时，由于机翼前端上仰，气流受到阻拦，且流动通道扩大，气流速度减小，下翼面上的空气压强增大，并高于前方气流的大气压。因此，在上下翼面之间就形成了一个压强差，从而产生了一个向上的升力。

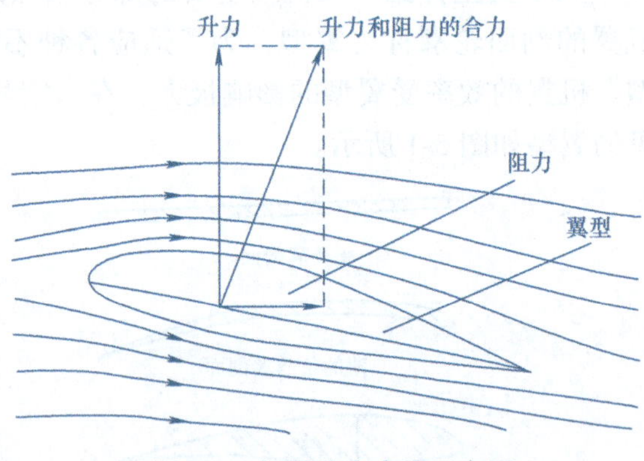

图 5-3　机翼升力产生示意图

2）影响无人机升力的因素。在设计无人机时，应尽量使无人机的升力大而阻力小，这样才能获得比较好的飞行性能。

① 机翼面积的影响。无人机的升力主要由机翼产生，而机翼的升力又是由于机翼上下翼面的压强差产生的，因此，如果压强差所作用的机翼面积越大，则产生的升力也就越大。机翼面积通常用 S 来表示。需要注意的是，机翼面积应包括同机翼相连的那部分机身的面积。机翼所产生的升力与机翼面积成正比。

② 相对速度的影响。风速越大，人们所感受到的风力也就越大。无人机的空气动力

也是一样，当相对速度v越大时，产生的空气动力也就越大，机翼上产生的升力也就越大。但升力与相对速度并不是成简单的正比关系，而是与相对速度的二次方成正比。

③ 空气密度的影响。无人机在高原机场和南方夏季条件下起落时，起飞、着陆滑跑距离会长一些。其原因之一是空气密度小，为了获得同样的升力，就必须相应增大起飞离地速度和着陆接地的速度。

④ 机翼剖面形状和迎角的影响。机翼的剖面形状和迎角不同，产生的升力也不同。因为不同的剖面和不同的迎角会使机翼周围的气流流动状态（包括流速和压强）等发生变化，因而导致升力的改变。早期的无人机曾采用平板和弯板翼型，随着理论研究和实践研究的不断深入，人们已经认识到翼型的重要性和它对升力所起的作用，因此设计了很多满足各种不同需要的翼型，并通过实验确定出各种不同翼型的空气动力特性。

（6）阻力　空气与无人机做相对运动时，除产生升力外，还要产生阻碍无人机前进的阻力。固定翼无人机的阻力是指机翼、机身、尾翼等各部分阻力的总和；旋翼无人机的阻力是指空气动力在桨轴方向上的所有分量阻力的合成力。阻力的方向与无人机的运动方向相反，与升力垂直。无人机阻力按其产生原因的不同分为摩擦阻力、压差阻力、干扰阻力、诱导阻力和激波阻力。其中激波阻力是在无人机高速飞行时产生的，这里不做介绍。

1）摩擦阻力。由于紧贴无人机表面的空气受到阻碍作用而流速降低到零，根据作用力与反作用力定律，无人机必然受到空气的反作用力。这个反作用力与飞行方向相反，称为摩擦阻力。

影响摩擦阻力的因素如下：

① 紊流边界层的摩擦阻力比层流边界层的大。

② 无人机的表面积越大，摩擦阻力越大。

③ 无人机表面越粗糙，摩擦阻力越大。

2）压差阻力。压差阻力是由于处于流动空气中的物体的前后压力差，导致气流边界层分离，从而产生的阻力。

影响压差阻力的因素如下：

① 迎风面积越大，压差阻力越大。

② 迎角越大，压差阻力也越大。

3）干扰阻力。无人机的各个部件，如机翼、机身、尾翼的单独阻力之和小于把它们组合成一个整体所产生的阻力，这种由于各部件气流之间的相互干扰而产生的额外阻力，称为干扰阻力。无人机各部件之间的平滑过渡和整流蒙皮，可以有效地减小干扰阻力。

4）诱导阻力。由于翼尖涡的诱导，导致气流下洗，在平行于相对气流方向出现阻碍飞机前进的力，这就是诱导阻力。诱导助力与机翼的平面形状、翼剖面形状、展弦比等有关。可以通过增大展弦比、选择适当的平面形状（如椭圆形的机翼平面形状）、增加翼梢小翼等来减小诱导阻力。

2. 机动飞行中的空气动力

（1）转弯受力　如果从后面观看一架平直飞行的飞机，而且作用在飞机上的力可以被看到，那么，升力和重力这两种力是最明显的；如果飞机处于倾斜状态，可以明显地看到升力不再正好和重力方向相反，而是作用在倾斜的方向上。实际情况是，当飞机倾斜时，升力作用方向是朝转弯的中心且是向上的。这是在考虑飞机转弯时要记住的一个基本事实。

一个物体如果静止或者沿直线匀速运动，那么，它将会一直保持静止或匀速直线运动，直到某个其他的力作用于这个物体上。无人机和任何其他运动物体类似，需要有一个侧向力使它转弯。在一个正常的转弯中，这个力是通过无人机的倾斜得到的，这时升力是向上和向内作用的。转弯时候的升力被分解为两个分力，这两个分力呈合适的角度。升力竖直作用的分力和重力成对，称为升力的垂直分量；升力的另一个分力水平指向转弯的中心，称为升力的水平分量，或者叫作向心力。这个水平方向的力把无人机从直线航迹拉动到转弯航迹上。离心力和无人机转弯时的向心力方向相反、大小相等。这就解释了为什么在正常转弯时使无人机转弯的力不是方向舵施加的（特定转弯情况下除外）。

无人机的驾驶不像小船或者汽车，为了转弯，它必须倾斜。反过来说，当无人机倾斜时，它就会转弯，让它不滑到转弯的一侧。良好的方向控制是基于一个事实：只要无人机倾斜，它就会转弯，即协调转弯。

这个事实一定要牢记在心，特别是无人机保持平直飞行时。单就无人机的倾斜使得它转弯来说，无人机的总升力没有增加。然而倾斜时的升力分为两个分量：一个垂直的和一个水平的。这一分解降低了抵消重力的力，进而无人机的高度就会下降，需要增加额外的力来抵消重力。这可以通过增加迎角来实现，直到升力的垂直分量再一次等于重力。当进行恒定高度转弯时，一定要记住升力的垂直分量必须要等于无人机的重力才能维持无人机的高度。

对于给定的空速，无人机转弯的快慢依赖于升力的水平分量的大小。由于升力的水平分量和倾斜角的大小成正比，所以倾斜角增加时升力的水平分量也增加，也就加快了转弯的速度。因此，对于任何给定空速，转弯速度可以通过调整倾斜角来控制。

在水平转弯中，为提供足够的升力垂直分量来维持高度，迎角需要有一定的增加。由于机翼阻力直接和迎角成正比，这就导致空速的降低和倾斜角成比例，小倾斜角的结果是空速的少量降低，大倾斜角时空速会降低很多。在水平转弯中，必须要增加额外的推力来防止空速降低，而需要额外推力的大小和倾斜角的大小成正比。必须记住，空速增加导致转弯半径增加，离心力直接和转弯半径成正比。在一次正确执行的转弯中，升力的水平分量必须恰好等于向心力且方向相反。所以，当恒定角速度水平转弯时空速增加，转弯半径也要增加。转弯半径的增加会导致离心力的增加，这也必须通过增加升力的水平分量来平衡，它只能通过增加倾斜角来增加。

内侧滑转弯时，无人机转弯的快慢和所倾斜的角度不对应，然后无人机会偏航到转弯航迹的内侧。无人机以一定的角速度转弯而倾斜过多时，升力的水平分量大于离心力。升力的水平分量和离心力的平衡通过降低倾斜度或者降低角速度或者两者的结合才能建立。

外侧滑转弯是由于离心力比升力的水平分量还大，把无人机向转弯的外侧拉。这个倾斜角度时的转弯太快了。外侧滑转弯的纠正引起角速度的降低或者倾斜角增加或者两者的结合。为维持一个给定的角速度，倾斜角必须随空速变化。在高速无人机上，这变得特别重要。例如，飞机的空速在 644km/h 时，无人机必须倾斜大约 44° 来完成一个标准的角速度（每秒 3°）。在这个倾斜度上，只有大约 79% 的无人机升力构成升力的垂直分量，结果是高度损失，直到迎角增加到足够补偿升力的损失。

（2）爬升受力　实际飞行中，处于稳定的正常爬升状态的机翼升力和相同空速时平直飞行的升力是一样的。尽管爬升前后的飞行航迹变化了，但当爬升稳定后，对应于上升航迹的机翼迎角又会恢复到与平飞相同的值。只是在转换过程中，机翼迎角会有短暂的变化。

如果爬升时功率不改变，空速一般会降低，因为维持平飞时的空速需要的推力不足以维持相同的空速来爬升。当航迹向上倾斜时，无人机重力的一个分量作用于相同的方向，和无人机总阻力平行，因此也增加了诱导阻力。所以，总阻力大于推力，空速下降。一般空速下降的结果对应于阻力的降低，直到总阻力（包含相同方向的重力分量）等于推力。动力、空速的变化一般因不同的无人机大小，即重力和总阻力以及其他因素的不同而发生变化。

通常，当空速稳定后推力和阻力、升力和重力再次平衡，但是比相同功率设置下的平飞状态的空速值要低。由于在爬升中无人机的重力不仅向下作用，还随阻力向后作用，这就需要额外的功率以保持和平飞时相同的空速。功率大小依赖于爬升角度。如果爬升的航迹很陡峭，那么可用功率将不足，空速将较低。所以，剩余功率的大小决定了无人机的爬升性能。

（3）下降受力　如同爬升一样，无人机从平直飞行进入下降状态，作用于无人机的力必定变化。这里的讨论假定下降时的功率和平直飞行时的功率是一样的。

当升降舵推杆，无人机头向下倾斜时，迎角降低，结果是机翼升力降低。总升力和迎角的降低是短暂的，发生在航迹变成向下时。航迹向下的变化是由于迎角降低时升力暂时小于无人机的重力。升力和重力的这个不平衡导致无人机从平直航迹开始下降。当航迹处于稳定下降时，机翼的迎角再次获得原来的大小，升力和重力会再次平衡，飞机将从下降开始到稳定状态，空速通常增加。这是因为重力的一个分量现在沿航迹向前作用，类似于爬升中的向后作用，总体效果相当于动力增加，然后导致空速比平飞时增加。

为使下降时的空速和平飞时相同，很显然，功率必定降低。重力的分量沿航迹向前的作用将随俯角的增加而增加，相反地，俯角减小时重力向前的分量也减少。因此，为保持空速和巡航时一样，下降时要求降低的功率大小通过下降坡度来确定。

任务小结

本任务重点介绍了无人机空气动力学基础、机动飞行中的空气动力，学生需要掌握无人机飞行的基本原理，为后期的飞行操作打下良好的基础。

课后训练

一、选择题（每题可能有一个或者多个正确答案）

1. 惯性定律又称为（　　）。

A. 牛顿第一定律　　B. 牛顿第二定律

C. 牛顿第三定律　　D. 牛顿第四定律

2. 影响无人机升力的因素不包括（ ）。

A. 相对速度的影响　　B. 空气密度的影响

C. 空气湿度的影响　　D. 机翼剖面形状和迎角的影响

3. 在下降受力中，当升降舵推杆，无人机头（ ），迎角（ ），结果是机翼升力（ ）。

A. 向下倾斜时，降低，降低　　B. 向下倾斜时，提升，降低

C. 向下倾斜时，降低，提升　　D. 向上倾斜时，降低，降低

二、判断题（正确的画“√”，错误的画“×”）

1. 要打破平衡，改变速度大小或飞行方向，需要力的变化来引起相应的加速度变化。（ ）

2. 牛顿第三定律：两个物体间的作用力与反作用力总是大小相等、方向相反且作用在一条直线上。（ ）

任务 2　了解无人机飞行性能

任务描述

学习飞机的稳定性与操纵性、飞行性能指标与飞行状态等知识，能够区分纵向稳定、航向稳定和横向稳定，并掌握飞机受到干扰后产生的不同变化；能够区分俯仰操纵、方向操纵和横滚操纵的特点；掌握无人机飞行性能指标对飞行的影响。

相关知识

1. 飞机的稳定性与操纵性

（1）飞机的稳定性

1）物体的稳定性的定义。物体的稳定性是指当物体处于平衡状态时，受到微小的扰动而偏离了原来的平衡状态，在扰动消失后能自动恢复到原来的平衡状态的特性。物体的稳定性分为稳定、不稳定和中立稳定三种情况，如图 5-4 所示。

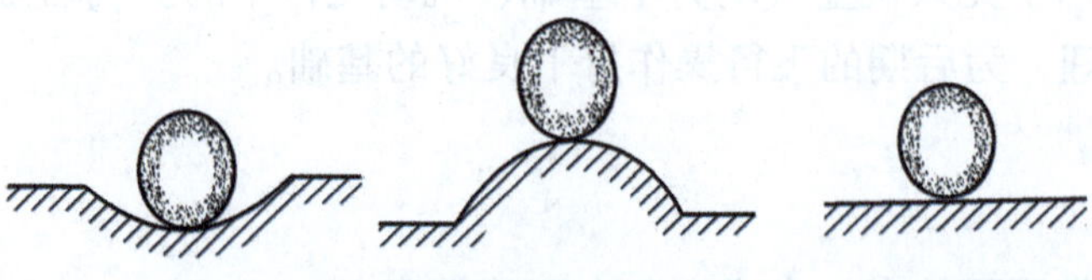

图 5-4　物体稳定性的三种情况

2）飞机稳定性的定义。飞机的稳定性是指飞机受到小扰动（包括阵风扰动和操纵扰

动）后，偏离原平衡状态，并在扰动消失后，驾驶员不给予任何操纵，飞机自动恢复原平衡状态 [包括最初响应（静稳定性问题）和最终响应（动稳定性问题）] 的特性。

飞机的稳定性是飞机设计中衡量飞行品质的一个重要参数。如果飞机受到扰动后，在驾驶员不进行任何操纵的情况下能够回到受扰动前的原始状态，则称飞机是稳定的，反之则称飞机是不稳定的。飞机的稳定性如图 5-5 所示。

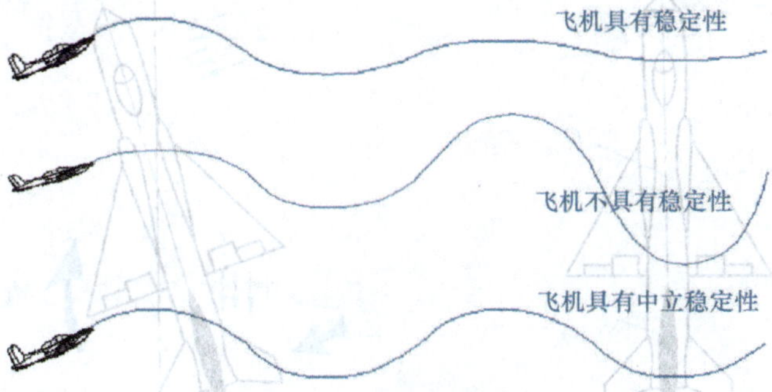

图 5-5　飞机的稳定性

3）飞机的三个稳定性。飞机的稳定性包括俯仰（纵向）稳定性、方向（航向）稳定性和横侧（横向）稳定性。

① 俯仰稳定性。飞机绕横轴（z 轴）的稳定性叫作俯仰稳定性，也叫作纵向稳定性，它反映了飞机的俯仰稳定特性。飞机主要靠水平尾翼和机翼来保证俯仰稳定性，而飞机的重心位置对飞机的俯仰稳定性有很大影响。

当飞机受到纵向扰动后，飞机的迎角改变，水平尾翼和机翼所产生的附加力对重心均形成恢复力矩。可见，飞机的重心位置对飞机的俯仰稳定性有很大影响。重心越靠后，所产生的恢复力矩就越小，即稳定性就越差，甚至有可能变为不稳定的。飞机的俯仰稳定性如图 5-6 所示。

② 方向稳定性。飞机绕立轴（y 轴）的稳定性叫作方向稳定性，也叫作航向稳定性。飞机主要靠垂直尾翼来保证其方向稳定性。

飞机的侧面迎风面积、机翼后掠角、发动机短舱等对飞机的方向稳定性也有一定的影响。

当飞机受到方向扰动发生偏航后，气流与垂直尾翼之间就有了夹角，使垂直尾翼上产生附加侧向力相对于重心形成方向稳定力矩。飞机的方向稳定性如图 5-7 所示。

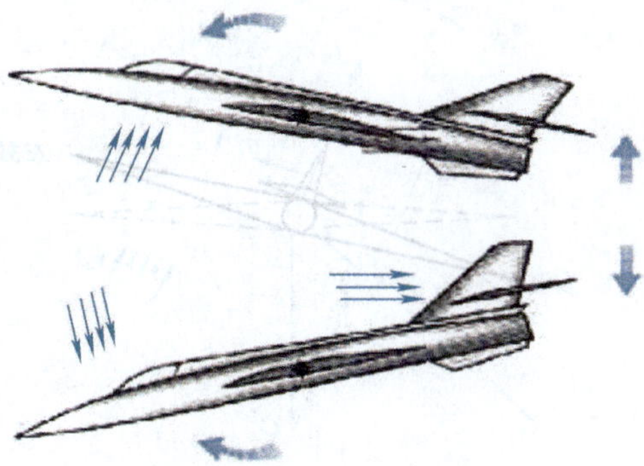

图 5-6　飞机的俯仰稳定性

③ 横侧稳定性。飞机绕纵轴（x 轴）的稳定性叫作横侧稳定性，也叫作横向稳定性，它反映了飞机的横滚稳定特性。保证飞机横侧稳定性的主要因素有机翼上反角、机翼后掠角和垂直尾翼。

当飞机受到扰动出现侧滑后，由于存在上反角，使左、右机翼的迎角大小不等，左、右机翼所产生的附加升力也不等，这两个力的差相对于重心形成恢复力矩。上反角越大，飞机的横侧稳定性就越好。

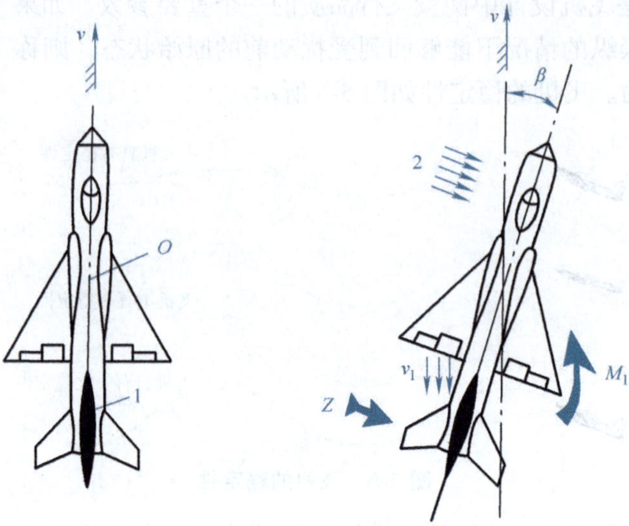

a) 飞机正常飞行　　b) 飞机产生侧滑

图 5-7　飞机的方向稳定性

1—垂直尾翼　2—侧风　Z—附加力　M_1—恢复力矩

O—飞机重心　v_1—相对速度　v—飞行速度　β—侧滑角

当飞机受到扰动出现侧滑后，由于后掠角的存在，使两侧机翼上的有效速度大小不等，两侧机翼所产生的附加升力也就不等，两者之差相对于重心形成恢复力矩。后掠角越大，飞机的横侧稳定性也就越好。

飞机的横侧稳定性如图 5-8 所示。

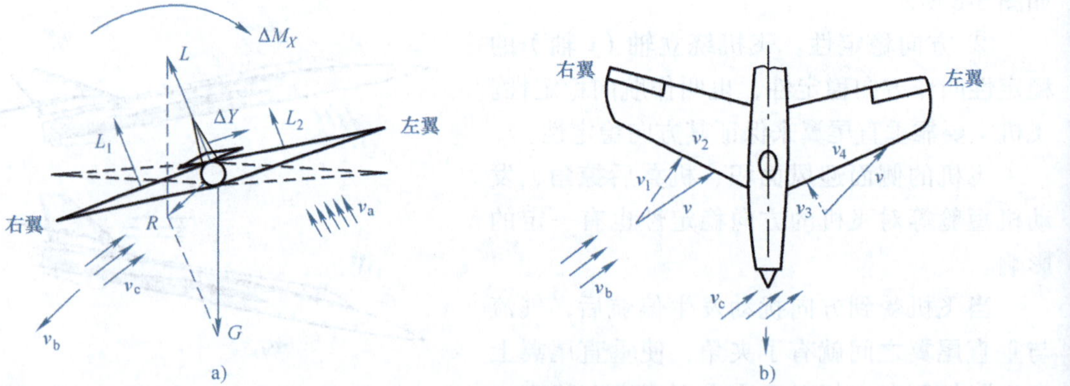

a)　　b)

图 5-8　飞机的横侧稳定性

v_a—阵风风速　v_b—侧滑速度　v_c—相对风速　L_1—右机翼升力　L_2—左机翼升力　L—飞机升力　G—重力　R—合力

ΔY—垂直尾翼侧向力　ΔM_X—恢复力矩　v_1、v_2—右翼的有效分速度　v_3、v_4—左翼的有效分速度　v—速度

4）飞机的方向稳定性和横侧稳定性的关系。

① 飞机的方向稳定性与横侧稳定性是相互耦合的。

② 飞机的横侧稳定性过强而方向稳定性过弱，易产生明显的飘摆现象，称为荷兰滚。

③ 飞机的横侧稳定性过弱而方向稳定性过强，在受扰产生倾斜和侧滑后，易产生缓慢的螺旋下降。

5）飘摆。飞机的横侧稳定性过强而方向稳定性过弱，易产生飘摆。飞机受扰左倾斜→左侧滑，若横侧稳定性强→飞机迅速改平坡度；若方向稳定性弱→飞机左偏的速度慢，未等左侧滑消除，飞机又带右坡度→右侧滑。

飘摆的危害性在于：飘摆振荡周期只有几秒，修正飘摆超出了人的反应能力，修正过程中极易加大飘摆。正常情况下，飘摆半衰期很短，但当方向稳定性和横侧稳定性不协调时，易使飘摆半衰期延长甚至不稳定，严重危及安全。大型运输机在高空和低速飞行时由于稳定性发生变化易发生飘摆，因此广泛使用飘摆阻尼器。

6）螺旋不稳定。飞机的横侧稳定性过弱而方向稳定性过强，易产生螺旋不稳定。飞机受扰左倾斜→左侧滑，若横侧稳定性弱→飞机改平坡度慢；若方向稳定性强→飞机左偏的速度快→ 快速左偏导致右翼升力大→飞机飞行难于改平左坡度。最终导致飞机进入缓慢的盘旋下降过程，称为螺旋不稳定。

螺旋不稳定的周期较大，对飞行安全不构成威胁，飞机设计中允许出现轻度的螺旋不稳定。

（2）飞机的操纵性

1）飞机的操纵性的定义。飞机的操纵是指驾驶员通过飞机的操纵机构来改变飞机的飞行状态。飞机的操纵性则指的是飞机对操纵的反应特性，又称为飞机的操纵品质。

飞机的操纵主要是通过驾驶杆等操纵机构偏转飞机的三个主操纵面俯仰舵、方向舵和副翼来实现的。飞机的操纵包括俯仰操纵、方向操纵和横滚操纵。

2）飞机的俯仰操纵。使飞机绕横轴（俯仰轴）做俯仰（纵向）运动的操纵叫作俯仰操纵，也称为纵向操纵。

通过推、拉驾驶杆，使飞机的俯仰舵（或全动平尾）向下或向上偏转，产生俯仰力矩，从而使飞机低头或抬头做俯仰运动。飞机的俯仰操纵如图 5-9 所示。

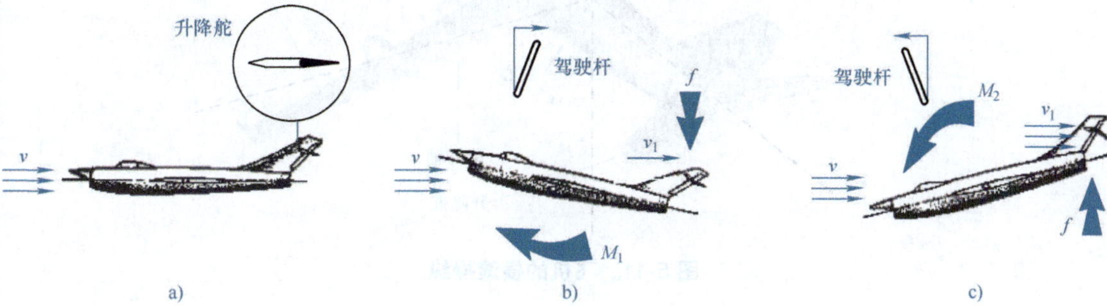

图 5-9　飞机的俯仰操纵

v—相对速度　v_1—作用于垂直尾翼的相对风速　M_1—向上的偏航力矩　M_2—向下的偏航力矩　f—附加力

3）飞机的方向操纵。使飞机绕立轴（偏航轴）做偏航运动的操纵叫作方向操纵，也称为航向操纵。通过方向操纵，使飞机的方向舵向左或向右偏转，垂尾上产生向右或向左的偏航力（偏航力矩对飞机重心的力矩称为偏航力矩），从而使飞机向左或向右做偏航运动。飞机的方向操纵如图 5-10 所示。

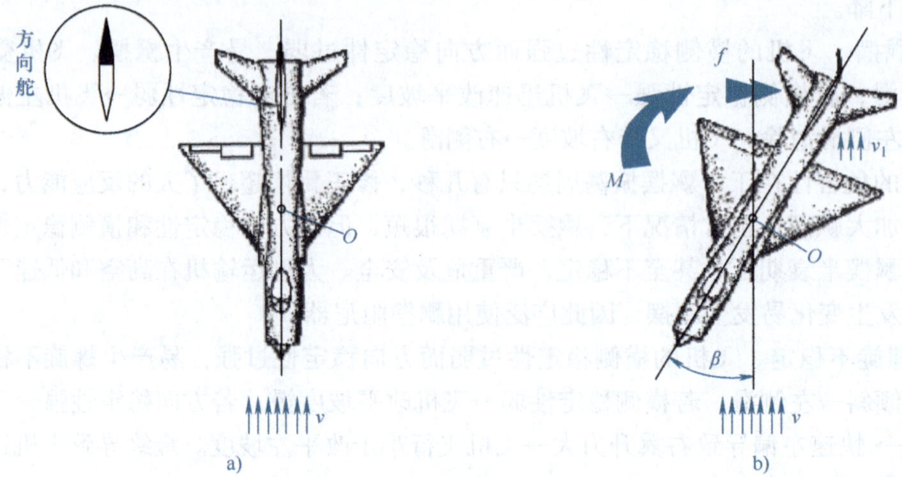

图 5-10　飞机的方向操纵

O—飞机重心　M—偏航力矩　f—附加力　v_1—作用于垂直尾翼的相对风速　β—偏航角　v—相对速度

4）飞机的横滚操纵。使飞机绕纵轴（横滚轴）做横滚（倾侧）运动的操纵叫作横滚操纵。通过左压或右压驾驶杆（左转或右转手轮）使飞机的左、右副翼一侧向下、另一侧向上偏转，产生横滚（倾侧）力矩，从而使飞机向左或向右做横滚（倾侧）运动。飞机的横滚操纵如图 5-11 所示。

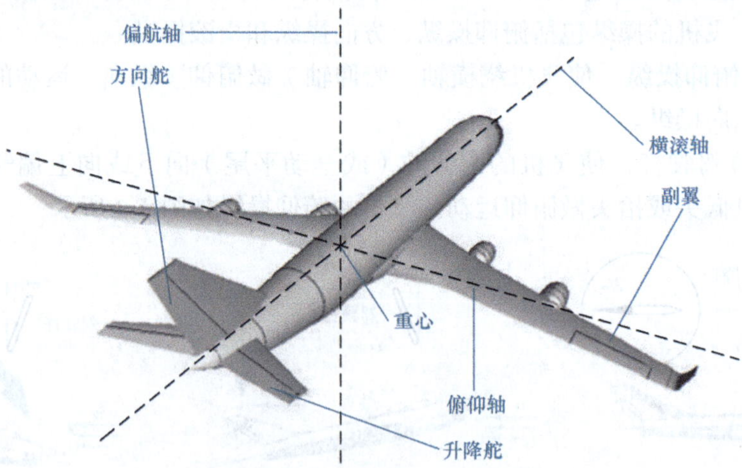

图 5-11　飞机的横滚操纵

2. 飞机的飞行性能指标与飞行状态

（1）飞机的飞行性能指标

1）最大平飞速度。最大平飞速度是指飞机在一定的高度上水平直线飞行时，在一定飞行距离内（一般不小于 3km），发动机以最大推力工作所能达到的最大飞行速度，简称最大速度。

由于飞机的阻力和发动机的推力均与飞行高度有关，所以在不同的高度上飞机的最大平飞速度是不相同的。影响最大平飞速度的因素主要有发动机的推力和飞机的阻力。

2）最小平飞速度。最小平飞速度是指在一定高度上飞机能维持水平直线飞行的最小速度。影响最小飞行速度的因素主要有飞行高度和最大升力系数。

3）爬升率。飞机的爬升率是指单位时间内飞机所上升的垂直高度，通常以 V_y 表示，如图 5-12 所示。要提高最大爬升率 V_{ymax}，除设法减小阻力和降低飞机重量外，重要的措施是加大推力。

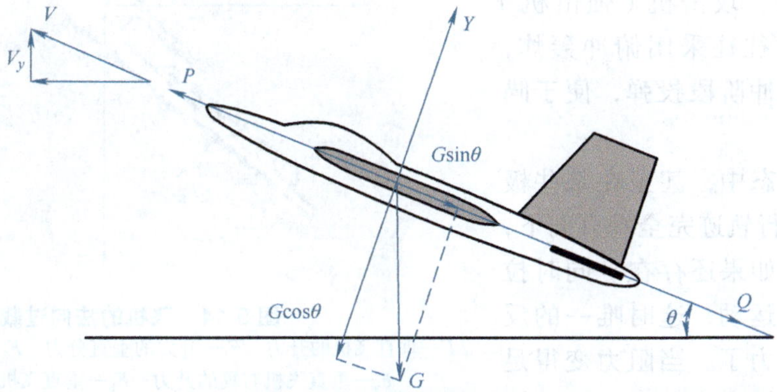

图 5-12　飞机的爬升率

P—推力　Q—空气阻力　Y—以飞机重心为原点的 Y 轴　θ—飞机爬升角度　V—速度

4）航程。航程是指在起飞后不再加油的情况下，飞机以巡航速度所能达到的最远距离。提高航程的方法主要有减小发动机的千米耗油率（提高燃油效率）、增加飞机的最大升阻比、减小飞机的结构重量、安装副油箱、进行空中加油等。

5）活动半径。活动半径是指飞机由机场起飞，到达某一空中位置，完成一定任务（如空战、投弹等）后返回原机场所能达到的最远单程距离，也称为作战半径，如图 5-13 所示。飞机的活动半径略小于其航程的 1/2。

6）续航时间。续航时间又称为航时，指的是飞机在一次加油的情况下在空中所能持续的飞行时间。飞机在最大载油量及发动机单位飞行时间耗油率最小的情况下飞行所获得的续航时间就是飞机的最大航时 t_{max}。

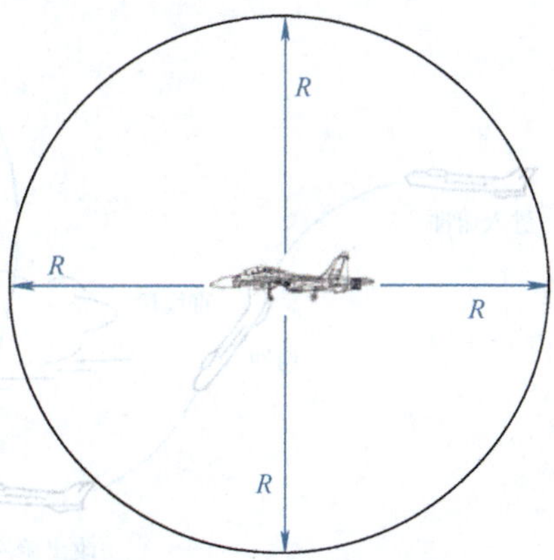

图 5-13　飞机的活动半径

7）过载。过载定义为飞行器所受的外力与飞行器重力之比。显然过载越大，则表示飞机的外力（控制力）较大或飞机重力较小，显然此时飞机改变运动状态就越容易，因此过载的大小可以粗略地代表飞机机动性能的好坏。过载是矢量，具有方向性，过载的法向分量称为法向过载，是飞机上常用的过载分量。法向过载等于飞机的升力与重力之比，如图 5-14 所示，法向过载 =F/G。法向过载越大，飞机改变方向的能力就越强。

（2）飞机的飞行状态

1）俯冲、筋斗、跃升。俯冲是指飞机迅速降低高度，将势能转化为动能以增大速度的机动飞行。俯冲分为进入俯冲、直线俯冲、改成俯冲三个阶段。攻击机（强击机）在对地轰炸时往往采用俯冲轰炸，飞机在直线俯冲阶段投弹，便于瞄准目标。

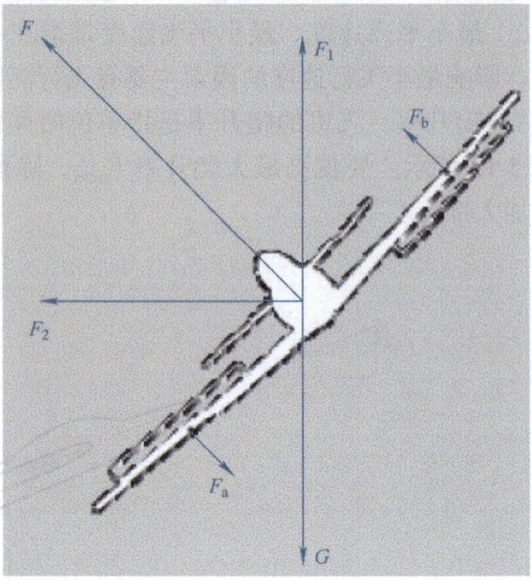

图 5-14　飞机的法向过载

F—垂直飞机的升力　F_1—升力的垂直分力　F_2—升力的水平分力

F_a—垂直飞机右翼的升力　F_b—垂直飞机左翼的阻力

在俯冲状态中，甚至在某些极限状况下，飞行轨迹完全垂直向下，重力和推力（如果还存在）同时拉着飞行器向下运动，这时唯一的反作用力就是阻力了。当阻力变得足够大以至于能够平衡重力加上的推力时，速度通常是极高的，但很可能在达到这个极限速度之前，飞行器就已经坠毁了。

筋斗是指飞机在铅锤平面内作轨迹近似椭圆、航向改变 360° 的机动飞行。如图 5-15 所示，筋斗由爬升、倒飞、俯冲、平飞等动作组成。筋斗动作也可以使战斗机绕到敌机后面进行尾追攻击。

跃升是指飞机迅速增加高度，将动能转化为势能以取得高度优势的一种机动飞行。如果把具有较大速度的飞机急速拉起，可以将飞机的一部分动能（速度）转换成势能（高度），使飞机获得比理论静升限还要高得多的飞行高度，这个高度称为动升限。

俯冲、筋斗、跃升如图 5-15 所示。

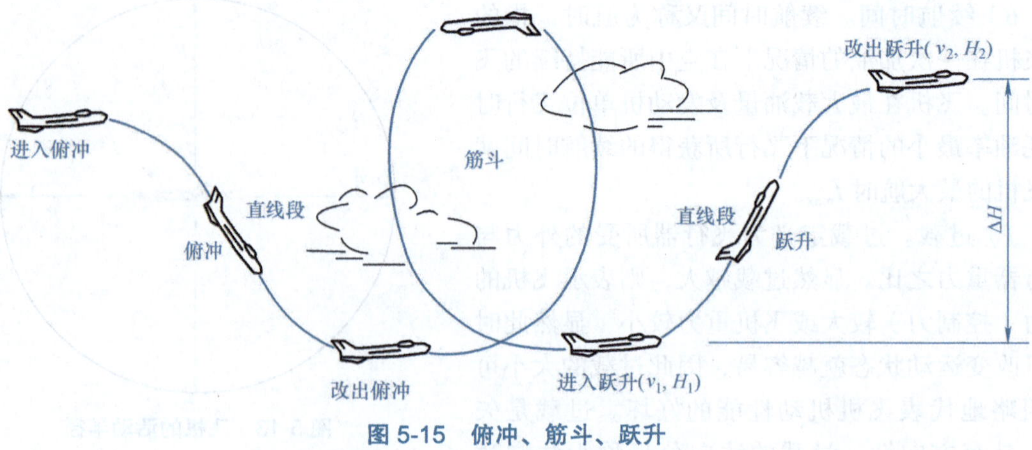

图 5-15　俯冲、筋斗、跃升

2）滑翔。滑翔状态下，发动机处于小油门状态或怠速甚至关机状态；重力垂直向下，但是可分解成一个沿着飞行方向的力和一个垂直飞行方向的力。滑翔机在重力分力的作用下沿着飞行方向运动。空气反作用力的合力可以近似地分解为垂直飞行方向的升力和与之垂直并与飞行方向相反的阻力。这个力的分解图跟水平飞行的四力（升力、重力、推力、阻力）图非常相似，不过整个图被旋转了一个角度，这就是所谓的下滑角。一个较大的下滑角会导致一个很大的重力分量，这个分量拉着飞行器沿着其飞行轨迹运动，飞行器会一直加速，直到空气反作用力的阻力分量变得足够大时，它才会再次进入平衡状态。

3）爬升。在爬升状态中，总的支持力是机翼的升力和发动机推力的合力。重力可以分解为两个分量，一个与升力反向，另一个与推力反向（也就是与阻力同向）。于是，结果就是四力平衡状态下被旋转了一个爬升角。极限的情况就是垂直爬升，这时重力和阻力的方向与推力相反。这种飞行的例子常见于直升机，但是常规的固定翼飞行器如果有足够的推力，它也可以进行垂直爬升动作。在这种状态下，机翼的升力肯定是为零的，而且它的迎角也必须是为零的，这样才能不产生升力。因此，很明显的事实就是，要想爬升得更陡和更快就必须有强大的推力，机翼的作用是次要的，推力必须能够克服重力和阻力的合力。

4）起飞。飞机的起飞过程包括地面滑跑和爬升两个主要阶段，如图 5-16 所示。起飞距离也称为离陆距离，由地面滑跑距离和起飞爬升距离组成。

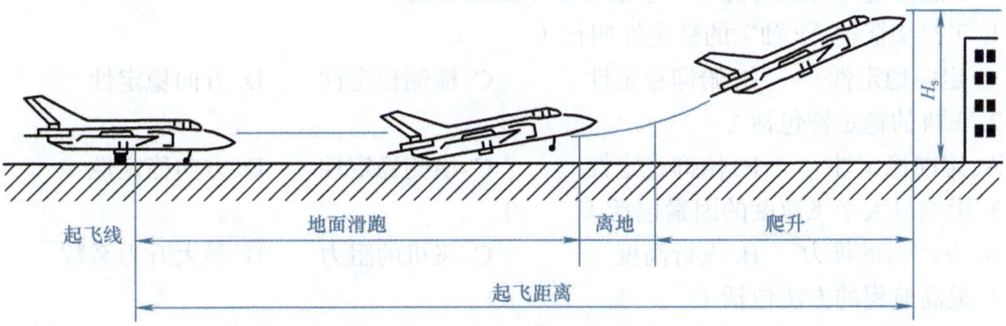

图 5-16　飞机的起飞过程

飞机的起飞距离取决于发动机的推力和飞机的离地速度，发动机的推力影响着飞机的加速性能和爬升性能，而离地速度由飞机的最小平飞速度决定。

减小起飞距离的办法：用增升装置来增大升力；增加发动机的推力；采用弹射起飞。

5）着陆。飞机的着陆过程包括下滑、拉平、平飞减速、飘落触地和着陆滑跑等阶段，如图 5-17 所示。着陆距离由着陆下滑距离和着陆滑跑距离组成。

飞机的着陆滑跑距离取决于飞机的着陆接地速度和落地后的减速性能。着陆接地速度同样也由飞机的最小平飞速度决定。为了改善落地后的减速性能，现代大型民用飞机除了在机轮上安装刹车装置外，通常还采用减速板、反推力装置等。

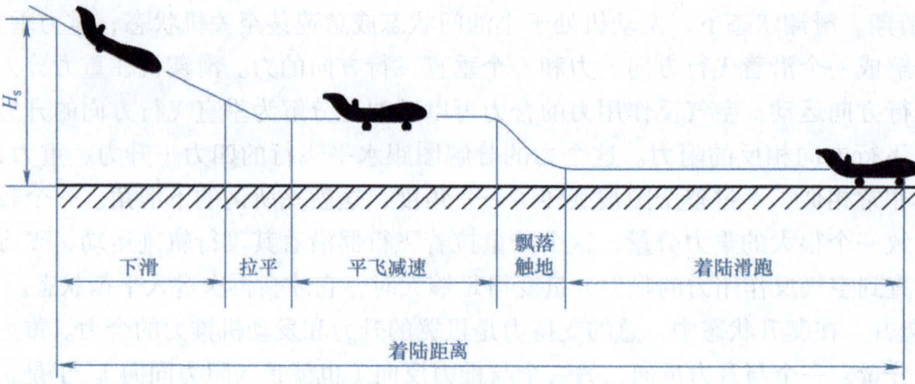

图 5-17 飞机的着陆过程

任务小结

本任务重点介绍了飞机的稳定性与操纵性、飞行性能指标与飞行状态等知识，学生通过学习可为后期的飞行操作打下良好的基础。

课后训练

一、选择题（每题可能有一个或者多个正确答案）

1. 飞机绕横轴（z 轴）的稳定性叫作（　　）。

A. 定向稳定性　B. 俯仰稳定性　C. 横侧稳定性　D. 方向稳定性

2. 飞机的稳定性包括（　　）。

A. 定向稳定性　B. 俯仰稳定性　C. 横侧稳定性　D. 方向稳定性

3. 影响最大平飞速度的因素包括（　　）。

A. 发动机的推力　B. 飞行高度　C. 飞机的阻力　D. 最大升力系数

4. 提高航程的方法包括（　　）。

A. 减小发动机的千米耗油率　B. 减小飞机的结构重量

C. 进行空中加油　D. 安装副油箱

二、判断题（正确的画“√”，错误的画“×”）

1. 飞机绕立轴（y 轴）的稳定性叫方向稳定性。（　　）

2. 飞机的横侧稳定性过强而方向稳定性过强，易产生明显的飘摆现象，称为荷兰滚。（　　）

3. 要提高最大爬升率，除设法减小阻力和降低飞机重量外，重要的措施是加大推力。（　　）

单元 6 多旋翼无人机系统

【内容概览】

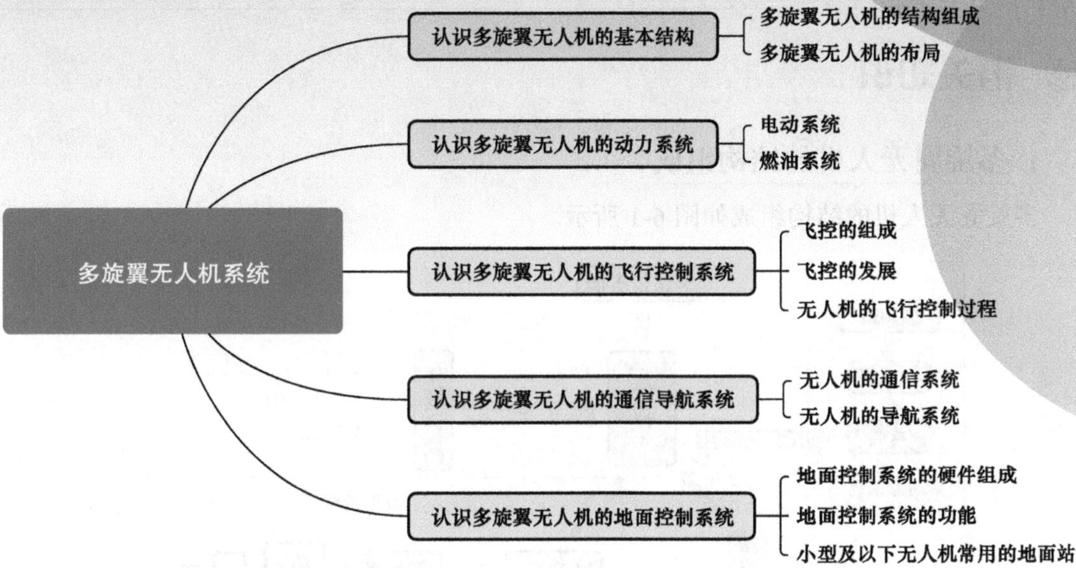

【知识目标】

1. 了解多旋翼无人机的基本结构。
2. 了解多旋翼无人机的动力系统。
3. 了解多旋翼无人机的飞行控制系统。
4. 了解多旋翼无人机的通信导航系统。
5. 了解多旋翼无人机的地面控制系统。

【技能目标】

1. 掌握简单的四旋翼无人机拆装技能。
2. 了解电动无人机、燃油无人机的工作原理。
3. 掌握简单的飞控调参技能。
4. 掌握简单的无人机地面站操作技能。

【素养目标】

1. 养成良好的安全意识。
2. 培养良好的沟通能力。

任务 1　认识多旋翼无人机的基本结构

任务描述

本任务主要介绍多旋翼无人机的结构组成，学生通过学习需具备简单的多旋翼无人机拆装技能；同时还介绍了多旋翼无人机的布局，让学生了解以旋翼数量和旋翼分布位置划分的多旋翼无人机类型。

相关知识

1. 多旋翼无人机的结构组成

多旋翼无人机的结构组成如图 6-1 所示。

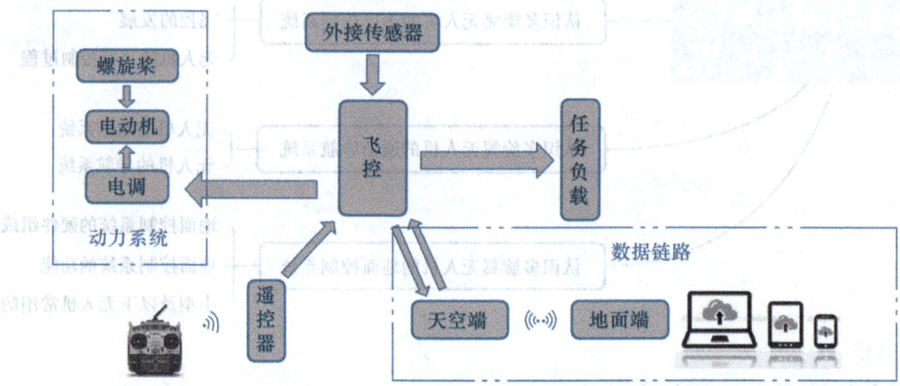

图 6-1　多旋翼无人机的结构组成

（1）螺旋桨　螺旋桨常见的材质有碳纤维、木质、工程塑料和复合材料。

木质桨硬度高、重量轻、动平衡性好，但是效率较低。碳纤维桨硬度高、效率高，但是做动平衡较难，而且很“脆”，尤其是桨尖非常易损。复合材料桨（比如碳塑桨）既保证了效率和刚性，也兼顾了动平衡和耐损程度。不同材质桨叶的外形如图 6-2 所示。

图 6-2　不同材质桨叶的外形

螺旋桨的型号一般由一组数据来表示，如 1045、2880。前两位数字代表螺旋桨的直径，单位是 in（1in=25.4mm）；后两位数字代表螺旋桨的螺距，单位也是 in，如图 6-3 所示。

螺旋桨的转向有两种，顺时针（Clockwise，CW）的称为反桨，逆时针（Counter Clockwise，CCW）的称为正桨。当旋翼旋转时，旋翼给空气作用力（或称为扭矩），空气必然在同一时间以大小相等、方向相反的反作用力作用于旋翼（或称为反扭矩），从而再通过旋翼将这一反作用力矩传递到机体上。如果不采取措施予以平衡，那么这个反作用力矩就会使机体逆旋翼转动方向旋转。多旋翼采取正反桨的方式来抵消反扭矩。

（2）电动机　电动机（见图 6-4）是将电能转化为机械能的一种电器，由定子、转子、铁心、磁钢等主要部分组成。无人机电动机分为有刷电动机和无刷电动机，目前的无人机多以无刷电动机为主。

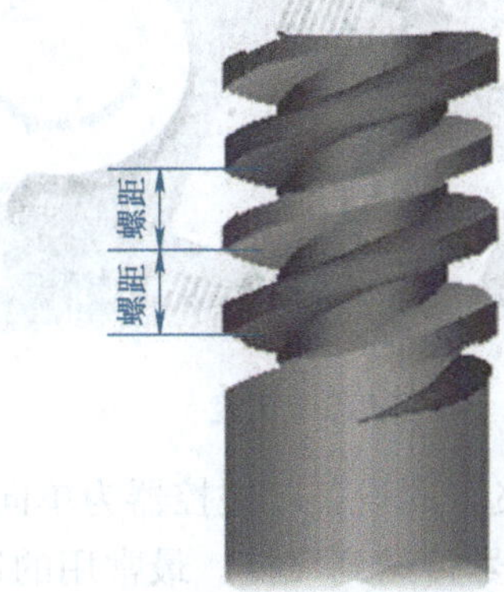

图 6-3　螺距示意图

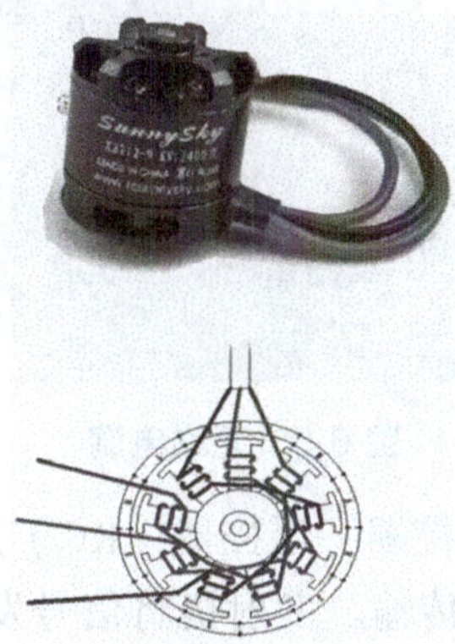

图 6-4　电动机

无刷电动机的基本参数如下：

尺寸：以 2814 为例，28 代表定子绕组的直径是 28mm，14 代表定子绕组的高度是 14mm。而尺寸越大的电动机，往往可以提供更大的功率和扭矩。

KV 值：以 1200KV 为例，代表此电动机在外加 1V 的电压时，转速为 1200r/min。

T 值：即英文 Turn，表示线圈绕了多少圈，例如线圈绕了 21 圈，则称为 21T。

极数：典型的无刷电动机是 2 磁极，简称 2 极电动机，也就是转子只有 1 个 S（南）极和 1 个 N（北）极（1S1N），对称地分布在转子的两侧，相应地使用 3 组绕线（3 槽）就可以驱动。

（3）电调　电调的全称是电子调速器（Electronic Speed Controller，ESC），分为有刷电调和无刷电调（见图 6-5）。电调接收起动、停止、制动信号，以控制电动机的起动、停止和制动；接收正反转信号，用来控制逆变桥各功率管的通断，使电动机产生连续转矩；接收速度指令和速度反馈信号，用来控制和调整电动机转速。简单地说，电调就是用来驱动电动机的。

（4）飞控　飞控（见图 6-6）是指能够稳定无人机飞行姿态，并能控制无人机自主或半自主飞行的控制系统，是无人机的“大脑”。飞控子系统是无人机完成起飞、空中飞行、执行任务和返场回收等整个飞行过程的核心系统。飞控对于无人机相当于驾驶员对于有人机的作用，我们认为它是无人机最核心的技术之一。飞控一般包括传感器、机载计算机和伺服作动设备三大部分，实现的功能主要有无人机姿态稳定和控制、无人机任务设备管理和应急控制三大类。

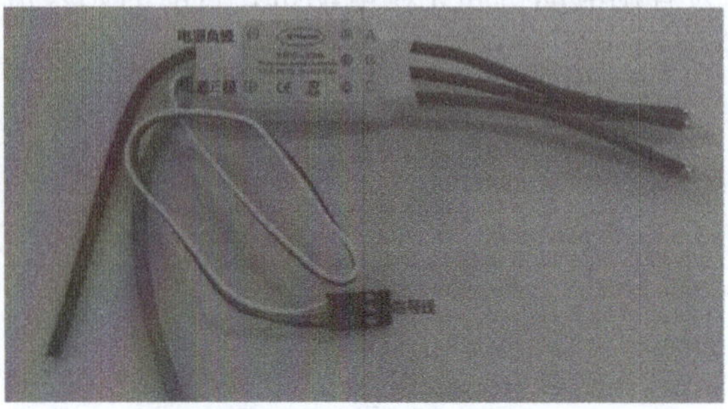

图 6-5　无刷电调

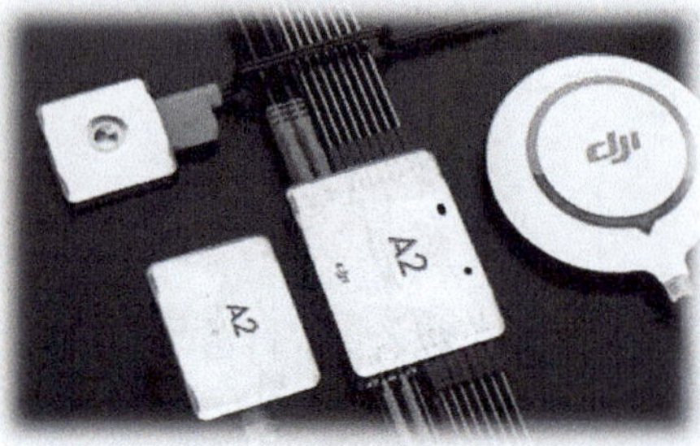

图 6-6　飞控

（5）遥控器　遥控器（RC）是直接用于控制飞行器飞行的设备。遥控器为单向传输，即只有上行传输。发射机将信号发送给接收机，然后将信号传送到飞控。最常用的遥控器品牌有 Futaba、JR、华科尔、天地飞等。遥控器目前采用的频率大多数为 2.4GHz，该频率的传输速率较高，用在飞行器控制上响应快。Futaba 遥控器如图 6-7 所示。

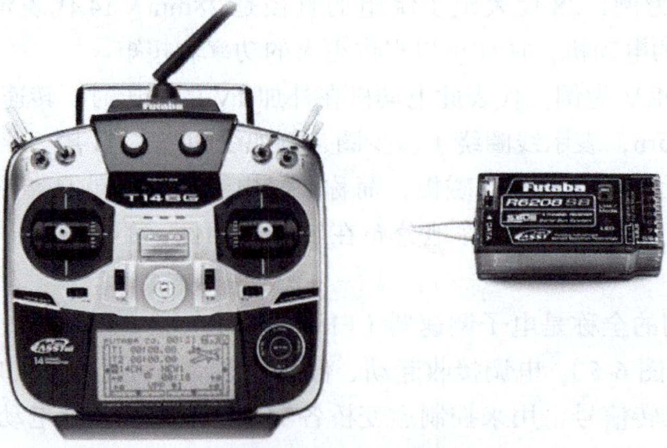

图 6-7　Futaba 遥控器

多旋翼无人机操控中，我们把飞行的上升和下降叫作油门，左右侧飞叫作横滚，前后飞行叫作俯仰，左右旋转叫作航向。对于固定翼无人机，其上升和下降是俯仰，油门只是控制固定翼发动机的推力大小。

遥控器分为日本手和美国手。日本手和美国手的区别在于控制飞行器升降、俯仰的摇杆的位置是对调的，如图 6-8 和图 6-9 所示。

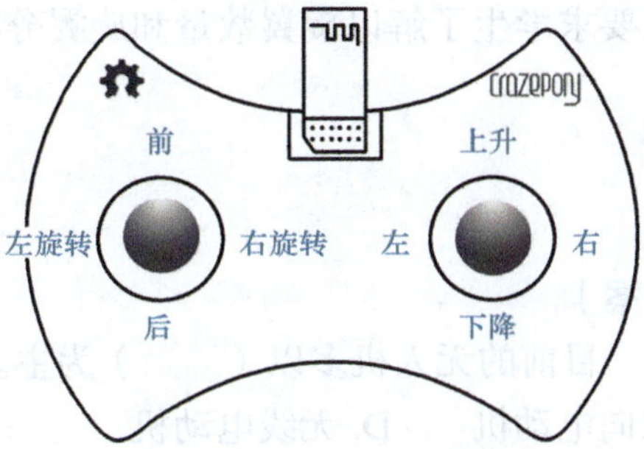

图 6-8　日本手通道演示

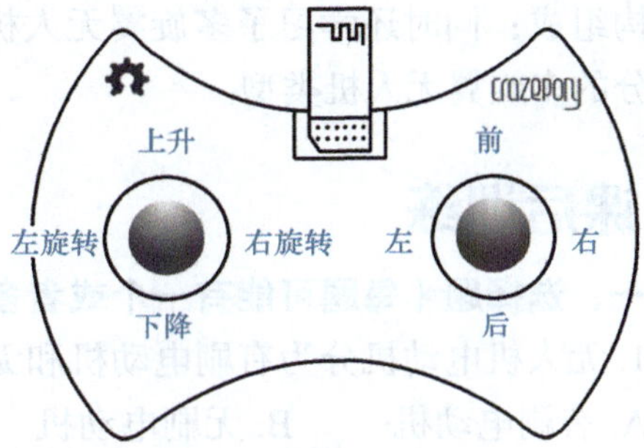

图 6-9　美国手通道演示

（6）数传　数传顾名思义就是数据传输，分为上行和下行（双向传输）。我们可以通过数传把地面站上的指令发送给飞行器，同时飞行器也可以将飞行的数据（例如飞行姿态、高度、速度、位置等）通过数传电台下传到地面站上。

常用的数传频段有 433MHz、900MHz、400MHz 等。其功率一般为 500mW～2W，理论上数传的功率越大，其传输距离越远。图 6-10 所示是地面站。

2. 多旋翼无人机的布局

（1）以旋翼数量划分　根据多旋翼无人机所具有的旋翼数量，其可分为 4、6、8、12、16、18、24、36 旋翼等多种类型。不同旋翼数量的构型，其空气动力学特性也各具特色。其中 4 旋翼无人机结构简单，机动性很好，能够做出 3D 特技。而 6 旋翼、8 旋翼无人机则稳定性更好，是航空摄影摄像的良好平台。还有其他旋翼数量的构型也深受需求不同用户的喜爱。

图 6-10　地面站

（2）以旋翼分布位置划分　根据最前与最后两个旋翼轴的连线与机体前进方向是否在同一条直线上，可将多翼无人机划分为 I 型（或称为 + 型）和 X 型两种。如果连线与前进方向是在同一条直线上，则多旋翼无人机呈 I 型，否则呈 X 型。由于 X 型结构的实用载荷前方的视野比 I 型的更加开阔，所以在实际应用中，多旋翼无人机大多采用 X 型外形结构。除了这两种类型，还有其他类型的外形结构，包括 V 型、Y 型和 IY 型等。

任务小结

本任务主要介绍了多旋翼无人机结构组成的知识点，要求学生能够掌握多旋翼无人机的结构组成；同时还学习了多旋翼无人机的布局，要求学生了解以旋翼数量和旋翼分布位置划分的多旋翼无人机类型。

课后训练

一、选择题（每题可能有一个或者多个正确答案）

1. 无人机电动机分为有刷电动机和无刷电动机，目前的无人机多以（　　）为主。

A. 有刷电动机　B. 无刷电动机　C. 双向电动机　D. 无线电动机

2. 电调的全称是电子调速器，其英文缩写是（　　）。

A. ESC　B. APC　C. CW　D. CCW

3.（　　）是无人机的“大脑”。

A. 电调　B. 电动机　C. 飞控　D. 螺旋桨

4. 多旋翼无人机操控中，我们把左右旋转叫作（　　）。

A. 俯仰　B. 横滚　C. 油门　D. 航向

5.（　　）结构简单，机动性很好，能够做出 3D 特技。

A. 4 旋翼无人机　B. 6 旋翼无人机　C. 8 旋翼无人机　D. 12 旋翼无人机

6. 螺旋桨常见的材质有（　　）。

A. 碳纤维　B. 木质　C. 工程塑料　D. 复合材料

7. 螺旋桨的转向有两种，顺时针的称为（　　），逆时针的称为（　　）。

A. 反桨　B. 水桨　C. 正桨　D. 螺旋桨

8. 常用的数传频段有（　　）。

A. 600MHz　B. 433MHz　C. 900MHz　D. 400MHz

9. 根据最前与最后两个旋翼轴的连线与机体前进方向是否在同一条直线上，可将多翼无人机划分为（　　）。

A. U 型　B. Ⅰ型（或称为 + 型）

C. Z 型　D. X 型

10. 飞控一般包括（　　）三大部分。

A. 传感器　B. 螺旋桨　C. 机载计算机　D. 伺服作动设备

二、判断题（正确的画“√”，错误的画“×”）

1. 遥控器是直接用于控制飞行器飞行的设备，遥控器为双向传输。（　　）

2. 6 旋翼、8 旋翼无人机稳定性更好，是航空摄影摄像的良好平台。（　　）

3. 螺旋桨的主要的功能就是自动保持无人机的正常飞行姿态。（　　）

4. 电调接收起动、停止、制动信号，以控制电动机的起动、停止和制动。（　　）

三、简答题

1. 简述多旋翼无人机的结构组成。

2. 简述多旋翼无人机的布局如何以旋翼数量进行划分。

任务 2　认识多旋翼无人机的动力系统

任务描述

本任务主要介绍多旋翼无人机的动力系统，学生通过学习需了解电动、燃油两种动力系统的结构组成及工作原理。

相关知识

1. 电动系统

电动系统是将化学能转化为电能再转化为机械能，为无人机飞行提供动力的系统，由电池、电调、电动机和螺旋桨 4 部分组成。

（1）电池　电池主要为无人机提供能量，有镍镉电池、镍氢电池、锂离子电池和锂聚合物（LiPo）电池。考虑到电池的重量和效率问题，无人机多采用锂聚合物电池（见图 6-11）。

电池的电压分为额定电压、开路电压、工作电压和充电电压等，单位为伏特（V），符号为 U。额定电压是指电池工作时公认的标准电压，例如锂聚合物电池的额定电压为 3.7V。开路电压是指无负载使用情况下的电池电压。工作电压是指电池在负载工作情况下的放电电压，它通常是一个电压范围，例如锂聚合物电池的工作电压为 3.7～4.2V。充电电压是指外电路电压对电池进行充电时的电压，一般充电电压要大于电池的开路电压。

图 6-11　锂聚合物电池

（2）电调　电调（见图 6-12）的主要功能是将飞控板的控制信号进行功率放大，并向各开关管送去能使其饱和导通和可靠关断的驱动信号，以控制电动机的转速。电动机的电流是很大的，正常工作时通常为 3～20A，而飞控没有驱动无刷电动机的功能，就需要电调将直流电源转换为三相电源，为无刷电动机供电。同时，电调在多旋翼无人机中也充当了变压器的作用，将 11.1V 的电源电压转换为 5V 电压给飞控板、遥控接收机供电，如果没有电调，飞控板根本无法承受如此大的电压。

图 6-12　电调

（3）电动机　电动机带动桨叶旋转使无人机产生升力和推力等，通过对电动机转速的控制，可使无人机完成各种飞行状态。有刷电动机中的电刷在电动机运转时产生的电火花会对遥控无线电设备产生干扰，且电刷会产生摩擦力，噪声大，目前在无人机领域已较少使用，更多采用的是无刷电动机。

外转子型无刷电动机的转子在外面，而定子在内部，如图 6-13 所示。电动机的定子结构是线圈，也就是电磁铁，定子在内部是固定不动的。利用磁铁异性相吸的原理，给定子线圈通电，外面的转子由于异性相吸的原理会逆时针转动，让自己的 N 极靠近定子电磁铁的 S 极，自己的 S 极靠近定子电磁铁的 N 极。此线圈停止通电，让下一个线圈通电，这样永磁铁就开始继续寻找下一个目标（前面有一个电磁铁线圈在吸引永磁铁，后面有一个电磁铁线圈在推动永磁铁）。在无刷电动机里安装了霍尔式传感器，能准确判断转子永磁铁的位置，并及时将永磁铁的位置报告给定子线圈控制器，控制器就能根据该信息控制线圈电流流向。

图 6-13　外转子型无刷电动机

（4）螺旋桨　螺旋桨（见图 6-14）安装在无刷电动机上，通过电动机带动螺旋桨旋转。多旋翼无人机多采用定距螺旋桨，即其桨距固定。定距螺旋桨从桨毂到桨尖安装角逐渐减小，这是因为半径越大的地方线速度越大，半径越大的地方受到的空气反作用力就越大，容易造成螺旋桨因各处受力不均匀而折断。同时，螺旋桨安装角随着半径增加而逐渐减小，从而使螺旋桨从桨毂到叶尖产生一致的升力。

螺旋桨有正桨和反桨之分，逆时针方向旋转的是正桨，顺时针方向旋转的是反桨。

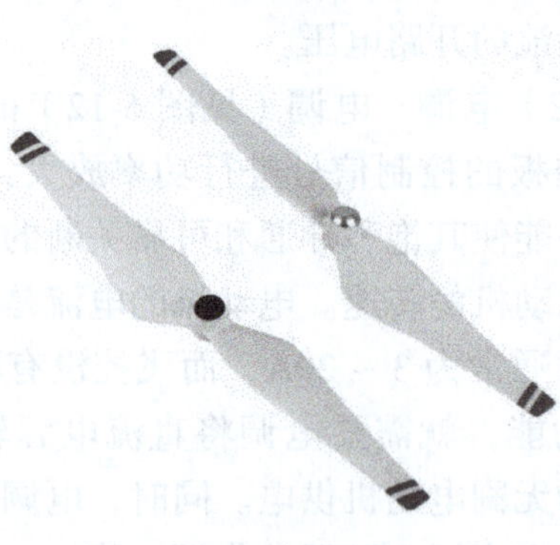

图 6-14　螺旋桨

2. 燃油系统

（1）燃油系统的定义和功用　燃油是油动多旋翼无人机的能源，燃油系统则是油动多旋翼无人机能源的供应系统。燃油系统有内外之分，内燃油系统是指发动机内部的一套燃油系统，用来将外燃油系统提供的燃油输送到燃烧室内，它属于发动机总体结构的一部分；外燃油系统是指发动机外部的一套燃油系统，安装在多旋翼无人机的机体上，油箱中储存一定量的燃油，并根据需要可靠地将燃油供应到发动机内燃油系统和辅助动力装置。这里所讲的燃油系统指的是外燃油系统，包括油箱、输油管路、燃油增压泵、防火开关、放油开关和燃油控制系统等。油动多旋翼无人机燃油系统的主要功能如下：

1）储存燃油。

2）按照发动机各个工作状态的不同要求，安全可靠地把燃油定时定量地输送到发动机和辅助动力装置。

3）可调整重心位置，保持多旋翼无人机平衡和机体结构受力。

4）为发动机润滑油、液压油提供冷却装置。

（2）燃油系统的结构和工作原理

1）油箱。油箱具有足够的容量，可保证发动机正常工作时的燃油消耗。随着油箱内的油面下降，油量表传感器连续发出信号，地面站驾驶员通过远程油量表显示的数据，就可以知道油箱内剩多少油。同时，通气管将外界大气或者增压空气引入油箱，填补油面下降空出的空间。增压油泵向发动机供油，保证发动机的燃油泵进口具有足够的油压。单向活门只允许燃油向一个方向流动，这样可以防止各油箱内的燃油串流。燃油在输油管内流动时，耗量 - 油量表发出信号，地面驾驶员通过远程油量表显示就可以知道每台发动机的耗油量。然后，燃油流过油气分离器，将供油时带进去的气体或从燃油内挥发出的气体分离出来，避免气体进入发动机的油泵内。飞机燃油系统内有时也装油滤，以清除杂质，保证燃油清洁。通常将油箱布置在机体重心附近，或者对称于机体重心放置。油箱的类型如下：

① 软油箱：油动多旋翼无人机上采用的软油箱的主要特点是能从不大的舱口放进机体上的油箱舱内，可充分利用机体内部各种形状的可用空间，增加储油量，并且不受振动的影响，不易产生裂缝或损坏。普通软油箱壁由内衬耐油橡胶和外层涂胶布组成。有的软油箱壁厚度甚至不到 1mm，重量较轻。软油箱没有受力骨架，所以燃油和增压气体的压力都是靠油箱舱壁来支承的。因此，软油箱的外廓尺寸都稍大于油箱舱，以便在内压作用下使软油箱紧贴在舱壁上。

② 硬油箱：在机体内的高温区，以及油箱舱不能承受内压的情况下，一般可以安装金属硬油箱。硬油箱多由防锈的铝合金制成。

③ 整体油箱：利用机体本身的一部分结构构成的油箱称为整体油箱。采用整体油箱可以显著降低燃油系统的重量，能充分地利用机体内部空间储油。整体油箱除了应满足结构的各项要求外，还应保证可靠密封性。为此，常采用整体壁板以减少结构的连接缝，同时还要有可靠的密封措施。

在一架油动多旋翼无人机上，可以兼用两种以上的油箱，因为它们各有优缺点，有各自适用的范围。

2）输油管路。油箱与发动机之间，以及多个油箱之间连接的管道称为输油管路。一般大中型油动多旋翼无人机的输油管路纵横交错，连接形式也比较多，但通常都可以概括为串联和并联两种形式。

① 串联：各个油箱与一个主油箱串联起来。主油箱又称为消耗油箱。所有的燃油都通过消耗油箱的增压泵输送到发动机的燃油泵去。

② 并联：对于有多个发动机的油动多旋翼无人机来说，可安排各个发动机由最靠近自己的油箱供油，所有发动机的输油管路之间有导管连通，平时由交（叉）输（油）开关将输油管路隔断。如果一个增压泵发生故障，可自动打开交输开关，即可使另一个增压泵同时向两个或多个发动机供油。

任务小结

本任务通过学习无人机电动系统和燃油系统的知识点，让学生更加理解电动、燃油两种动力系统的结构组成以及工作原理。

课后训练

一、选择题（每题可能有一个或者多个正确答案）

1.（　　）带动桨叶旋转使无人机产生升力和推力。

A. 螺旋桨　B. 电池　C. 电调　D. 电动机

2.（　　）是油动多旋翼无人机的能源。

A. 燃油　B. 电力　C. 电调　D. 螺旋桨

3.（　　）多由防锈的铝合金制成。

A. 分离油箱　B. 软油箱　C. 硬油箱　D. 整体油箱

4. 多旋翼无人机多采用（　　）。

A. 定距螺旋桨　B. 定向螺旋桨　C. 短距螺旋桨　D. 长距螺旋桨

5. 锂聚合物电池的额定电压为（　　）。

A. 3.6V　B. 3.7V　C. 11.2V　D. 22V

6. 电池主要为无人机提供能量，有（　　）。

A. 镍镉电池　B. 镍氢电池　C. 锂离子电池　D. 锂聚合物电池

7. 燃油系统有（　　）。

A. 内燃油系统　B. 外燃油系统　C. 辅助燃油系统　D. 发动机燃油系统

8. 电池的电压分为（　　）。

A. 额定电压　B. 开路电压　C. 充电电压　D. 工作电压

9. 油箱的类型有（　　）。

A. 分离油箱　B. 软油箱　C. 硬油箱　D. 整体油箱

10. 螺旋桨有（　　）之分。

A. 内桨　B. 外桨　C. 正桨　D. 反桨

二、判断题（正确的画“√”，错误的画“×”）

1. 电动系统是将化学能转化为机械能再转化为电能，为无人机飞行提供动力的系统。（　　）

2. 电动机的电流是很大的，正常工作时通常为 3 ~ 20A。（　　）

3. 外转子型无刷电动机的转子在内部，而定子在外面。（ ）

三、简答题

1. 简述多旋翼无人机电动系统的组成。
2. 简述多旋翼无人机燃油系统的功能。

任务 3 认识多旋翼无人机的飞行控制系统

任务描述

本任务主要介绍无人机的飞控，包括飞控的组成、发展，以及无人机的飞行控制过程，学生通过学习需重点掌握飞控的组成及其工作原理，同时还需了解无人机飞行控制过程中的一些控制方法。

相关知识

1. 飞控的组成

飞控的全称为飞行控制系统（Flight Control System，FCS），一般由主控、IMU（惯性测量单元）、GPS 指南针模块、LED 指示灯模块等部分组成。

（1）主控　主控（见图 6-15）是飞控的核心，通过它将 IMU、GPS 指南针模块、舵机和遥控接收机等设备接入飞控从而实现飞行器的自主飞行功能。除了辅助飞行控制，某些主控还具备记录飞行数据的黑匣子功能，如 DJI 的 Ace One。主控还能通过 USB 接口，进行飞行参数的调节和系统的固件升级。

（2）IMU　IMU（见图 6-16）包含 3 轴加速度计、3 轴角速度计和气压高度计，是高精度感应飞行器姿态、角度、速度和高度的元器件集合体，在飞行辅助功能中充当极其重要的角色。

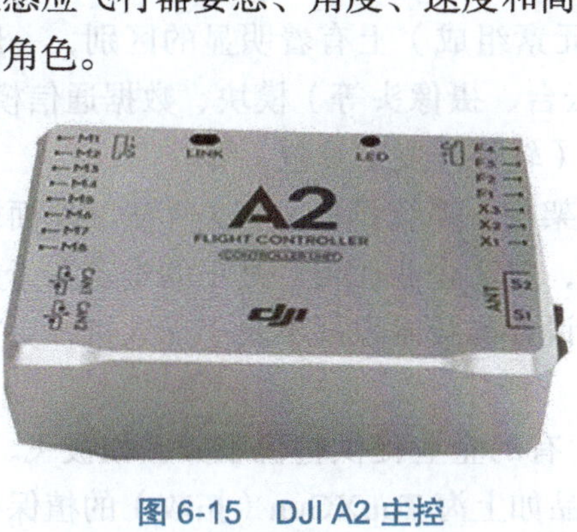

图 6-15　DJI A2 主控

图 6-16　IMU

（3）GPS 指南针模块　GPS 指南针模块（见图 6-17）包含 GPS 模块和指南针模块，用于精确确定飞行器的方向及经纬度，对于失控保护自动返航、精准定位悬停等功能的实现至关重要。

（4）LED 指示灯模块　LED 指示灯模块（见图 6-18）用于实时显示飞行状态，是飞行过程中必不可少的，它能帮助驾驶员实时了解飞行状态。

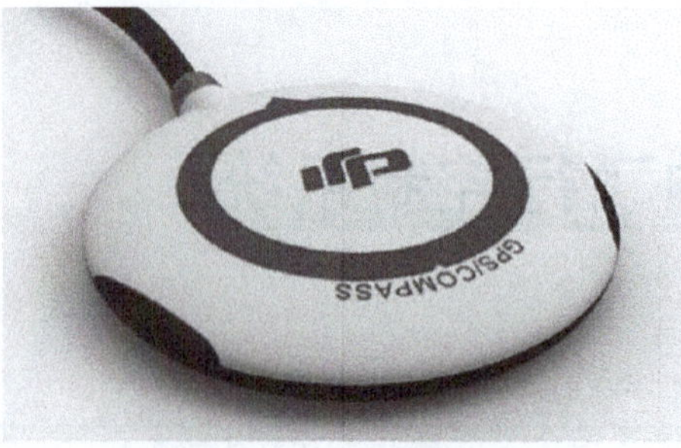

图 6-17　GPS 指南针模块

图 6-18　LED 指示灯模块

2. 飞控的发展

对于无人机行业而言，飞控是当之无愧的系统核心，而它又处在怎样的变化之中呢？21 世纪之前国内很少听到“无人机”这个词，更多的是遥控飞机或者航模。2000 年以后，随着 MEMS（微机电系统）技术的发展，从航模向无人机的转变趋势日渐明显，很多 FCM（飞行控制模块）、FCU（飞行控制单元）开始出现在人们面前，例如国内的 KK、QQ、玉兔等，法国的 MWC，德国的 MikroKopter、Auto Quad，美国的 APM 系列，穿越机常见的有 CC3D、Naze32、F3 等。这些 FCU 通过相应的控制算法，对无人机系统反馈的状态信息进行解算，根据解算出的状态数据结合算法（一般为线性控制算法）计算控制量并输出。FCU 本身往往只涉及很小一部分状态信息的采集，同时内部算法一般只针对无人机本身的姿态控制或者轨迹跟踪。因此，在系统硬件构成上不包含某些状态信息获取单元，如 GPS、超声、红外、光流、双目等，或者不对某些状态信息进行处理。

在 2012 年之后，随着航拍等市场需求的挖掘，无人机控制开始从 FCM、FCU 转向飞控，无人机厂家开始生产各自的飞控产品，该类产品更多是应用在该企业无人机产品所面对的市场领域。这类产品与 FCU 在系统范围（或元素组成）上有着明显的区别，一般不止包括 FCU 所涵盖的范畴，也包括数据获取（如云台、摄像头等）模块、数据通信模块、GPS 模块、配套的地面站（PC 端、移动端）、SDK（软件开发工具包）等。

但这种转型并没有彻底完成，由于飞控的系统架构、系统设计、相关算法、地面站功能等各个方面都与无人机本身的应用行业息息相关，对于企业而言，真正的难点在于如何实现无人机技术与行业应用的衔接，即飞控的产品设计与技术发展不止于无人机，更重要的是延伸到无人机应用的行业中去。

在无人机行业应用中一批企业已经走在前面，有的企业提供整机服务，如极飞、DJI 等，也有企业专注于提供行业飞控，其中成熟的产品如上海 TopXGun（拓攻）的植保机专用飞控 T1-A 及行业飞控 Top-D1。

无人机是基于任务的智能机器人系统，整体设计要根据专门的行业应用进行调整，这种调整势必面临来自稳定性、功能适应性、研发链条延伸三个方面的挑战。

（1）稳定性　在稳定性方面，行业无人机需要面对更加复杂的外部环境，如强风干扰、强磁干扰，以及特殊情况下的系统稳定性需求，如大电流情况下的系统稳定性需求、高温度作业环境中的系统稳定性需求等。无论是哪种情况，飞控都需要优先考虑，如在强风干扰下能否在维持快速响应的同时降低相应超调，高温度下任何一个环节出现问题都有可能导致飞控部分或全部丧失能力。更多的挑战是在消费应用中往往不会意识到的问题（或者影响有限），如定位系统稳定性、定位数据精度等。当面对长航时，由于情况复杂多变，要求提高的行业应用却可能严重影响无人机任务完成情况甚至造成重大事故。

面对稳定性问题，从硬件角度出发一般有三类解决方案，最直接的方式是增加备份系统或备份单元，例如 DJI 精灵 4 中双目视觉有两套，IMU、强磁计各有两个，而拓攻的 Top-D1、T1-S 等采用备份 FCU 来降低系统风险。再如，Top-D1 采用了差分 GPS（DGPS）系统，支持 GPS L1/L2、BDS B1/B2/B3 双星五频与双星解算，为行业应用提供更精确的定位信息。另外一种方式是增加飞控核心元件质量，例如无人机系统最容易出现数据误差与干扰的强磁计，在飞控设计时根据行业要求与任务情况进行选择。

上面的两种硬件改进途径虽然可以在很大程度上解决行业飞控面对的稳定性问题，但也势必会增加系统成本，所以有了第三种方式，即通过合理的硬件结构设计与制造工艺达到事半功倍的效果。

（2）功能适应性　不同的行业对无人机硬件系统的内容、软件功能、算法要求都会有所不同。例如在植保领域，无人机介入该行业的最基本功能是喷洒农药，面对大面积作业范围，要求无人机能够自动完成相关作业任务，否则在全部人为操作下，这项工作很难保证高效实现，且无法进行量化评价。这就要求飞控不仅要针对无人机实现自动控制，也要能够将水泵、药夜喷灌系统纳入控制范畴。从设计角度讲，飞控的设计范畴需要越过无人机进入相关行业。

飞控在面对不同行业时，对功能适应的实现能力有着非常现实的要求。例如拓攻的植保无人机飞控 T1-A，在硬件结构上专门增添了 DCU（数据控制单元）模块处理喷灌过程的数据反馈、动作信号等，同时将液位数据转化为喷灌量，进一步将喷灌量与飞行速度关联，实现喷药量与作业面积的统一，最后将这种数据关联带入飞控对应的“智能作业”功能中。

（3）研发链条延伸　在消费级无人机中，由于环境、法规、硬件成熟度、系统成熟度等原因，研发过程基本能够压缩在产品面世之前，在产品面世之后更多的是固件升级。但行业无人机的发展还处在萌芽阶段，对于飞控在各个行业中的应用情况、需求情况、系统匹配等方面存在诸多不确定性，这就要求飞控企业能够找到合适的方式实现产品面市之后的研发链条延伸。例如，产品发布之后，如何实现有效的行业数据反馈，如何在保证用户权益的前提下匹配飞控升级要求，如何实现硬件系统扩展，到底要扩展哪些硬件，如何通过行业指标评价飞控的使用效果，等等。这些都意味着更大的挑战、更多的工作，当然也意味着更多的机遇。

3. 无人机的飞行控制过程

无人机的飞行控制是无人机研究领域的主要问题之一。在飞行过程中会受到各种干扰，如传感器的噪声与漂移、强风与乱气流、载重量变化及倾角过大引起的模型变动等。这些都会严重影响飞行器的飞行品质，因此无人机的飞行控制技术便显得尤为重要。传统的飞行控制方法主要集中于姿态和高度的控制，除此之外还有一些用来控制速度、位置、航向、3D 轨迹跟踪。多旋翼无人机的飞行控制方法可以总结为以下三个方面：

（1）线性飞行控制方法　常规的飞行器控制方法以及早期的对飞行器控制的尝试都是建立在线性飞行控制理论上的，这其中就又有 PID 控制、H ∞、LQR 以及增益调度。

1）PID（比例 - 积分 - 微分）控制。PID 控制属于传统控制方法，是目前最成功、应用最广泛的控制方法之一。其控制方法简单，无需前期建模工作，参数物理意义明确，适用于飞行精度要求不高的控制。

2）H ∞。H ∞属于鲁棒控制方法。经典的控制理论并不要求被控对象的精确数学模型来解决多输入多输出非线性系统问题。现代控制理论可以定量地解决多输入多输出非线性系统问题，但完全依赖于描述被控对象的动态特性的数学模型。鲁棒控制可以很好地解决因干扰等因素引起的建模误差问题，但它的计算量非常大，依赖于高性能的处理器，同时，由于是频域设计方法，参数调整也相对困难。

3）LQR。LQR（线性二次型调节器）是被用来控制无人机的比较成功的方法之一，其对象是能用状态空间表达式表示的线性系统，目标函数为状态变量或控制变量的二次函数的积分。而且 MATLAB 软件的使用为 LQR 的控制方法提供了良好的仿真条件，更为工程实现提供了便利。

4）增益调度（Gain Scheduling）。增益调度是指在系统运行时，调度变量的变化导致控制器的参数随着改变，根据调度变量使系统以不同的控制规律在不同的区域内运行，以解决系统非线性的问题。该算法由两大部分组成：第一部分主要完成事件驱动，实现参数调整，如果系统的运行情况发生改变，则可通过该部分来识别并切换模态；第二部分为误差驱动，其控制功能由选定的模态来实现。该控制方法在旋翼无人机的垂直起降、定点悬停及路径跟踪等控制上有着优异的性能。

（2）基于学习的飞行控制方法　基于学习的飞行控制方法的特点就是无须了解飞行器的动力学模型，只需要一些飞行试验和飞行数据，其中研究最热门的有模糊控制方法、基于人体学习的方法以及神经网络法。

1）模糊控制方法（Fuzzy Logic）。模糊控制方法是解决模型不确定性的方法之一，在模型未知的情况下来实现对无人机的控制。

2）基于人体学习的方法（Human-based Learning）。美国 MIT（麻省理工学院）的科研人员为了寻找能更好地控制小型无人飞行器的控制方法，从参加军事演习进行特技飞行的飞机中采集数据，分析飞行员对不同情况下飞机的操作，从而更好地理解无人机的输入序列和反馈机制。这种方法已经被运用到小型无人机的自主飞行中。

3）神经网络法（Neural Network）。经典 PID 控制结构简单、使用方便、易于实现，但当被控对象具有复杂的非线性特性且难以建立精确的数学模型时，往往难以达到满意的控制效果。神经网络自适应控制技术能有效地实现多种不确定的、难以确切描述的非线性复杂过程的控制，提高控制系统的鲁棒性、容错性，且控制参数具有自适应和自学习能力。

（3）基于模型的非线性控制方法　为了克服某些线性控制方法的限制，一些非线性的控制方法被提出并且被运用到飞行器的控制中。这些非线性的控制方法通常可以归类为基于模型的非线性控制方法，这其中有反馈线性化、模型预测控制、多饱和控制、反步法以及自适应控制。

1）反馈线性化（Feedback Linearization）。反馈线性化是非线性系统常用的一种方法。它利用数学变换的方法和微分几何学的知识，首先将状态和控制变量转变为线性形式，然后利用常规的线性设计的方法进行设计，最后将设计的结果通过反变换，转换为原始的状态和控制形式。反馈线性化理论有两个重要分支——微分几何法和动态逆方法，其中动态逆方法与微分几何法相比具有推算简单的特点，因此更适合应用在飞控的设计上。但是，动态逆方法需要相当精确的飞行器的模型，这在实际情况中是十分困难的。此外，由于系统建模误差，加上外界的各种干扰，因此设计时要重点考虑鲁棒性的因素。动态逆方法有一定的工程应用前景，现已成为飞控研究领域的一个热点话题。

2）模型预测控制（Model Predictive Control）。模型预测控制是一类特殊的控制方法，它通过在每一个采样瞬间求解一个有限时域开环的最优控制问题获得当前控制动作。最优控制问题的初始状态为过程的当前状态，解得的最优控制序列只施加在第一个控制作用上，这是它和那些预先计算控制律的算法的最大区别。从本质上看，模型预测控制是求解一个开环最优控制的问题，它与具体的模型无关，但是实现则与模型相关。

3）多饱和控制（Nested Saturation）。饱和现象是一种非常普遍的物理现象，存在于大量的工程问题中。运用多饱和控制的方法设计多旋翼无人机，可以解决其他控制方法所不能解决的很多实际的问题。尤其是对于微小型无人机而言，由于大倾角的动作以及外部干扰，致动器会频繁出现饱和。致动器饱和会限制操作的范围并削弱控制系统的稳定性。很多方法都已经被用来解决饱和输入的问题，但还没有取得理想的效果。多饱和控制在控制饱和输入方面有着很好的全局稳定性，因此这种方法常用来控制微型无人机的稳定性。

任务小结

本任务主要介绍了无人机的飞控，要求学生知道飞控的组成部分及其工作原理；同时还学习了多旋翼无人机飞控系统的发展以及无人机的飞行控制过程，要求学生了解飞控发展面临的挑战以及无人机飞行控制过程中的一些控制方法。

课后训练

一、选择题（每题可能有一个或者多个正确答案）

1.（　　）是飞控的核心。

A. IMU　　B. 舵机　　C. 主控　　D. 遥控接收机

2.（　　）控制属于传统控制方法，是目前最成功、应用最广泛的控制方法之一。

A. H ∞　　B. PID　　C. LQR　　D. IMU

3.（　）是无人机研究领域的主要问题之一。

A. 无人机的飞行控制　B. 无人机电动机

C. 无人机的飞行速度　D. 无人机的飞行方向

4.（　）在控制饱和输入方面有着很好的全局稳定性，因此这种方法常用来控制微型无人机的稳定性。

A. 反步法　B. 模型预测控制　C. 多饱和控制　D. 反馈线性化

5.（　）在旋翼无人机的垂直起降、定点悬停及路径跟踪等控制上有着优异的性能。

A. LQR　B. 模型预测控制　C. 反步法　D. 增益调度

6.IMU 包含（　），是高精度感应飞行器姿态、角度、速度和高度的元器件集合体。

A. GPS 指南针　B. 3 轴加速度计　C. 3 轴角速度计　D. 气压高度计

7. 无人机的飞行控制在飞行过程中会受到各种干扰，如（　）。

A. 传感器的噪声与漂移　B. 强风与乱气流

C. 载重量变化　D. 倾角过大引起的模型变动

8. GPS 指南针模块包含（　）。

A. GIS 模块　B.GPS 模块　C. 指南针模块　D. 气压高度计

9. 基于模型的非线性控制方法有（　）。

A. 反步法　B. 模型预测控制　C. 多饱和控制　D. 反馈线性化

10. 飞控发展面临的挑战包括（　）。

A. 稳定性　B. 功能适应性　C. 市场竞争　D. 研发链条延伸

二、判断题（正确的画“√”，错误的画“×”）

1. 除了辅助飞行控制，某些主控还具备记录飞行数据的黑匣子功能。（　　）

2. LQR 属于鲁棒控制的方法。（　　）

3. LED 指示灯模块在飞行过程中可有可无。（　　）

4. 模糊控制是解决模型不确定性的方法之一，在模型未知的情况下来实现对无人机的控制。（　　）

5. GPS 指南针模块用于精确确定飞行器的方向及经纬度。（　　）

三、简答题

1. 简述多旋翼无人机飞控的组成。

2. 无人机飞行控制过程中有哪些飞行控制方法？

任务 4　认识多旋翼无人机的通信导航系统

任务描述

本任务主要介绍无人机的通信导航系统，学生通过学习可了解无人机通信系统的通信方法和无人机导航系统的类型，知道无人机如何实现实时通信和自主导航的功能。

相关知识

1. 无人机的通信系统

无人机通信不仅体现在遥控操纵方面，还体现在数据和图像资料的传输方面。通信是通过信号传输来实现的，所以一般把无人机的无线控制信号分为遥控器信号、数据传输信号和图像传输信号。不过，遥控器终究还是一个通过数传来操纵无人机的简易地面站，使用的还是数据传输方式。虽然图传和数传使用的手段是相同的，但是一般图传链路和数传链路是相互分开的，这是为了避免一旦图传链路坏了，影响到数传链路。下面介绍一些无人机所使用的通信方法。

（1）信号频段

1）5.8GHz。该频段暂时是航拍领域使用最广泛的无线微波视频传输频段。

优点：其传输器体积小、发热量小、传输距离远，并且价位透明，最大可释放出 32 个可选频道。5.8GHz 传输器没有很夸张的功率，实际功率基本上不大于 2000mW（即 2W）。5.8GHz 频段至今仍是航拍微波传图领域的首选。工信部信号限制当中，5.8GHz 微波信号是消费级开放频段，也就是无论你是否经过许可，都可以用 5.8GHz 信号作为航拍器的传图作业信号。在画质的处理上，优秀的 5.8GHz 视频传输器能够完全释放出 64 位模拟色彩度输出。并且部分厂家对 5.8GHz 这个频段在环境污染、人体辐射、其他无线设施干扰测试中，得到了影响最低的评分。

缺点：波长问题导致该信号穿透力极差，易受外界因素干扰。

2）2.4GHz。该频段应用最广泛的领域是日常家用电器，其主要用途是陆地工业无线监控工程。

优点：其传输器极其廉价，频点容易把控，最大可释放出 12 个频道。2.4GHz 无线视频传输器应用最多的还是解决陆对陆无线监控问题，可让监控摄像机短程无线传输信号；发射器模块上的电子元器体积大、间隔距离较远、散热效果最好，适合长时间超负荷作业；2.4GHz 信号波长略长，所以比 5.8GHz 信号有较好的穿透力和图像稳定性；功率甚至可以通过信号放大器、信号增益模块释放出 20W 以上的功率。

缺点：因其传输器极其廉价，导致儿童遥控玩具、电视机遥控器、路由器等日常用品都会采用该频段，使用此类发射器特别容易被干扰，也就是传出来的画面会有大雪花点、断频、串频等情况；容易受温差漂移干扰，导致输出的画面出现扭曲背景。

3）1.2GHz。属于低频信号，穿透力极强，可覆盖所有对无线视频传输的领域。

优点：波频最连贯，大多传输器都可处理主、辅两种波频。已知市场上其传输模块的最大功率可达到 8000mW，可处理 64 位乃至更高画质的图像，其发射器本身体积也极其微小，可无限延伸设备功能。大多 1.2GHz 信号的发射器都不受温差相位漂移的影响，也是微波无线视频传输器里最适合陆对陆传输的。

缺点：1.2GHz 是工信部最早严令禁止空中使用的频段，但不包括经过许可的民用级产品。在国内 1.2GHz 信号段仍服役于军方和政府机构，同时也因为 1.2GHz 过强的功率会导致周边无线设备失灵，因此 1.2GHz 产品并不能当作消费级产品公开销售。

6

（2）传输技术

1）WiFi 传输。WiFi 全称为 Wireless Fidelity，是基于 IEEE 802.11b 标准的无线局域网技术，通常使用 2.4GHz 特高频无线电波或 5.8GHz 超高频无线电波。WiFi 和蓝牙技术类似，通过该技术，相关电子设备可以接入无线局域网以实现在小范围里高速传输信号。无人机图传设备如图 6-19 所示。

例如，手机端通过 WiFi 信号沟通地面中继端的 WiFi 模块 SKW77，地面中继端的 WiFi 模块 SKW77 通过 WiFi 信号再沟通无人机端的 WiFi 模块 SKW77，既可以发送来自地面手机端的控制信号，也可以通过 WiFi 传输无人机航拍的视频数据到手机端，如图 6-20 所示。

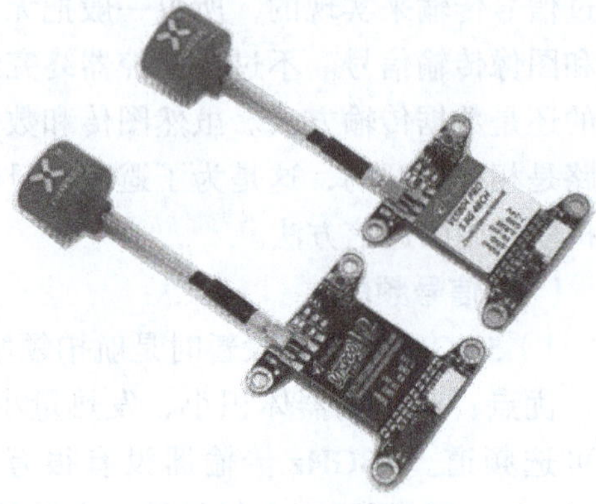

图 6-19　无人机图传设备

2）4G 网络。在航模领域，控制飞行器常用的是遥控器。信号较好的 2.4GHz、5.8GHz 遥控器往往能高质量地传输控制信号，但这是在视距以内可直线传输信号的情况下。如果在非视距内的情况下，如被建筑物遮挡等，就会出现失控。但如果有了 4G 网络，假设网络信号稳定且时延小到可以忽略不计，那么 4G 网络无论是作为遥控器信号的辅助，还是完全作为控制信号，无人机的可控范围就会大很多。这就相当于让可以控制的范围扩大到整个 4G 网络信号覆盖区域。4G 网络的优点是通信传输距离可以很远，缺点是限于低空 200m，所以只能应用于低空民用无人机。

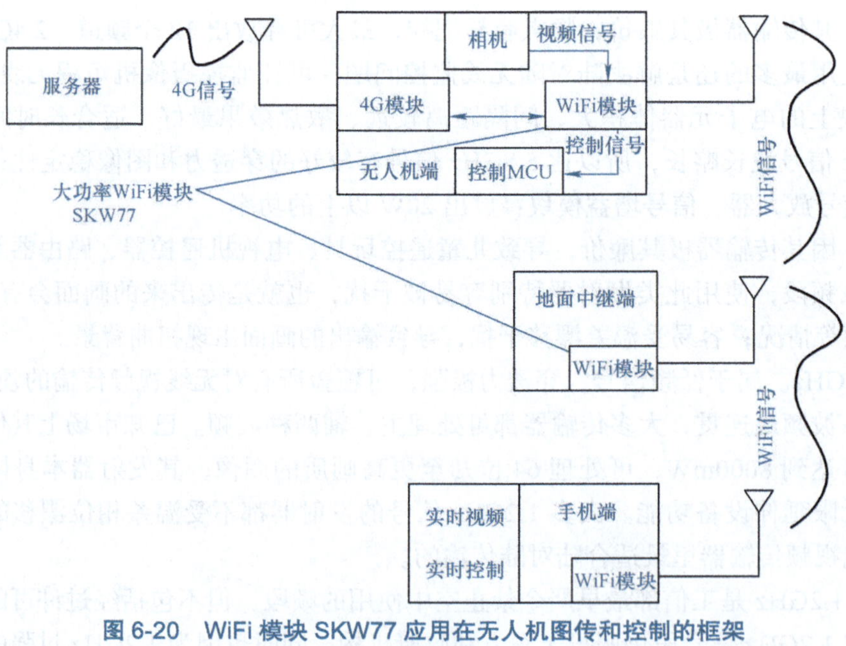

图 6-20　WiFi 模块 SKW77 应用在无人机图传和控制的框架

MCU—多点控制单元

3）数据卫星。4G 通信的最大缺陷是只能用于低空控制，那么高空控制就需要卫星来实现。通过卫星提供中继服务，可以使无人机控制范围更广，但是其成本较高，所以这种控制方式只作为辅助通信使用。

2. 无人机的导航系统

除了正常的通信，无人机在航拍或执行特定任务时还需要一些导航技术。导航是把飞行器从出发地引导到目的地的过程。一般需要测定的导航参数有位置、方向、速度、高度和航迹等。目前，用于无人机的导航技术有无线电导航、惯性导航和卫星导航等。

（1）无线电导航　无线电导航（Radio Navigation）借助于无线电波的发射和接收，测定飞行器相对于导航台的方位、距离等，以确定飞行器的导航参数。其特点是受气候条件限制少、作用距离远、精度高、设备简单可靠、应用广。

无线电导航按测量电信号的参量，分为振幅、频率、相位、脉冲；按测量的位置线几何形状，分为测角、测距、测速、测距差；按有效作用距离，分为近程、远程、超远程、全球定位；按机载设备实现的系统功能，分为自备式、他备式；按无线电导航台的安装位置，分为陆基、空基、星基；按无人机的飞行区域，分为航路、终端区。

无线电导航系统根据测量参数不同分为无线电导航测向系统、无线电导航测距系统、无线电导航测距差系统和无线电导航测速系统。

1）无线电导航测向系统。该系统利用无线电波直线传播的特性，将无人机上的环形方向性天线转到使接收的信号幅值为最小的位置，从而测出电台航向，则属于振幅式导航系统；或利用地面导航台发射迅速旋转的方向图，根据无人机不同位置接收到的无线电信号的不同相位来判定地面导航台相对无人机的方位角，则属于相位式导航系统。

2）无线电导航测距系统。该系统利用无线电波传播需要时间的特点。无人机向地面站发射信号，地面站接收到该信号也向无人机发射信号，无人机接收信号，无人机从发射信号到接收信号会经过一段时间，根据这段时间就可算出无人机与导航台的距离。

3）无线电导航测距差系统。多个导航台同时发射无线电信号，根据各个导航台的信号到达无人机接收的时间差就可相应地求得距离差。

4）无线电导航测速系统。无人机上安装的多普勒导航雷达先向地面发射无线电信号，然后接收由地面站反射回来的信号，根据多普勒效应，发射的信号频率和反射回来的信号频率是不同的，两者存在一个频移，通过这个频移就可求出无人机相对于地面的速度。

（2）惯性导航　惯性导航是通过测量飞行过程中的加速度（加速度是指一段时间内速度的变化量与这段时间的比值，反映速度变化的快慢），经过运算得到无人机当时速度和位置的一种综合性导航技术，这是一种应用较为广泛的导航技术。

惯性导航的优点：自主导航，隐蔽性好，不受外界电磁干扰；可全天候全时间工作于空中、地球表面乃至水下；能提供位置、速度、航向和姿态角数据；数据更新率高，短期精度高，稳定性好。

惯性导航的缺点：导航信息由积分产生，定位误差随时间而增大，长期精度差；较长的初始对准时间；设备价格昂贵。

惯性导航的原理：在二自由度惯性导航中，无人机上装有陀螺平台，陀螺平台始终平行于地面，在平台上沿南北方向和东西方向分别放置一个加速度计（见图 6-21），飞行起点为原点，无人机开始飞行后，加速度计随时测量两个方向的直线加速度，最终计算得到速度和位移。无人机姿态变化会使加速度计因重力而发生变化，因此最终测量的加速度会有误差。为了解决这一问题，人们提出了平台式惯性导航系统和捷联式惯性导航系统两种解决方案。

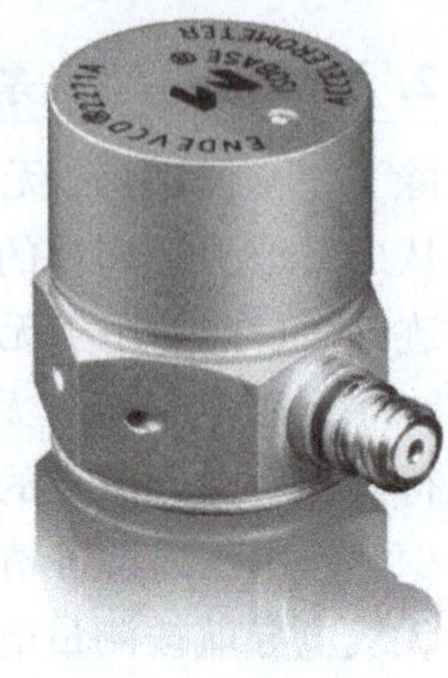

图 6-21　加速度计

1）平台式惯性导航系统加装陀螺平台（这个陀螺平台不受无人机姿态的影响），然后把加速度计安装在陀螺平台上。

2）捷联式惯性导航系统没有加装陀螺平台，直接将 3 个加速度计安装在无人机上，与 3 条机体轴位置相一致，同时还安装有绕 3 条机体轴的角速度陀螺。这种方式简单、重量变化小、可靠、易维护，虽然没有陀螺平台，但是计算机会建立一个“平台”代替陀螺平台。

（3）卫星导航　卫星导航是利用导航卫星发射的无线电信号，求出无人机相对卫星的位置，再根据已知的卫星相对地面的位置计算出无人机在地球上的位置。卫星导航系统由导航卫星、地面台站和用户定位设备 3 部分组成，如图 6-22 所示。

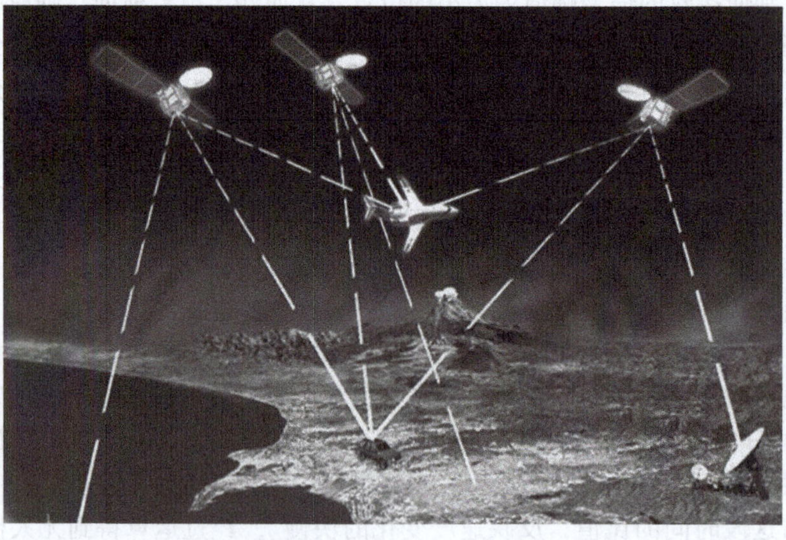
图 6-22　卫星导航示意图

任务小结

本节主要介绍了无人机的通信系统和导航系统，包括不同信号频段的优缺点、传输技术、导航技术，通过本任务的学习，学生可以了解无人机是如何实现实时通信和自主导航的。

课后训练

一、选择题（每题可能有一个或者多个正确答案）

1.（　　）频段暂时是航拍领域使用最广泛的无线微波视频传输频段。

A. 2.4GHz　　B. 5.8GHz　　C. 1.2GHz　　D. 4.8GHz

2. 无线电导航（　　）利用的是无线电波传播需要时间的特点。

A. 测距系统　　B. 测向系统　　C. 测速系统　　D. 测距差系统

3.（　　）惯性导航系统加装陀螺平台（这个陀螺平台不受无人机姿态的影响），然后把加速度计安装在陀螺平台上。

A. 捷联式　　B. 便捷式　　C. 多向式　　D. 平台式

4.（　　）是把飞行器从出发地引导到目的地的过程。

A. 导航　　B. 指南针　　C. 定向　　D. 飞行指引

5.（　　）传输器的优点是极其廉价，频点容易把控，最大可释放出 12 个频道。

A. 1.2GHz　　B. 5.8GHz　　C. 2.4GHz　　D. 4.8GHz

6. 通信是通过信号传输来实现的，所以一般把无人机的无线控制信号分为（　　）。

A. 遥控器信号　　B. 数据传输信号

C. 电流传输信号　　D. 图像传输信号

7. 传输技术包括（　　）。

A. WiFi 传输　　B. 4G 网络　　C. 数据卫星　　D. 无线电

8. 无线电导航按无线电导航台的安装位置，分为（　　）。

A. 地基　　B. 路基　　C. 空基　　D. 星基

9. 卫星导航系统由（　　）组成。

A. 导航卫星　　B. 路基　　C. 地面台站　　D. 用户定位设备

10. 无线电导航系统根据测量参数不同分为（　　）。

A. 无线电导航测距差系统　　B. 无线电导航测距系统

C. 无线电导航测速系统　　D. 无线电导航测向系统

二、判断题（正确的画“√”，错误的画“×”）

1. 2.4GHz 频段应用最广泛的领域是日常家用电器，其主要用途是陆地工业无线监控工程。（　　）

2. 卫星导航的特点是受气候条件限制少、作用距离远、精度高、设备简单可靠、应用广。（　　）

3. 惯性导航的优点有自主导航，隐蔽性好，不受外界电磁干扰。（　　）

4. 5.8GHz 是工信部最早严令禁止空中使用的频段，但不包括经过许可的民用级产品。（　　）

5. 通过 WiFi 技术，相关电子设备可以接入无线局域网以实现在小范围里高速传输信号。（　　）

三、简答题

1. 简述无人机通信系统的通信方法。

6

2. 简述惯性导航的优缺点。

任务 5 认识多旋翼无人机的地面控制系统

任务描述

本任务主要介绍无人机的地面控制系统，学生通过学习需了解无人机地面控制系统的硬件组成、功能，以及小型及以下无人机常用的控制站。

相关知识

1. 地面控制系统的硬件组成

地面控制系统也称为地面站，泛指地面上可以对无人机发出指令以及接收无人机传回信息的设备，它的硬件可以是一个遥控器，也可以是一部手机或一台笔记本计算机。下面简单介绍两种常用的地面站。

遥控器是一种最简单的地面站，集成了数传电台，通过控制摇杆的舵量向无人机发出控制信号，以此实现对无人机的控制。遥控器分美国手和日本手，区别在于一个是左手油门一个是右手油门。通常遥控器可以控制无人机的飞行姿态，如俯仰运动、横滚运动、偏航运动，也可以控制油门增减无人机的飞行动力。

另一种是无人机手持地面站控制系统，其特征在于：包括一个壳体，壳体内部的遥控操作模块、遥控传输模块、图传模块、图像显示模块、Android 模块、电源模块和稳压模块，壳体外部的传输天线。电源模块通过稳压模块分别与 Android 模块、图像显示模块、遥控操作模块、图传模块及遥控传输模块电连接；图传模块分别与图像显示模块、Android 模块电连接；遥控传输模块与遥控操作模块电连接。

2. 地面控制系统的功能

近些年来，无人机的研究和应用在世界范围内不断扩大，无人机地面站作为无人机系统的指挥中枢也在不断更新和发展。指挥控制与任务规划是无人机地面站的主要功能。无人机地面站也称为控制站、遥控站或任务规划与控制站。在规模较大的无人机系统中，可以有若干个地面站，这些不同功能的地面站通过通信设备连接起来，构成无人机地面站控制系统。

无人机地面站的功能通常包括指挥调度、任务规划、操作控制、显示记录等功能。

指挥调度功能主要包括上级指令接收、系统之间联络、系统内部调度。

任务规划功能主要包括飞行航线规划与重规划、任务载荷工作规划与重规划。

操作控制功能主要包括起降操作、飞行控制操作、任务载荷操作、数据链控制。

显示记录功能主要包括飞行状态参数显示与记录、航迹显示与记录、任务载荷信息显示与记录等。

3. 小型及以下无人机常用的地面站

由于小型无人机涉及图像处理、无线传输、先进控制以及多传感器融合等尖端技术，同时具有广阔的应用前景，其研究已经成为国际上的热点。地面站作为小型无人机系统的重要组成部分，也成为热门研究课题。许多国家和地区的科研机构、公司、组织和大学，都将其作为重要研究领域。目前，小型及以下无人机常用的地面站主要有以下几种：

美国 UAV Flight Systems 公司研发的 GroundPilot 地面站，专门用于该公司 AP40 或 AP50 自动驾驶仪。该地面站较全面地反映了无人机飞行过程中的高度、速度、航向、航迹、姿态等信息，并可以实现对无人机飞行模式、高度、空速、航向、航点的控制。

加拿大 MicroPilot 公司为 MP2028 自动驾驶仪研制的 Horizon 地面站也是一款比较典型的地面站软件。该地面站除具有地面站的基本功能外，还拥有用于测试和训练的任务模拟器，便于工作人员对规划的任务进行分析和修改。

国内的一些高等院校、研究所和企业公司也开展了关于无人机地面站技术的研究，并取得了一定的成果。

北京航空航天大学智能技术与装备实验室 IFLY 研发团队研制出完全自主研发、性能和国外同类产品相当、完全本土化的地面站 GCS300。该地面站适用于所有 iFLY 自动驾驶仪，具备无人机组网功能，最多可分时控制 16 个无人机，1 个地面站可通过网络向另外 15 个地面站发送数据，实现了飞行状态的多终端远程监控。

北京普洛特无人飞行器科技有限公司通过十多年的努力和实际飞行试验，研制出了 UP20 自动驾驶仪和其配套地面站。

任务小结

本任务系统地学习了无人机的地面控制系统，首先介绍了作为地面站硬件部分的遥控器和手持地面站控制系统，然后介绍了地面站的相关功能，最后介绍了几种小型及以下无人机常用的地面站。

课后训练

一、选择题（每题可能有一个或者多个正确答案）

1.（　　）泛指地面上可以对无人机发出指令以及接收无人机传回信息的设备。

A. 飞控　　B. 地面控制系统　　C. 无线电导航系统　　D. 卫星系统

2.（　　）是一种最简单的地面站，集成了数传电台，通过控制摇杆的舵量向无人机发出控制信号，以此实现对无人机的控制。

A. 无人机手持地面站控制系统　　B. 地面控制系统

C. 无线电导航系统　　D. 遥控器

3.（　　）较全面地反映了无人机飞行过程中的高度、速度、航向、航迹、姿态等信息。

A. 美国的 GroundPilot 地面站　　B. 北京航空航天大学的 GCS300 地面站

C. 北京普洛特的 UP20 配套地面站　　D. 加拿大的 Horizon 地面站

4. 北京航空航天大学的 GCS300 地面站最多可分时控制（　　）个无人机。

A. 14　　B. 15　　C. 16　　D. 17

5.（　　）拥有用于测试和训练的任务模拟器，便于工作人员对规划的任务进行分析和修改。

A. 美国的 GroundPilot 地面站　　B. 北京航空航天大学的 GCS300 地面站

C. 北京普洛特的 UP20 配套地面站　　D. 加拿大的 Horizon 地面站

二、简答题

1. 简述多旋翼无人机地面控制系统的硬件组成。

2. 目前小型及以下无人机常用的地面站主要有哪几种？

单元 7
物流无人机模拟飞行技术

【内容概览】

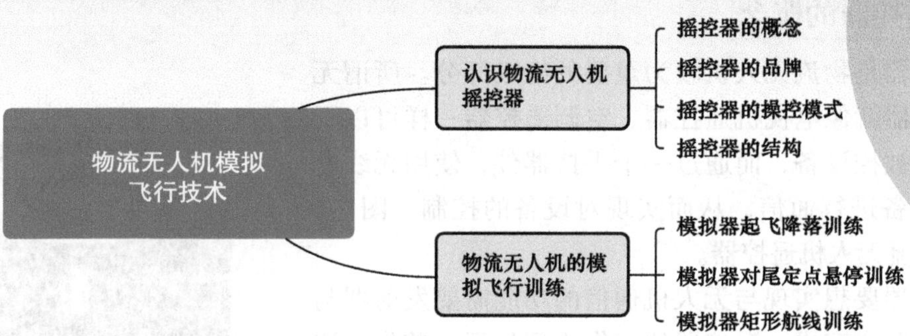

【知识目标】

1. 了解物流无人机遥控器常用品牌、操控模式、结构等基础知识。

2. 掌握物流无人机遥控器的使用注意事项。

3. 掌握物流无人机模拟器起飞降落、定点悬停、矩形航线等基础飞行训练的操作步骤。

【技能目标】

1. 能够区分物流无人机遥控器的各种操控模式。

2. 能够正确使用物流无人机遥控器。

3. 能够完成物流无人机模拟器的起飞降落、定点悬停、矩形航线等飞行训练。

【素养目标】

1. 培养学生的职业意识。

2. 培养学生刻苦训练的工匠精神。

任务 1 认识物流无人机遥控器

任务描述

本任务将对遥控器的概念、品牌、操控模式、结构等知识点进行介绍，要求学生通过学习能掌握日本手遥控器、美国手遥控器以及反美国手遥控器的设置和操作，并能正确使用和存放遥控器。

相关知识

1. 遥控器的概念

遥控器是物流无人机较为重要的组成部分。所谓无人机遥控器就像电视机遥控器、空调遥控器一样可以不用接触到被控设备，而通过一个手持器件，使用无线电与被控设备进行通信，从而实现对设备的控制。图 7-1 所示为物流无人机遥控器。

图 7-1 物流无人机遥控器

遥控器要想实现与无人机通信的功能需要发射器与接收机来配合完成。遥控器的工作原理如下：首先，遥控器将摇杆的作业转为无线电波发送给接收机；然后，接收机通过接收该无线电波，读取遥控器上摇杆的读数；最后，又将该读数转为数字信号发送到无人机的控制器中。图 7-2 所示为遥控器接收器。图 7-3 所示为遥控器的工作原理。

图 7-2 遥控器接收器

图 7-3 遥控器的工作原理

2. 遥控器的品牌

国内外常用的物流无人机遥控器品牌有天地飞遥控器、乐迪遥控器、富斯遥控器和Futaba 遥控器等。

（1）天地飞遥控器　天地飞遥控器是深圳市天地飞科技开发有限公司（WFLY）的产品。深圳市天地飞科技开发有限公司是中国最早从事航模产品的研发类企业之一，自 2006 年开始进入航模市场，先后研发并推出世界第一台全中文显示高端遥控设备，全球第一款 4096 分辨率、2.4GHz 遥控系统，全国最早的 9 通道遥控设备，并形成了从入门到高端、从整机到配件的一系列产品。常见的天地飞遥控器型号有 WFT07、WFT09、WFTO9SII 等。图 7-4 所示为 WFT09 遥控器。

（2）乐迪遥控器　乐迪遥控器是深圳市乐迪电子有限公司的产品。深圳市乐迪电子有限公司成立于 2003 年 9 月 15 日，成立之初是作为一家向电子生产厂商提供电子产品完整软、硬件解决方案设计的公司。常见的乐迪遥控器型号有 AT9S、AT9SPRO、AT10II、T8FB 等。图 7-5 所示为 T8FB 遥控器。

图 7-4　WFT09 遥控器

图 7-5　T8FB 遥控器

（3）富斯遥控器　富斯遥控器是深圳市富斯科技有限公司的产品。深圳市富斯科技有限公司是一家专业从事电子遥控模型研发生产及销售的高新技术企业，生产的电子遥控模型以精美的外观和高稳定的性能赢得国内外消费者的青睐。常见的富斯遥控器型号有富斯 i6、富斯 i6s、富斯 i10 等。图 7-6 所示为富斯 i6 遥控器。

（4）Futaba 遥控器　Futaba 遥控器是日本生产的，其功能齐全。由于 Futaba 遥控器的功能强大，常被应用于无人机培训中。常见的 Futaba 遥控器型号有 Futaba 14SG、Futaba 18MZ、Futaba 10J 等。图 7-7 所示为 Futaba 14SG 遥控器。

图 7-6　富斯 i6 遥控器

图 7-7　Futaba 14SG 遥控器

3. 遥控器的操控模式

国内外常用的物流无人机遥控器操控模式有日本手遥控器、美国手遥控器以及反美国手遥控器三种。

（1）日本手遥控器　日本手遥控器是流行于亚洲地区的主流操作方式，起源于日本，因此称为日本手（又称为亚洲手），是目前国内使用最多的遥控器操控模式。其操控方式是：左摇杆在竖直方向为升降舵控制、水平方向为航向控制，右摇杆在竖直方向为油门控制、水平方向为副翼控制，如图 7-8 所示。

（2）美国手遥控器　美国手遥控器主要流行于欧美国家，近几年在国内的使用者也逐渐增多，占 20% ~ 30%，俗称美国手或欧洲手。其操控方式是：左摇杆在竖直方向为油门控制、水平方向为方向控制，右摇杆在竖直方向为升降舵控制、水平方向为副翼控制，如图 7-9 所示。

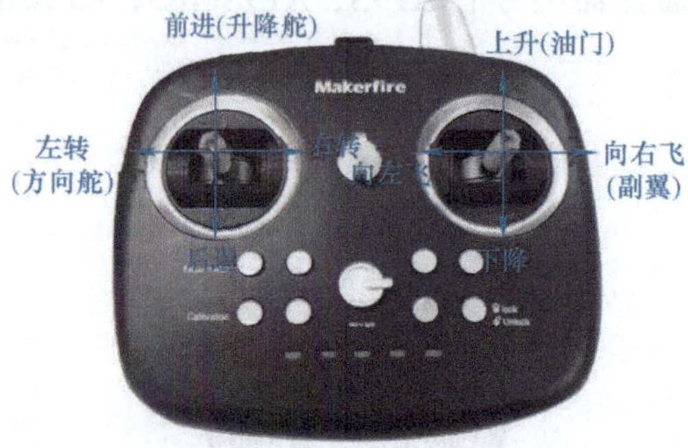

图 7-8　日本手遥控器

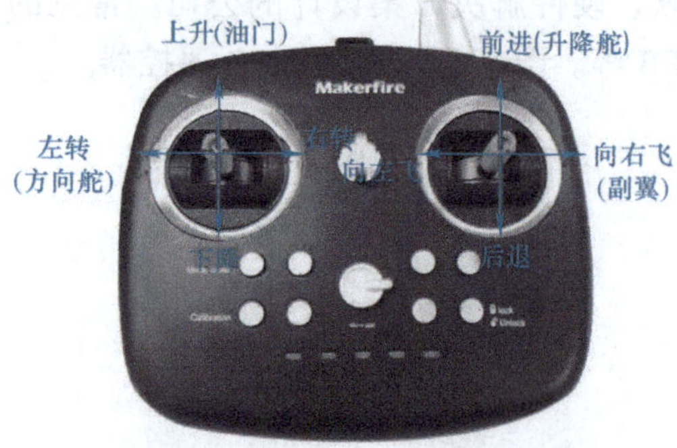

图 7-9　美国手遥控器

（3）反美国手遥控器　反美国手遥控器俗称火星手或反美国手，应用较少。其操控方式与美国手遥控器刚好相反，在此不再说明。

4. 遥控器的结构

物流无人机遥控器的结构如图 7-10 所示。

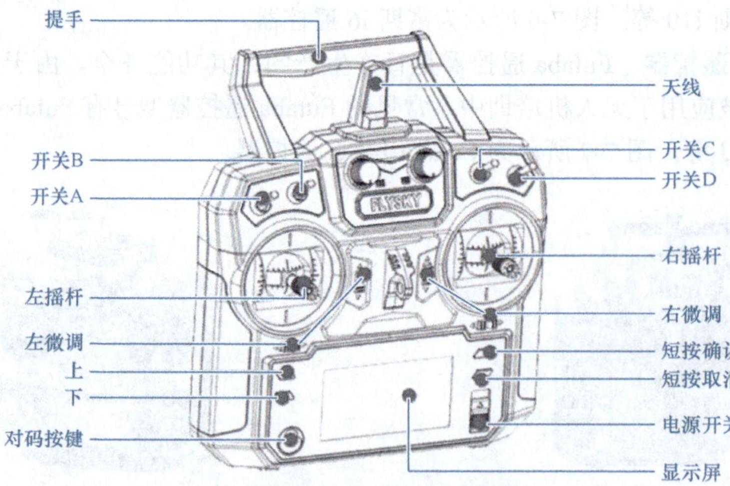

图 7-10　物流无人机遥控器的结构

检查评议

根据本任务所学内容填写表 7-1。

表 7-1　认识物流无人机遥控器评价表

	任务名称	评分要求	满分	扣分	得分
评分标准	遥控器品牌	说出 4 种常用的遥控器品牌，少答一种扣 5 分	20 分		
	遥控器操控模式	说出 3 种常用的操控模式，少答一种扣 5 分	20 分		
	日本手、美国手使用差别	说出二者使用差别，未答出关键差别扣 10 分	20 分		
	遥控器各部位名称	说出遥控器各部位名称，答错一个扣 5 分	40 分		
合计总分			100 分		

问题管理

1. 飞行前、中、后注意事项

1）飞行前务必检查电池电量以及进行舵面动作测试。

2）准备飞行时如需将发射机放置于地上，不能竖直放置。

3）飞行中不能握住遥控器的天线，否则会影响遥控器输出信号。

4）飞行中天线的末端不要朝向飞机机身的方向。

5）飞行中，在发动机或电动机运转过程中不可以关闭电源开关。

6）飞行结束后，关闭电源时，要确保发动机或电动机已经停止运转。

2. 使用电池以及充电器的注意事项

1）勿对破损、老化、有漏液等异常现象的电池进行充电。

2）充电器及电池不能接触任何液体。

3）充电器要严格按照规定的使用方法给电池充电。

4）勿对电池、充电器进行修理、拆解等操作。

5）勿将电池长时间置于高温或日光直射的场所。

3. 遥控器的存放注意事项

1）勿将遥控器存放在阳光直射、湿气较重、振动较多、灰尘较多、有蒸汽或热源的场所保管。

2）遥控器长时间不使用时，应将电池取出，保存在 0～30℃干燥环境中。

任务小结

本任务重点介绍了遥控器的概念、品牌、3 种操控模式、结构以及遥控器在飞行前、中、后的注意事项，要求学生能够了解遥控器，并能区分 3 种遥控器操控模式各通道的作用。

课后训练

一、选择题（每题可能有一个或者多个正确答案）

1. 关于物流无人机遥控器的使用，下面说法不正确的是（　　）。

A. 飞行前务必检查电池电量，并进行相关动作测试

B. 飞行中不能握住遥控器的天线

C. 充电时若发现电池破损、老化、有漏液等现象，应立即停止充电

D. 遥控器长时间不使用时，应将电池取出，保存在 50℃左右的干燥环境中

2. 国内外常用的物流无人机遥控器操控模式不包括（　　）。

A. 日本手遥控器　　B. 美国手遥控器

C. 反日本手遥控器　　D. 反美国手遥控器

3. 下面有关日本手遥控器操控方式说法不正确的是（　　）。

A. 左摇杆在竖直方向为油门控制　　B. 左摇杆在水平方向为航向控制

C. 右摇杆在水平方向为副翼控制　　D. 又称为亚洲手

4. 下列遥控器型号属于天地飞遥控器的是（　　）。

A. T8FB　　B. 富斯 i6　　C. BWFT09　　D. Futaba 18MZ

二、判断题（正确的画“√”，错误的画“×”）

1. 国内外常用的物流无人机遥控器品牌有天地飞遥控器、乐迪遥控器、富斯遥控器、Futaba 遥控器等。（　　）

2. 打开遥控器电源时，要确保遥控器的摇杆放在中间位置。（　　）

3. 遥控器长时间不使用时，应将电池取出，保存在 0～30℃干燥环境中。（　　）

4. 美国手遥控器是目前国内使用最多的遥控器操控模式。（　　）

5. 日本手遥控器起源于日本，流行于亚洲地区。（　　）

任务 2　物流无人机的模拟飞行训练

任务描述

本任务将介绍如何使用 Phoenix RC 模拟训练软件进行起飞和降落模拟操作，如何控制遥控器保持无人机对尾定点悬停模拟操作，如何应用 Phoenix RC 模拟训练软件进行矩形航线模拟操作。

相关知识

多旋翼无人机是一种具有 3 个及以上旋翼轴的特殊的无人驾驶旋翼飞行器。多旋翼无人机的飞行训练大多是基础操作，是学习无人机模拟飞行中较为重要的阶段，也是后续不同机型飞行训练的基础。

本任务采用凤凰 Phoenix RC 模拟器中的多旋翼无人机，可以使大家深入了解此模拟训练软件，同时也可以为后续的模拟飞行训练打下基础。无人机模拟器如图 7-11 所示。

任务准备

1）计算机一台。

2）Phoenix RC 模拟器安装包。

3）Phoenix RC 模拟器加密狗一个。

4）Phoenix RC 模拟器遥控器硬件一个。

图 7-11　无人机模拟器

任务实施

1. 模拟器起飞降落训练

（1）起飞操作　模拟器起飞训练流程见表 7-2。

表 7-2　模拟器起飞训练流程

操作示意图	操作步骤说明
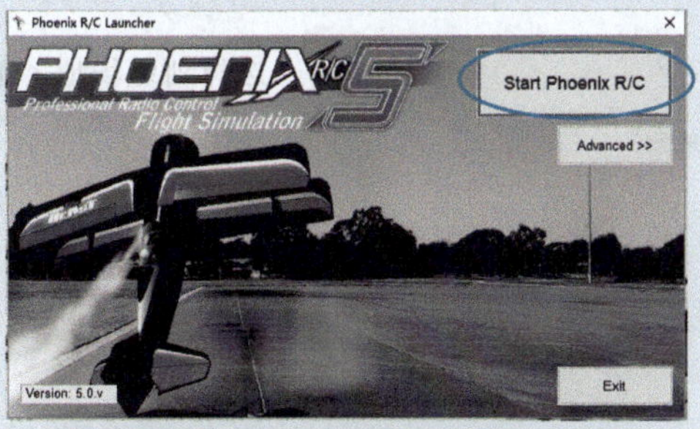	双击桌面上的 Phoenix RC 应用程序快捷方式图标，单击“Start Phoenix R/C”打开 Phoenix RC 模拟飞行训练软件，并连接加密狗和遥控器
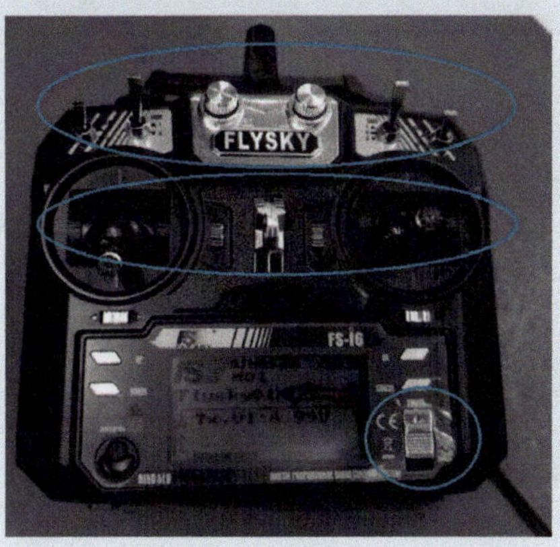	打开遥控器：所有开关键拨到最上面的位置，左摇杆拨到最下面的位置，右摇杆保持中立位置（美国手操作），打开电源键，遥控器若无异常声响，表明可正常使用

（续）

<table>
<tr><th>操作示意图</th><th>操作步骤说明</th></tr>
<tr><td>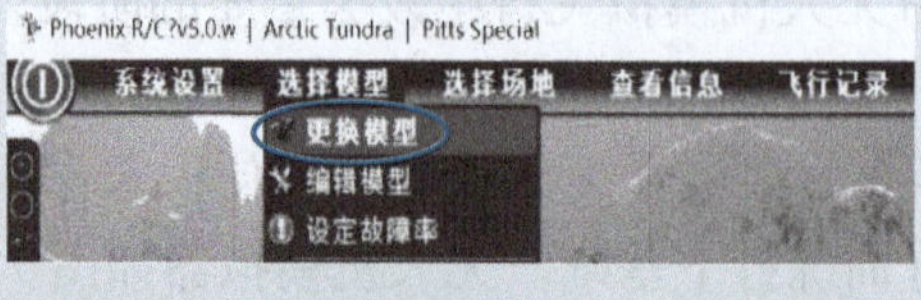

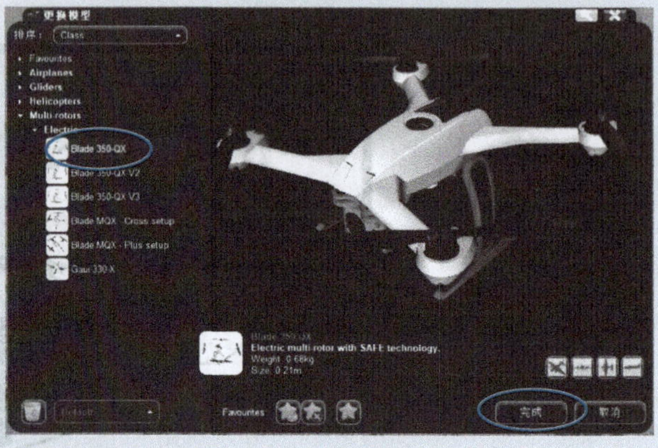
</td><td>将无人机调为多旋翼无人机：单击“选择模型”→“更换模型”→“Multi-rotors”→“Electric”，选择任意一款无人机，如“Blade 350-QX”</td></tr>
<tr><td>
</td><td>选择训练场地：单击“选择场地”→“场地布局”→“F3C区域”</td></tr>
<tr><td></td><td>缓慢向前推动左摇杆增加油门，螺旋桨慢慢转动，多旋翼无人机安全起飞</td></tr>
</table>

（2）降落操作　模拟器降落训练流程见表 7-3。

表 7-3　模拟器降落训练流程

操作示意图	操作步骤说明
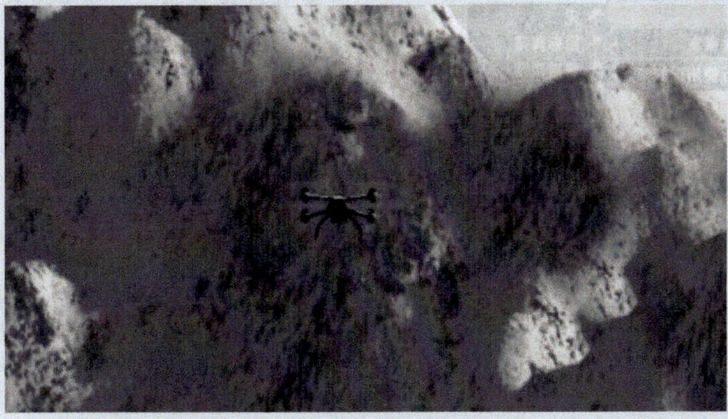	缓慢向下拉动左摇杆，减小油门，使多旋翼无人机安全下降
	当多旋翼无人机离地面 30cm 时，停止下降动作，使多旋翼无人机保持稳定姿态
	继续减小油门使多旋翼无人机安全降落

2. 模拟器对尾定点悬停训练

模拟器对尾定点悬停训练流程见表 7-4。

表 7-4　模拟器对尾定点悬停训练流程

操作示意图	操作步骤说明
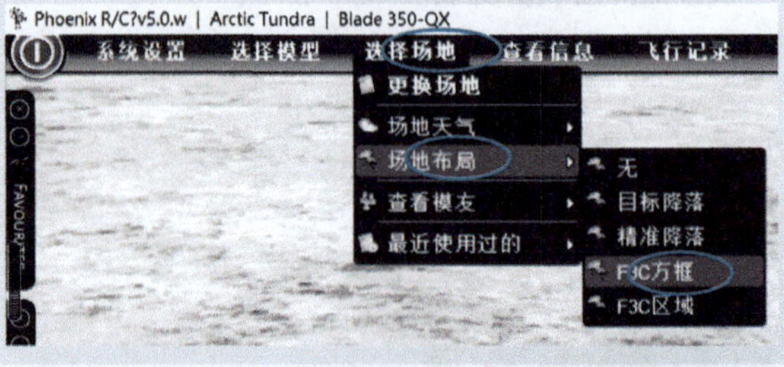	选择训练场地：单击“选择场地”→“场地布局”→“F3C 方框”
	操纵多旋翼无人机向着定点位置（左边柱子）对尾缓慢起飞（注意：①当多旋翼无人机向左偏航时，应往右推动左摇杆，使多旋翼无人机修正方向；②当多旋翼无人机向右偏航时，应往左推动左摇杆，使多旋翼无人机修正方向；③当多旋翼无人机向前移动时，应往后拉动左摇杆，使多旋翼无人机修正方向；④当多旋翼无人机向后移动时，应往前推动左摇杆，使多旋翼无人机修正方向）
	最终使多旋翼无人机悬停在定点位置（左边柱子），左右摇杆回归原位，多旋翼无人机静止不动

3. 模拟器矩形航线训练

模拟器矩形航线训练流程见表 7-5。

表 7-5　模拟器矩形航线训练流程

示意图	操作步骤说明
	选择训练场地：单击“选择场地”→“场地布局”→“F3C 方框”

（续）

示意图	操作步骤说明
 	1 号位置定点悬停：多旋翼无人机在原点 O 起飞后，向着 1 号位置对尾飞行，并悬停在 1 号位置处（注意：多旋翼无人机飞行时高度应保持一致，速度保持匀速，不得出现过大偏移。在到达点位后转向时应注意偏航速度保持匀速）
	多旋翼无人机在 1 号位置调整姿势，机头朝向前方（中间会产生位移的现象，需要及时纠正飞行位置，操纵副翼及时修正飞机机身位置），保持匀速直线飞行，飞往 2 号位置
 	到 2 号位置后，向右缓慢推左摇杆，使机头旋转 90° 后，缓慢向前推动右摇杆（中间会产生位移的现象，需要及时纠正飞行位置，操纵副翼及时修正飞机机身位置），到达 3 号位置

（续）

示意图	操作步骤说明
  	重复前面的步骤飞到 4 号位置，再飞回 1 号位置，最后飞回原点 O 处

检查评议

根据本任务所学内容填写表 7-6。

表 7-6　飞行模拟器任务实施评价表

	任务名称	评分要求	满分	扣分	得分
评分标准	起飞降落	起飞后，出现再次触碰地面情况，触碰一次扣 5 分；飞行过程中，出现速度突然增加或减少情况，出现一次扣 2 分；降落后，接触地面出现弹跳，出现一次扣 5 分；扣完为止	30 分		
	对尾定点悬停	在飞行中，出现大幅度移动、掉高或上升，出现一次扣 5 分；在修正过程中，出现错舵，出现一次扣 5 分；扣完为止	30 分		
	矩形航线	飞行过程中，应保证无人机直线飞行，如出现大幅度偏移、错舵、掉高或上升，出现一次扣 5 分；定点转向时，应保证转向匀速，如出现大幅度偏移或错舵，出现一次扣 5 分；定点降落时，如降落到标识区域外，扣 10 分；扣完为止	40 分		
合计总分			100 分		

任务小结

本任务重点介绍了使用模拟训练软件模拟起飞降落、对尾定点悬停以及矩形航线的操作步骤，通过本任务的学习，可以为后续的视距内室外真机训练奠定基础。

课后训练

使用 Phoenix RC 模拟器模拟起飞降落、对尾定点悬停、矩形航线，强化操作技能，按照表 7-6 中的评分要求实施。

单元 8
物流无人机运营前准备

【内容概览】

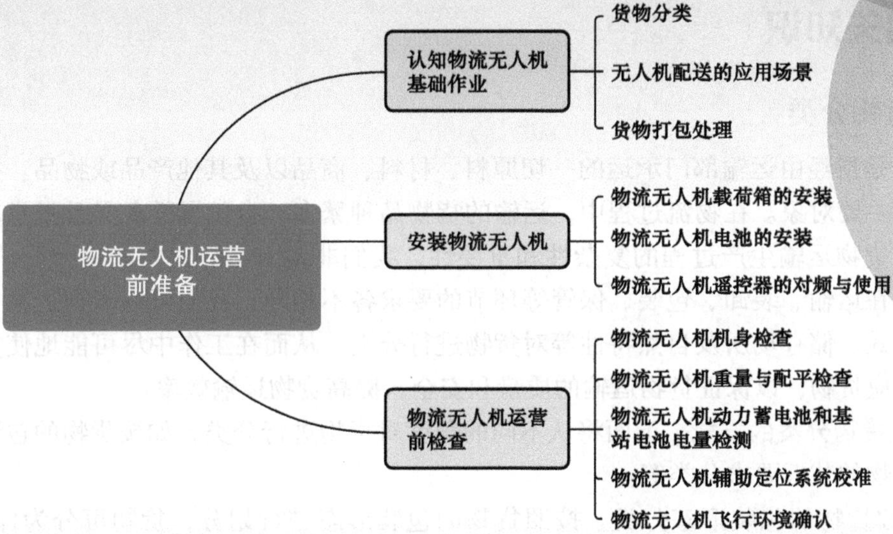

【知识目标】

1. 了解物流无人机基础作业的相关知识。
2. 了解物流无人机安装的理论知识。
3. 了解物流无人机运营前检查的理论知识。

【技能目标】

1. 掌握物流无人机基础作业中的货物分类、货物配送范围确定以及货物打包处理。
2. 掌握物流无人机载荷箱安装、电池安装与紧固、遥控器对频等操作。
3. 掌握物流无人机运营前机身检查、重量与配平检查、动力蓄电池和地面站电池电量检测。

【素养目标】

1. 培养学生爱岗敬业的工作态度。
2. 培养学生严谨求实的工作作风。

任务 1　认知物流无人机基础作业

任务描述

物流无人机在执行送货作业前，首先要对货物进行分类，拣选出适合无人机配送的物品，然后根据物流无人机的性能及配送距离，确定货物的配送范围，并根据货物的特性，对货物进行打包处理，避免货物在配送及抛投中造成不必要的破损。

相关知识

1. 货物分类

货物是指经由运输部门承运的一切原料、材料、商品以及其他产品或物品。货物是运输生产的主要对象。在物流过程中，运输的货物品种繁多、自然属性各异且批量不一，因此，基于货物运输生产过程的复杂性和重要性，我们非常有必要对货物进行科学的分类。由于货物在运输、装卸、包装、保管等环节的要求各不相同，我们可以依据运输方式、装卸搬运方式、储存场所及自然特性等对货物进行分类，从而在工作中尽可能地使货物的运输条件适应货物，以保证货物运输的质量和安全，提高货物运输效率。

（1）货物分类的方式　下面将从不同的角度对货物进行分类，如按货物的包装形态分类、按货物的装运要求分类等。

1）按货物的包装形态分类。按照货物的包装形态进行划分，货物可分为件装货物、散装货物以及成组装货物三种类型。

① 件装货物。件装货物又称为件杂货或杂货，它以件数和重量承运，其标志、包装形式不一，性质各异，一般批量较小且票数较多。件装货物按其包装特点可分为包装货物和裸装货物。

② 散装货物。散装货物简称散货，是以散装方式进行运输，以重量承运，无标志，无包装，不易计算件数的货物，一般批量较大且种类较少。散装货物按其形态可分为干制散装货物和液体散装货物。

③ 成组装货物。成组装货物是指用托盘、网兜、集装袋和集装箱等将件装货物或散装货物组成一个大单元进行运输的货物。

2）按货物的装运要求分类。根据货物装运要求的不同，可以将货物分为普通货物和特殊货物两大类。

① 普通货物。普通货物是指由于本身不具有特殊性质，所以在运输过程中没有规定特别条件的各类货物。普通货物又分为液体货物、清洁货物、粗劣货物等。

② 特殊货物。特殊货物是指本身在性质、体积、重量和价值等方面具有特别之处，在积载和装卸保管中需要采用特殊设备和采取特别措施的各类货物。特殊货物包括危险货

物、冷藏货物、贵重货物、有生动植物货物、笨重长大货物、邮件货物、拖带运输货物和涉外货物等。

（2）货物分类的要求　由于物流无人机载重能力及续航时间有限，在进行货物分类时，一般选取按货物的包装形态分类中的件装货物，同时优先选择按货物的装运要求分类中的普通货物。

以 Y3 物流无人机为例，Y3MAX 由飞行器、遥控器及配套使用的 JD 地面站组成，是一款为专业物流配送及行业应用领域打造的 3 轴 6 旋翼飞行平台。该款无人机采用多动力冗余设计，以确保无人机的飞行安全。同时该款无人机具有模块化设计，所有飞行模块都可进行简易安装和更换，大大提高了工作效率。该款无人机还配备了定制的 JD-Y3MAX 飞控系统、惯性导航系统，拥有厘米级差分定位、激光雷达定高、智能避障等强大的功能。

该款无人机完全由京东自主研发，具有良好的气动布局设计和全自主装卸货功能，现已广泛应用于京东物流的终端战线，为用户带来了全新的体验。设计巧妙的折叠件方便收纳及运输，且有效缩短起飞前的准备时间。Y3MAX 目前的起飞重量为 28kg，载荷箱大小为 0.4m × 0.4m × 0.3m，抗风等级 6 级，续航时间 40min，可以搭配不同载荷应用于不同的应用场景，如航拍、农业植保、电力巡检、安保消防等。

因此，当货物包裹到达物流无人机配送站点时，需要对货物进行筛查，如图 8-1 所示。通常易碎、玻璃、酒水等类货物不取，液体类货物尽量不取，但也视货物包装情况具体而定，如图 8-2 所示。一般选取大小适宜、包装后尺寸不超过载荷箱大小的货物，如图 8-3 所示。同时，单件货物重量一般不超 5kg，如图 8-4 所示。

图 8-1　筛选物流无人机站点配送的货物

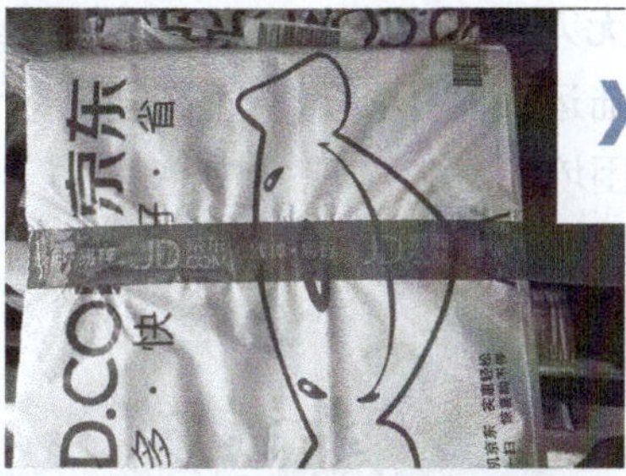

图 8-2　易碎类货物

装箱时合理摆放，注意货物重心尽量保持平衡，不可太偏，以免导致机身在飞行过程中倾斜，造成飞行安全隐患。

图 8-3　不符合载荷箱规划的货物

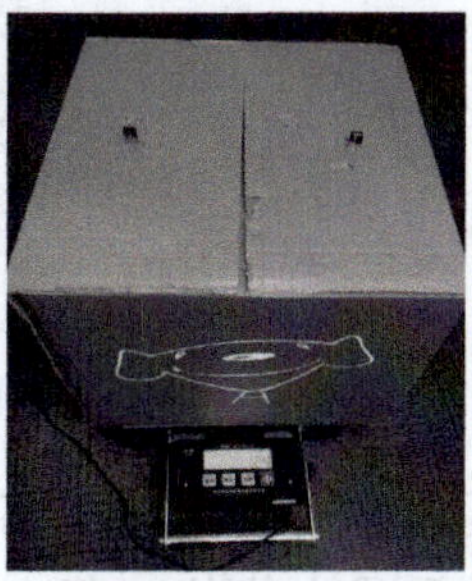

图 8-4　单件货物重量不超过 5kg

2. 无人机配送的应用场景

物流无人机的配送多用于最后一公里，最后一公里指的是将包裹从物流服务商最后一个配送网点送达给消费者的阶段，是人民群众对快递服务感受最深切最敏感的环节。标准化程度与效率双低的最后一公里物流配送，向来是物流中成本最高的环节，也是影响物流产业升级的短板。社会的需求，场景的需要，技术的积累，人口红利的消失，迎来了无人机时代的到来。

无人机在地形复杂山区以及城市末端配送等场景架起了空中物流通道。在物资运输压力剧增、无接触配送需求爆发的背景下，无人机展现出的便捷、安全、高效等配送价值令人瞩目。先是中国邮政速递物流水陆两栖无人机取得试飞成功，后是京东发布物流货运大型无人机，再有美团无人机在深圳常态化运营，为 7 个区域、8000 多户居民提供即时配送服务……这些尝试推动了无人机配送服务领域的发展。

目前，无人机配送主要是在农村地区进行试运行，原因有以下三点：一是从安全性考虑，二是因为农村的路况更复杂，三是农村用户具有分散的特点。同时，对社会来说，最关注其安全性，毕竟安全可靠高于一切，但无人机在物流领域的应用仍然存在安全性、稳定性等方面的待解问题，无人机技术产品还没有成熟到绝对安全的地步。无人机在偏远的深山中飞行，包括跨海飞行，因荒无人烟，并不影响公共安全。但城市中人口密度大，对飞行安全要求很高，无人机在配送过程中与城市障碍物发生碰撞的概率较大，如果出现事故，空中跌落造成的危害更大。另外，在无人机的配送应用中，噪声污染一直是不容忽视的难题，噪声大容易影响人口密集地城市的居民生活。

物流无人机在交通欠发达的地方是一个优势，特别是行政村到自然村的末端配送，摒弃了传统陆运线路迂回冗长、高耗低效的方式，优化了运输线路，破解了由乡镇到村庄配送不畅的困境，真正实现“快递进村”。京东物流无人机在农村配送如图 8-5 所示。

图 8-5　京东物流无人机在农村配送

无人机运输具有小批量、高频次的物流特点，在满足运载需求较低的偏远地区具有得天独厚的效率和成本优势。无人机可以在地形复杂山区、边远地区配送、跨海岛物流、边防哨所、应急救灾等场景开展立体应用，高海拔、低温度都成了无人机的应用场景，消除了物流盲区。

3. 货物打包处理

确认配送的包裹符合物流无人机载荷条件后，将包裹装入载荷箱。一般需要对配送的包裹用缓冲海绵垫进行四周全方位包裹，目的是起到缓冲保护作用，避免包裹受损，如图 8-6 所示。

图 8-6 四周包有缓冲海绵垫的包裹

货物打包处理步骤：

1）将配送包裹装入载荷箱，装箱时应合理摆放，以保证货物的重心不偏移。

2）若包裹本身重心不在中间，可适当增加配重物品调整装箱后的载荷箱的重心，使其保持平衡。

3）装箱完成后，需对已装箱好的载荷箱进行称重。

检查评议

根据本任务所学内容填写表 8-1。

表 8-1 物流无人机货物打包处理任务实施评价表

	任务名称	评分要求	满分	扣分	得分
评分标准	包裹装入载荷箱	装箱时合理摆放，保证货物的重心不偏移。检查人根据货物摆放情况及重心的稳定性打分	40 分		
	重心保持平衡	若包裹本身重心不在中间，可适当增加配重物品调整装箱后的载荷箱的重心，使其保持平衡。检查人根据调整的情况打分	40 分		
	称重	装箱完成后，需对已装箱好的载荷箱进行称重。检查人检查货物重量，其不能超出无人机的最大载重量	20 分		
合计总分			100 分		

任务小结

本任务介绍了物流无人机配送作业前的货物分类，以及目前物流无人机的货物配送范围和货物打包处理步骤，学生通过学习可对物流无人机配送前的作业内容有基本的认识。

课后训练

一、选择题（每题可能有一个或多个正确答案）

1. 件装货物以件数和重量承运，按其包装特点可分为（　　）。

A. 包装货物　　B. 裸装货物　　C. 散装货物　　D. 成组装货物

2. Y3MAX 是一款为专业物流配送及行业应用领域打造的 3 轴 6 桨飞行平台，拥有（　　）等强大的功能。

A. 厘米级差分定位　B. 激光雷达定高　　C. 智能避障　　D. 激光雷达定低

二、判断题（正确的画“√”，错误的画“×”）

1. 按照货物的包装形态进行划分，货物可分为件装货物、散装货物以及成组装货物三种类型。（　　）

2. 根据货物装运要求的不同，可以将货物分为普通货物和特殊货物两大类。（　　）

任务 2　安装物流无人机

任务描述

本任务将学习物流无人机在执行送货作业前的操作，要求学生能够按照操作规范对物流无人机进行载荷箱安装操作、电池安装与紧固操作以及遥控器对频操作，为物流无人机进行安全配送做好准备。

相关知识

1. 物流无人机载荷箱的安装

（1）Y3 无人机简介　本任务主要以 Y3 飞行器作为物流无人机进行示范演示。Y3 由飞行器、遥控器及配套使用的地面站组成，是一款为专业物流配送及行业应用领域打造的 3 轴 6 旋翼飞行平台，具体部件如图 8-7 所示。载荷箱挂钩如图 8-8 所示。

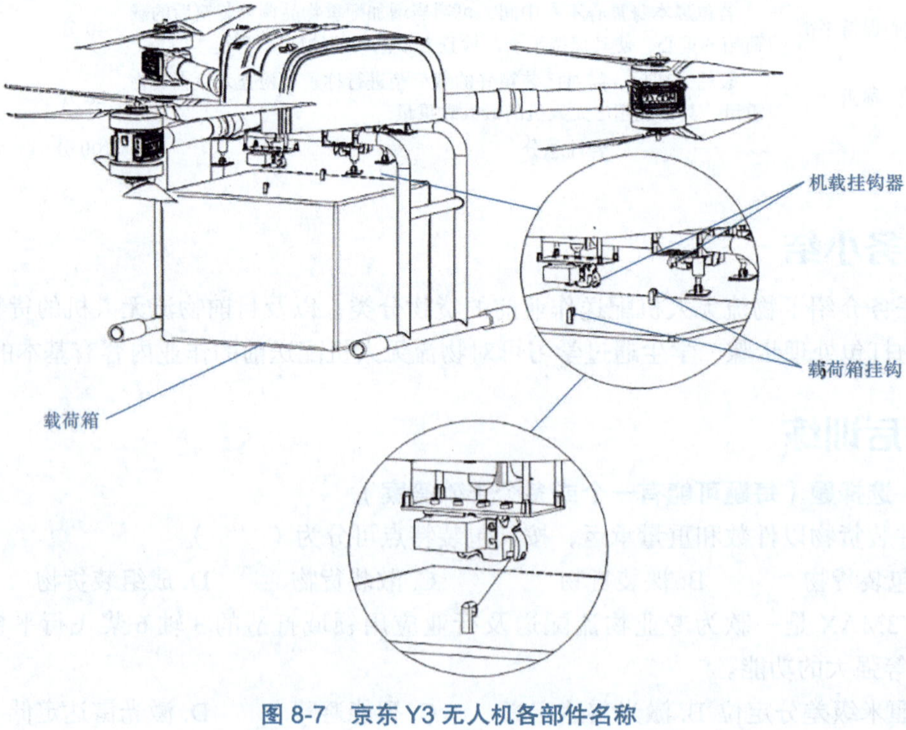

图 8-7　京东 Y3 无人机各部件名称

图 8-8　载荷箱挂钩

（2）载荷安装　Y3 无人机采用手动挂载、自动卸载的方式，故挂载载荷需手工操作。应将载荷箱上的挂钩水平而且要同时安装到机载挂钩器上，载荷不应超过 5kg。载荷安装过程如图 8-9 所示。在做好飞行前的准备工作后，就可以进行试飞和后续的载荷模拟测试了。

（3）载荷箱调试　物流无人机在完成以上载荷安装后，要注意载荷箱是否平稳。装有包裹的载荷箱，其平稳性直接影响飞行配送任务的成功率。为了保证载荷箱的平稳，Y3 无人机底部四周配有 4 个弹簧垫，如图 8-10 所示。

图 8-9　载荷安装过程

图 8-10　飞行器的弹簧垫装置

故可以适当调整 4 个弹簧垫来保证已经载荷的物流无人机起飞前是平稳的。当飞行过程中出现气压、风向、飞行转向等各种不确定因素时，弹簧垫可自我压缩调整进而起到减振作用，从而保证重心的稳定。

2. 物流无人机电池的安装

以 Y3MAX 系列无人机（见图 8-11）为例，飞控电池的安装过程如下：首先检查电池电量，在外形不受损坏的情况下，将 22000mA · h 高压电池按相应的顺序（电池 A ~ D）依次放入电池卡槽内。

具体安装步骤如下：

步骤 1：将卡扣 2 从机壳固定柱 6 抽出，取下机壳。

步骤 2：将电池卡扣从电池固定柱 6 抽出，取下电池盖板，将电池依次放入电池卡槽内。

步骤 3：将电池 A 插入接口 E，依此类推，B → F、C → G、D → H。

步骤 4：按照步骤 1、2 的反向操作将电池盖板和机壳安装固定，至此电池安装完毕。

3. 物流无人机遥控器的对频与使用

（1）Futaba 14SG 遥控器各部位名称　Futaba 14SG 遥控器各部位名称如图 8-12 所示。其中，1 通道：AIL 副翼，对应 J1 摇杆，微调 T1；2 通道：ELE 升降舵，对应 J3 摇杆，微调 T3；3 通道：THR 油门，对应 J2 摇杆，微调 T2；4 通道：RUD 方向舵，对应 J4 摇杆，微调 T4。

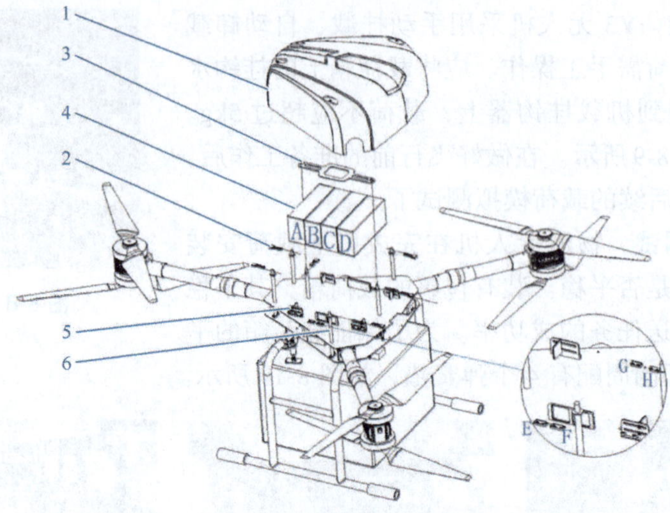

图 8-11　Y3MAX 系列无人机

1—机壳　2—卡扣　3—电池盖板　4—电池（A、B、C、D）
5—电源接口　6—机壳固定柱（XT90 接口 E、F、G、H）

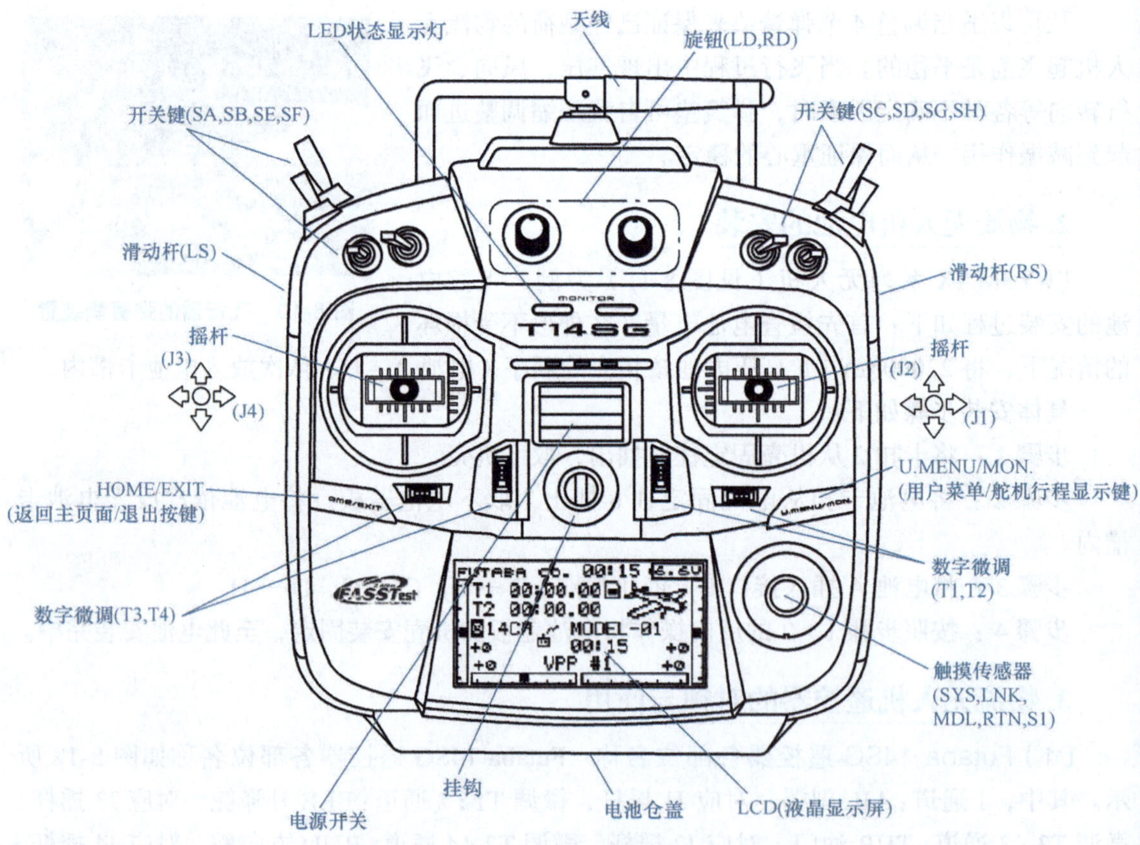

图 8-12　Futaba 14SG 遥控器各部位名称

（2）系统菜单　系统菜单如图 8-13 所示。

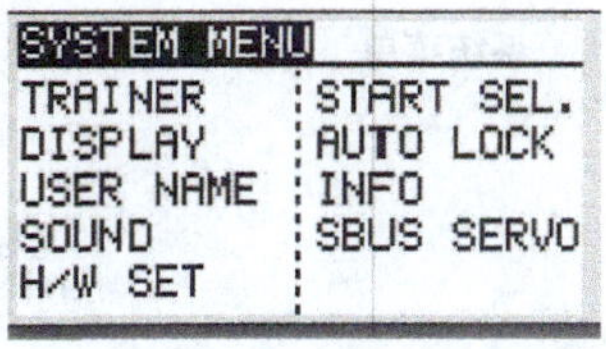

图 8-13　系统菜单

系统菜单各项的含义如下：

TRAINER（教练功能）：教练功能的启动和设置。

DISPLAY（显示设置）：LCD 屏的亮度和背景光的调整。

USER NAME（用户名）：用户名登录。

SOUND（声音）：警告音以及其他辅助提示音的打开和关闭。

H/W SET（H/W 设定）：H/W 反向调整功能，摇杆模式设定，开关设定。

START SEL.（开始选择）：快速选择功能，电源打开后立刻显示模型选择页面。

AUTO LOCK（自动锁定）：计时器锁定和启动锁定。

INFO（系统信息）：显示程序版本、SD 卡信息、产品 ID、语言选择。

SBUS SERVO（SBUS 舵机）：舵机的通道及其他设置。

系统菜单各项功能见表 8-2。

表 8-2　系统菜单各项功能

系统菜单	示意图
TRAINER	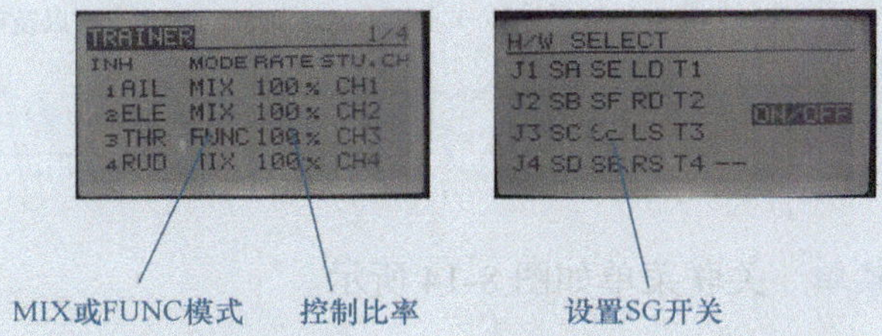
	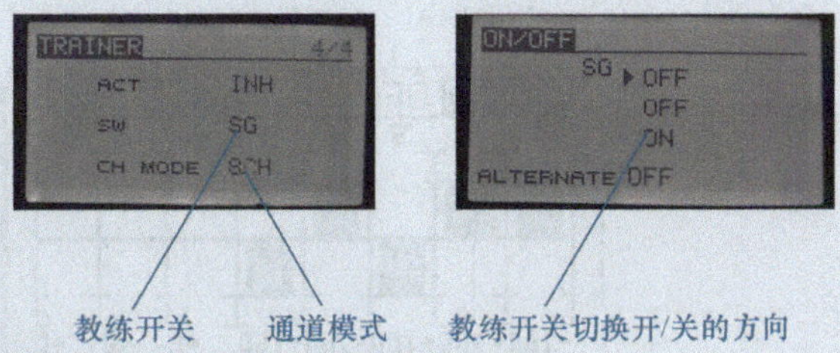
DISPLAY	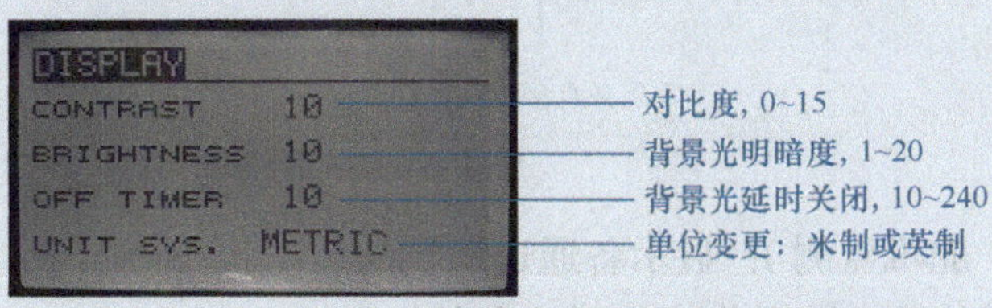
USER NAME	

（续）

系统菜单	示意图
SOUND	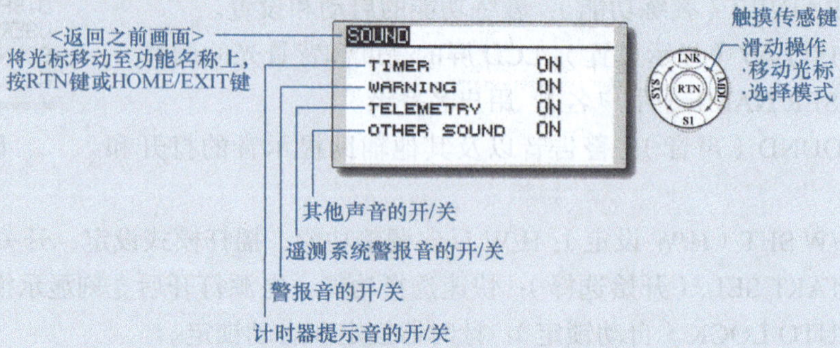
INFO	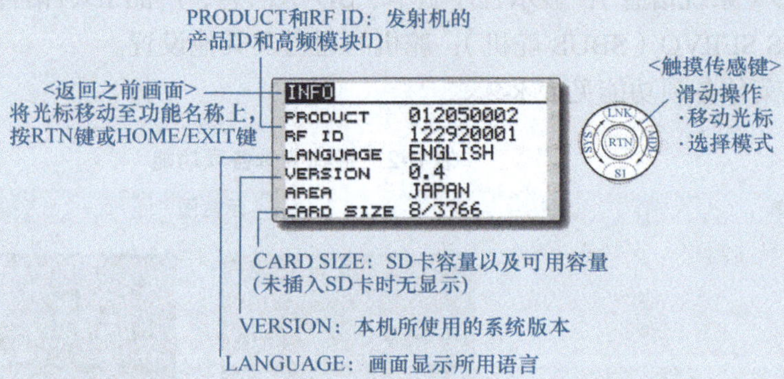

（3）关联菜单　关联菜单如图 8-14 所示。

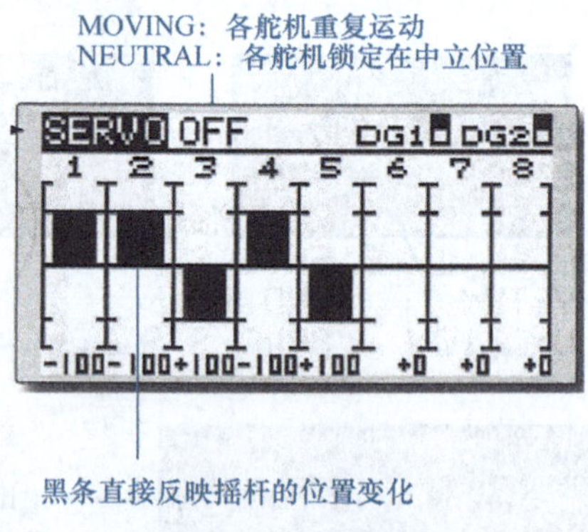

图 8-14　关联菜单

SERVO（舵机监测）：显示各通道舵机的运动状态。

（4）模型菜单　模型菜单各项的含义如下：

MODEL SEL.（模型选择）：模型的调用、添加、删除、复制和命名。

MODEL TYPE（模型类型）：模型飞机类型、机翼类型、开关类型和机翼布局等。

SYSTEM（系统设置）：各种发射模式、地区的选择。

FUNCTION（功能设置）：对通道分配并进行设定。

SUB-TRIM（中立微调）：调整每一个舵机的中立位置。

REVERSE（反向设置）：舵机运动方向反转。

FAIL SAFE（失控保护）：无线电失控或电池缺电警告时的保护动作设置。

END POINT（舵机行程量）：舵机最大行程设定（ATV）。

THR CUT（油门熄火开关）：关闭发动机或电动机的简单方法。

T1-T4 SET（微调设定）：数字微调的调节量和模式设定。

模型菜单各项功能见表 8-3。

表 8-3 模型菜单各项功能

模型菜单	示意图
MODEL SEL.	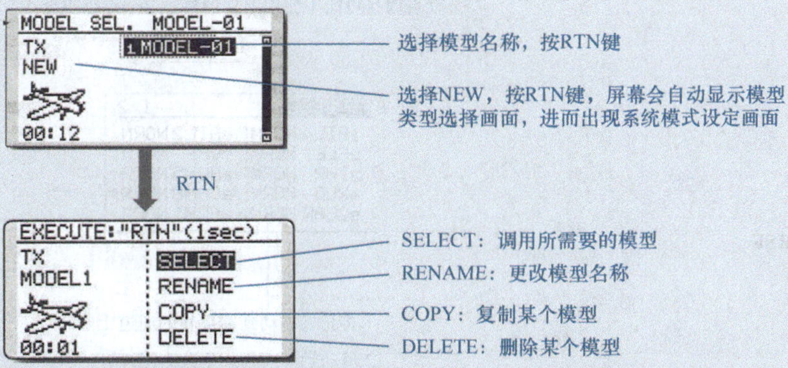
MODEL TYPE	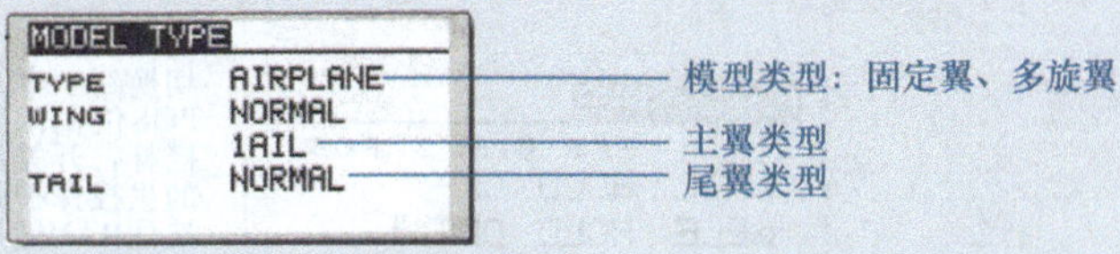
SYSTEM	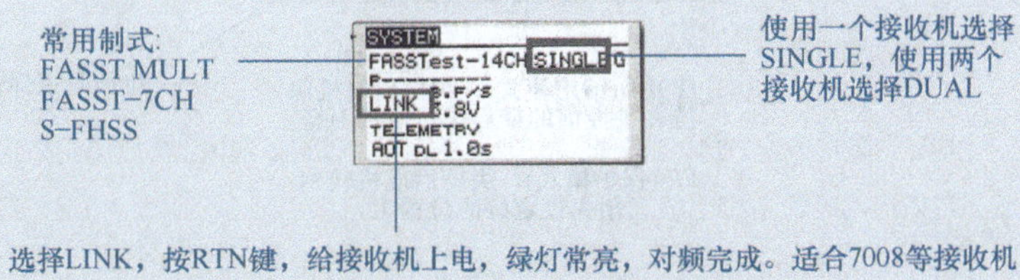
FUNCTION	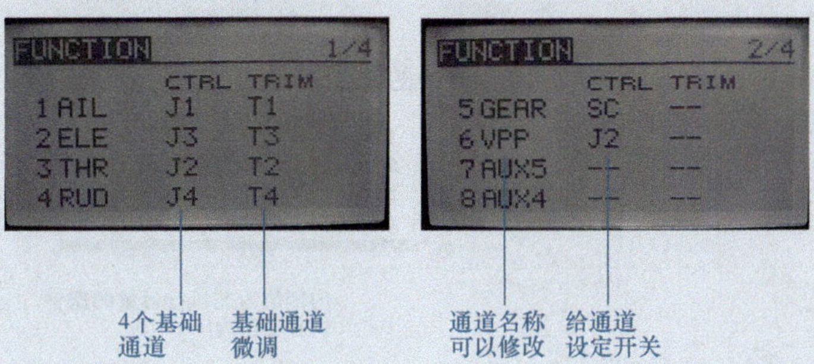

（续）

<table>
<tr><th>模型菜单</th><th>示意图</th></tr>
<tr><td>SUB-TRIM</td><td>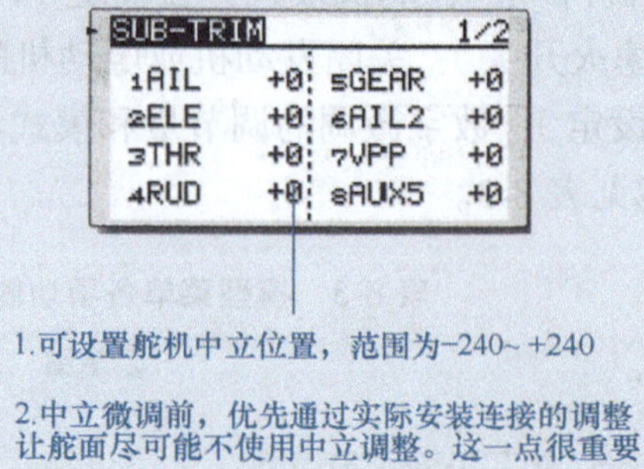
</td></tr>
<tr><td>REVERSE</td><td>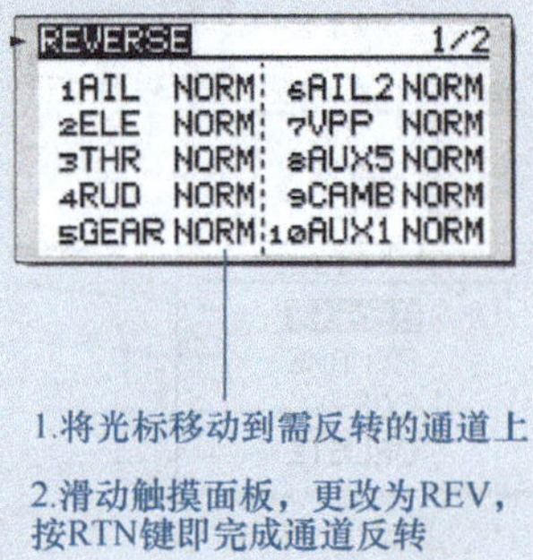
</td></tr>
<tr><td>FAIL SAFE</td><td>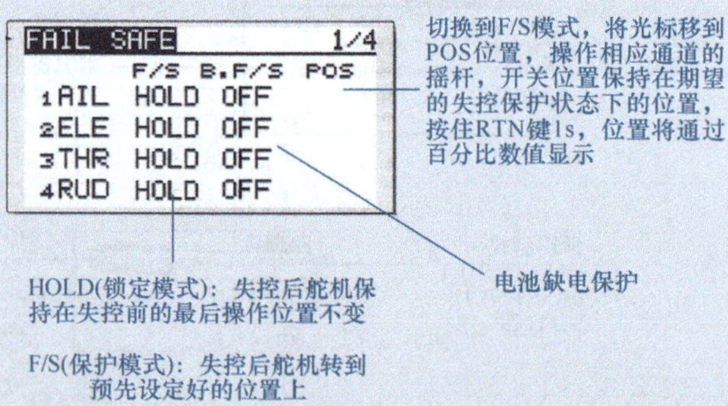
</td></tr>
<tr><td>END POINT</td><td>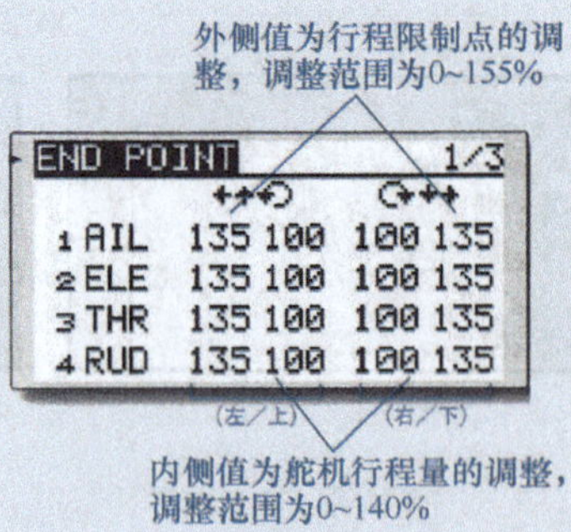
</td></tr>
</table>

（续）

模型菜单	示意图
THR CUT	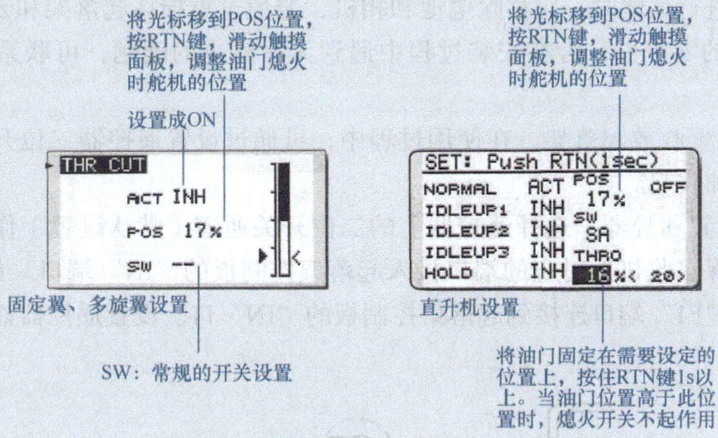
T1-T4 SET	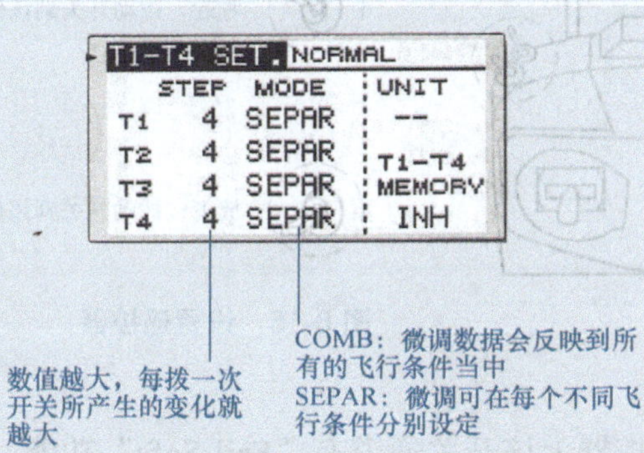

（5）外场实飞前的准备　高速旋转的螺旋桨可能会对人身、财产造成一定程度的伤害和破坏，因此在使用 Y3 无人机时，请务必注意安全。

安装 GPS 模块时，务必使用支杆安装，以避免中心架电源板干扰其正常工作。安装 IMU 时，确保 IMU 箭头朝向与飞行器机头朝向保持一致。接收机的天线一定要朝下且无遮挡，以避免无线信号因遮挡丢失而造成失控。同时还要确保机臂对应安装：

机臂（CCW）←→中心架 M1/M3/M5/M7

机臂（CW）←→中心架 M2/M4/M6/M8

不要轻易拧下已安装的螺钉（已使用螺钉胶），避免造成损坏。安装螺钉时，拧紧力度要适当；螺钉外层的蓝色胶体为一次性螺钉胶，首次使用无须再用其他螺钉胶。其他情况请使用适量螺钉胶。测试起落架或校准起落架舵机行程时，Y3 无人机必须悬空。

1）飞行注意事项。若电调未作防雨淋处理，雨雪天气时不要飞行。每次飞行前，务必检查电动机减振套件的减振胶垫是否完好，若存在破损或损坏，应及时更换，以免影响飞行器的飞行性能。请务必检查飞行器各零部件是否完好，如有部件老化或损坏，不要飞行。飞行前应检查螺旋桨和机臂安装是否正确和稳固，且折叠桨是否已展开。每次飞行前，都要检查并确保 ESC 信号线和电源线插头连接紧固可靠。飞行时要远离不安全因素，如障碍物、人群、儿童、建筑物、高压线、树木遮挡和水面等。一定要使用 6S 锂聚合物动力蓄电池。配合 DJI A2 飞控使用时，应先检测 A2 主控 M1 ~ M8 输出信号是否正常，以避免发生危险和损失。一定要在安全起飞重量下飞行，以免发生危险。在非工作状态或没有进行运输时，应移除电池和相机，避免过重损坏起落架和云台。一定要使用生产厂家提供的零配件，若在安装过程中遇到无法解决的问题，可联系生产厂家无人机客服人员。

2）设置收放起落架。在使用过程中，可通过设置遥控器二位开关通道，远程控制起落架放下和收起。

3）设置遥控器。选择遥控器上的二位开关通道（默认设置）作为起落架的控制输入即可，确保接收机上对应的端口接入起落架控制板的“IN”端口。如果使用 A2 飞控，则确保主控“F1”端口连接到起落架控制板的“IN”口。设置遥控器如图 8-15 所示。

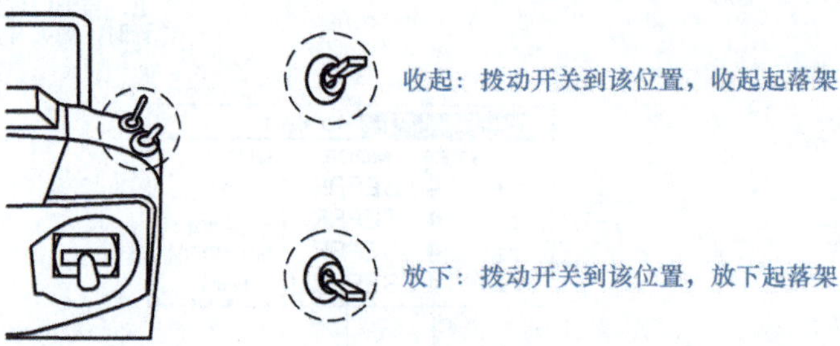

图 8-15　设置遥控器

说明：如果遥控器上该开关通道有“Fail Safe”功能，应将其设置为“放下”档，可保证接收机启动失控保护措施后，飞行器起落架处于“放下”状态，确保飞行器稳定着陆。为防止误触发遥控器开关而导致损失，也可选用遥控器两侧的襟翼控制钮或者其他旋钮开关作为起落架控制开关。

使用步骤：确保遥控器、接收机的电池电量充足。将遥控器开关拨到“放下”位置，开启遥控器。确保“R”“L”和“IN”连接正常并且牢靠。确保起落架处于放下状态，再连接电池。通电后如果起落架控制板的 LED 绿灯常亮，启动正常。如果起落架控制板的 LED 绿灯慢闪，应重新进行舵机行程校准。一定要在起飞后再将开关拨到“收起”位置，使起落架两边支撑管向上收起。飞行器准备降落时，请将开关拨到“放下”位置，使起落架两边支撑管向下放下。

注意：使用过程中，到达目标位置 3s 后，系统会暂时关断舵机电源。通电时如果遥控器开关置于“收起”位置，则系统认为此时输入信号为不安全值，LED 红灯将快闪提示，此时需将遥控器开关拨到“放下”位置。如果“IN”端口输入信号异常或无信号输入，LED 红灯将慢闪提示，此时需检查接收机和连接线。如果使用过程中舵机受到外界阻力导致功率过高，LED 红灯将常亮。若此状态持续 4s 以上，起落架将放下并绿灯慢闪，则系统需要重新校准。如果使用 A2 飞控，还可以使用 A2 调参软件，在设置页面下设置“智能起落架”，详细设置步骤和使用方法可参考 A2 飞控用户手册。

4）收放起落架指示灯描述，见表 8-4。

表 8-4　收放起落架指示灯描述

系统工作情况	指示灯情况
系统正常工作	绿灯常亮
系统未校准	绿灯快闪
系统需要重新校准	绿灯慢闪
校准错误	黄灯常亮
进入校准模式	黄灯快闪
系统校准中	黄灯慢闪
舵机堵转	红灯常亮
开机时输入信号为不安全值	红灯快闪
输入信号异常	红灯慢闪

5）舵机重新校准行程。为确保安全，校准过程中应保持手和其他部位远离连杆机构，避免受到伤害。确保“R”“L”和“IN”连接正常并且牢靠。由于校准过程起落架会移动，在校准过程中应将起落架悬空。利用辅助工具先按住按键，再连接电池通电。此时 LED 黄灯快闪，再按一次按键，LED 黄灯慢闪，开始校准行程。校准过程中不要阻碍任何运动部件。先校准左边行程，左边连杆机构自动地先向上移动再放下；再校准右边行程，右边连杆机构自动地先向上移动再放下。校准完成后，两边支撑管都处于放下状态，LED 绿灯常亮，起落架可以正常使用。

若校准过程中黄灯常亮，则表示校准错误，应检查舵机是否按照要求进行安装。校准过程中一定要避开阻碍物，一旦起落架在运动过程中受到干扰，应执行上述步骤重新校准。如果“R”和“L”连线接反，将无法正确测量行程，应执行上述步骤重新校准。舵机出厂时已经完成行程校准，如非必要用户不需进行校准。

检查评议

根据本任务所学内容填写表 8-5。

表 8-5　物流无人机测试起落架或校准起落架舵机任务实施评价表

	任务名称	评分要求	满分	扣分	得分
评分标准	飞行注意事项	1. 若电调未作防雨淋处理，雨雪天气时不要飞行 2. 每次飞行前，应检查电动机减振套件的减振胶垫是否完好 3. 飞行前应检查飞行器各零部件是否完好，如有部件老化或损坏，不要飞行 4. 飞行前应检查螺旋桨和机臂安装是否正确和稳固，并且折叠桨是否已展开 5. 每次飞行前，都要检查并确保 ESC 信号线和电源线插头连接紧固可靠 6. 飞行时应远离不安全因素，如障碍物、人群、儿童、建筑物、高压线、树木遮挡和水面等	60 分		

（续）

	任务名称	评分要求	满分	扣分	得分
评分标准	设置收放起落架	在使用过程中，可通过设置遥控器二位开关通道，远程控制起落架放下和收起	10分		
	设置遥控器	选择遥控器上的二位开关通道（默认设置）作为起落架的控制输入即可，确保接收机上对应的端口接入起落架控制板的“IN”端口	10分		
	收放起落架指示灯描述	能正确认出系统工作情况时指示灯的状态	10分		
	舵机重新校准行程	为确保安全，校准过程中应保持手和其他部位远离连杆机构，避免受到伤害	10分		
合计总分			100分		

任务小结

本任务重点介绍了物流无人机进行载荷箱安装、电池安装与紧固、遥控器对频作业的内容与步骤，要求学生能够根据操作的内容和步骤对物流无人机进行载荷箱安装、电池安装与紧固、遥控器对频作业。

课后训练

一、选择题（每题可能有一个或多个正确答案）

1. Y3 飞行器由（　　）、（　　）及配套使用的地面站组成，是一款为专业物流配送及行业应用领域打造的（　　）飞行平台。

A. 飞行器，遥控器，3 轴 4 旋翼　　B. 飞行器，遥控器，3 轴 6 旋翼

C. 飞行器，遥控器，4 轴 8 旋翼　　D. 飞行器，遥控器，4 轴 6 旋翼

2. 进行载荷安装时，Y3 无人机采用（　　）的方式，故挂载载荷需手工操作。

A. 手动挂载　　B. 自动卸载　　C. 自动挂载　　D. 手动卸载

二、判断题（正确的画“√”，错误的画“×”）

1. 高速旋转的螺旋桨可能会对人身、财产造成一定程度的伤害和破坏，因此在使用 Y3 无人机时，一定要注意安全。（　　）

2. 若校准过程中红灯常亮，则表示校准错误，应检查舵机是否按照要求进行安装。（　　）

3. 飞行时应远离不安全因素，如障碍物、人群、儿童、建筑物、高压线、树木遮挡和水面等。（　　）

4. 物流无人机在完成载荷安装后，要注意载荷箱是否平稳。装有货物的载荷箱，其平稳性直接影响飞行配送任务的成功率。（　　）

任务 3　物流无人机运营前检查

任务描述

本任务将学习物流无人机运营前检查相关知识，要求学生能够按照操作规范对物流无人机进行机身检查、重量与配平检查、动力蓄电池和基站电池电量检测、辅助定位系统校准及飞行环境确认，为物流无人机安全起飞做好准备。

相关知识

1. 物流无人机机身检查

1）飞行前进行全面的设备检查：部件的衔接是否牢靠（检查螺旋桨和发动机是否安装正确和稳固，并确认正旋和反旋螺旋桨安装位置正确），布线是否安全，机载设备是否工作正常（详细检查内容请参照飞行前检查单）。

2）对遥控器的检查：检查遥控器操控模式（美国手、日本手、中国手等）、信号连接情况、电量是否充足、各键位是否复位、天线位置等。

3）对地面站的检查：地面通信、操作系统（地面站）工作是否正常。

4）不得超载：在标准海平面相对高度为 100m、载重量最大为 5kg。

5）每次飞行前，一定要检查各零部件是否完好。

6）务必使用 22000mA · h 高压飞行电池。

7）切勿贴近或接触旋转中的电动机或螺旋桨，避免被旋转中的螺旋桨割伤。

8）无人机要在视线范围内飞行，时刻保持对无人机的控制（除任务飞行外）。

9）在 GPS 信号良好的情况下飞行。

10）遵守当地法律法规（不要在禁飞区飞行，如机场附近、军事基地周边等）。

11）无人机的开关机顺序。开机顺序为先开启遥控器，后开启飞机。关机顺序为先关闭飞机，后关闭遥控器。以上顺序非常重要，一定不要搞反了，不然会导致无人机失控。

12）填写飞行前检查单（见表 8-6）。

表 8-6　Y3 系列无人机飞行前检查单

运营机飞行前检查单				版本号	型号	出厂编号	月份
				Rev V1.2			
序号	点检内容		日期 架次				
1	结构部分	机架（是否松动）					
2		机架螺钉（是否松动）					
3		折叠件（是否松动）					
4		机臂碳管与管夹（是否有裂痕）、铆钉（是否松动）					

（续）

序号	点检内容		日期 / 架次									
5	结构部分	电动机与底座固定的螺钉（是否松动）										
6		电动机状态（是否顺滑）										
7		电动机与桨的固定螺钉（是否拧紧）										
8		桨（是否有裂纹）、桨的翼尖（是否破损）										
9		载具结构件（是否损伤松动）、拉杆（是否顺滑正常开关）										
10		飞控模块及连接线（是否松动）										
11		GPS 天线、差分天线（是否松动或有损伤）										
12		激光定高模块（是否松动或有损伤，是否有灰尘遮挡）										
13	遥控器	遥控器电压（是否大于 6V）										
14		遥控器发射制式为 14CH										
15		模型类型（固定翼）										
16		模型名称（是否已设置名称）										
17		若为日本手（FUNCTION），则 1：J1、2：J3、3：J2、4：J4、5：模式开关 SE（1 档为手动、3 档为 GPS）、6：SG、7：SB、8：RD										
18		遥控器失控保护：3（F/S ON +0%）、7（F/S ON −135%）										
19		REVERSE（3、5、6、7、8 为 REV，其他为 NORM）										
20	飞行状态	飞控状态（各传感器）：俯仰、横滚、航向、加速度、雷达										
21		地面不起飞试舵：油门、俯仰、横滚										
22		手动飞行测试：起降、俯仰、横滚、航向										
23		GPS 模式悬停状态：定点无漂移										
24		模式切换检查（GPS、手动）										
25		遥控器 RD 开关是否在中位（自动卸货档位）										
26		飞行测试后关闭遥控器，SE 开关在 GPS 档位，油门保持中位										
驾驶员		签字确认										
说明	1. 每架次飞行前完成检查 2. 如果有 2 个驾驶员，需同时确认											

2. 物流无人机重量与配平检查

（1）了解纵向配平、稳定性和重心 无人机的重心位置对其稳定性和安全性非常重要。重心是一个点，且不是固定的，它的位置取决于重量在无人机上的分布。随着装载对象被移动或者被消耗，重心的位置会发生变化。

无人机的配平主要考虑重心沿纵轴的前后位置。不适当的重心位置会导致无人机出现不稳定状态。重心相对横轴的参考位置也很重要。当无人机相对于纵轴左右重量不平衡时，可以通过调整副翼配平片或者在飞行时保持持续的副翼控制压力来抵消发生的不平衡状态。然而，在这种状态下，无人机的飞行是非线性的，不平衡状态会增加阻力，飞行效率也会降低。

（2）物流无人机重量与配平调整

1）货物周边及上下用缓冲海绵垫包裹。

2）装箱时合理摆放，重心不偏移。

3）可适当增加配重物品以保持平衡。

4）装货完成封箱称重并记录在当前架次运营记录单中。

注意：不得超载，在标准海平面相对高度为 100m、载重量最大为 5kg。

3. 物流无人机动力蓄电池和基站电池电量检测

（1）电池电量检测　物流无人机的电池电量主要是通过测电器进行测量的，不论物流无人机在进行飞行操作前还是充电前都需要进行电池电量测量。以京东 Y3 物流无人机为例，无人机飞行前的电池电量测量如图 8-16 所示。电池满电是 4.2V，充满电的电池不能满电保存超过 24h。如果超过一个星期不放电，有些电池就直接鼓包，有些电池可能暂时不会有反应，但在经过几次满电保存后或者大电流充放电后，电池可能会直接报废。因此，正确的方式是，在接到飞行任务后再充电，电池使用后如在 24h 内没有飞行任务，应将单片电压充至 3.8 ~ 3.9V 保存。对于充满电后因各种原因没有使用的情况，需要在充满后 24h 内把电池放电到 3.8 ~ 3.9V 保存。保存期间，如在 3 个月内没有使用电池，应将电池充放电一次后继续保存（注意保存电压为 3.8 ~ 3.9V），这样可延长电池的使用寿命。电池应放置在阴凉的环境下储存，建议环境温度为 10 ~ 25℃且干燥、无腐蚀性气体。长期存放电池时，最好能放在密封袋中或密封的防爆箱内。

图 8-16　电池电量测量

低电压报警器（BB 响）如图 8-17 所示，它又称为电压显示器，主要有电压显示和低电压报警两个功能，用于 1 ~ 8S 锂电池检测，可自动检测锂电池每个电芯的电压和总电压，支持反向连接保护。它可以随时随地了解电池的工作状态，使电池不会因为过放电或过充电而造成伤害。当电压低于设定值时，蜂鸣器就会响起，并且红色 LED 灯会闪烁。

（2）物流无人机基站电量检测　在规模较大的无人机系统中，可以有若干个基站，这些不同功能的基站通过通信设备连接起来，构成无人机基站系统。

物流无人机基站的结构示意图如图 8-18 所示，其中相应指示数字代表部件的功能说明见表 8-7，其实物图如图 8-19 所示。

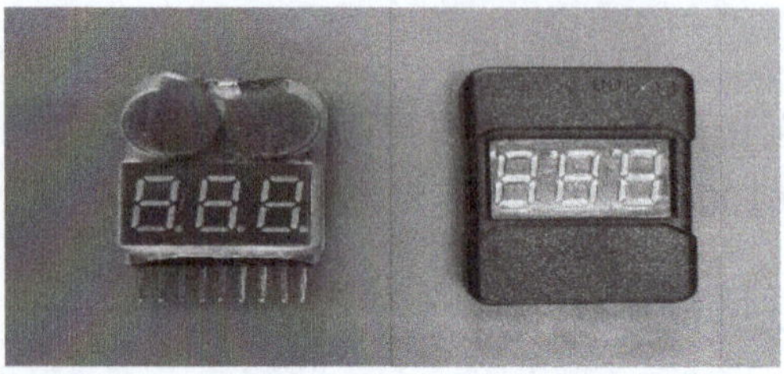

图 8-17　低电压报警器（BB 响）

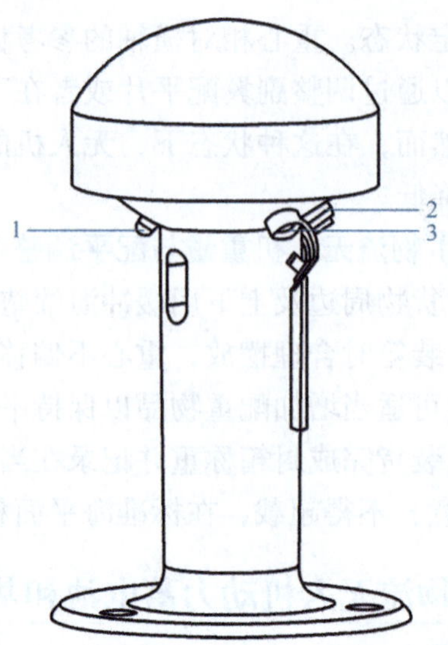

图 8-18　物流无人机基站的结构示意图

表 8-7　相应部件的功能说明

指示数字	部件名称	功能说明
1	指示灯	①基站刚开机时可根据指示灯闪烁次数判断剩余电量，1 次为 25%，2 次为 50%，3 次为 75%，4 次为 100%，闪烁完成后指示灯常亮 ②指示灯重新闪烁后，亮 1s 灭 1s 为正在定位 ③指示灯亮 3s 灭 3s，表示正在发送 RTK（实时动态差分）信号，可开始正常使用
2	天线连接口	连接天线
3	充电接口	充电线接入后，指示灯首先会常亮，然后开始闪烁（代表开始充电），当指示灯重新常亮时代表充满电

基站在架设时的注意事项如下：

1）不建议边充电边使用，满电状态下续航时间可长达 8h。

2）若电量低于 10% 可能会出现 RTK 信号不稳定。

基站在架设时，吸盘天线单独架设效果最好；若吸盘天线远离基站与电源线，考虑使用的时间，可配移动电源进行充电。正确的基站架设示意图如图 8-20 所示。

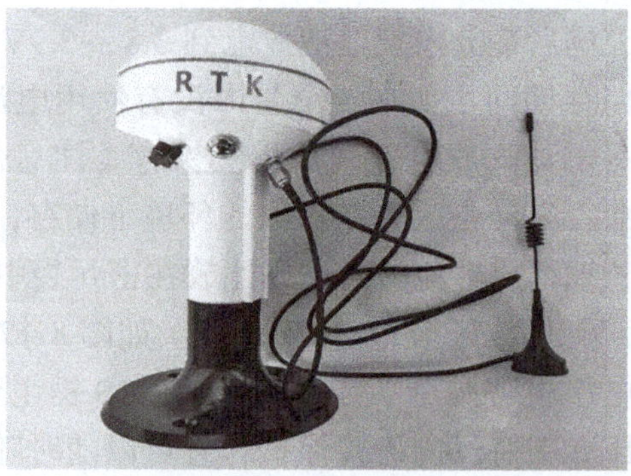

图 8-19　基站实物图

吸盘天线与基站及电源线过近，均是错误的架设。错误的基站架设示意图如图 8-21 所示。

4. 物流无人机辅助定位系统校准

（1）对地面的检查

1）地面通信是否顺畅。

2）操作系统（地面站）工作是否正常。

3）天线是否紧固。

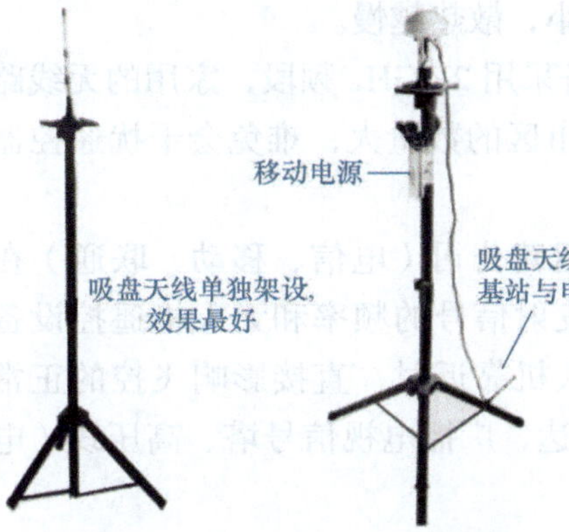

图 8-20　正确的基站架设示意图

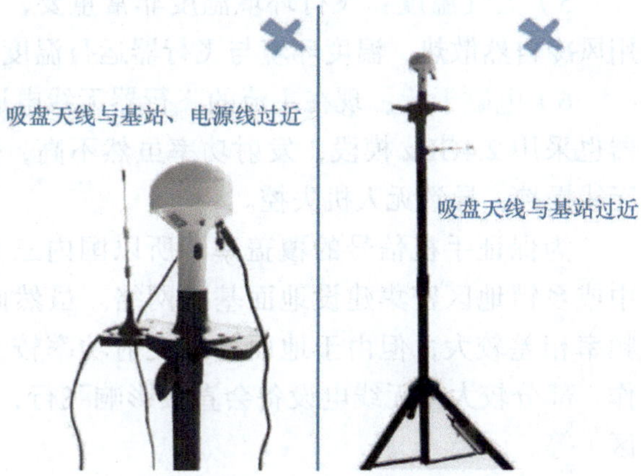

图 8-21　错误的基站架设示意图

注：图中的支架与移动电源为选配产品。

（2）通信检查-GPS

1）通信检查 - 地面站灯的状态。

2）地面站 - 导航检查 - 三轴姿态。

（3）地面站检查

1）地面站 - 导航检查 - 陀螺仪、加速计、罗盘、声呐、GPS。

2）地面站 - 控制检查 - 飞行检查。

3）地面站 - 控制检查 - 失控保护。

4）地面站 - 控制检查 - 航线检查。

5）地面站 - 控制检查 - 关键参数检查。

6）混控检查 - 点检站检查电动机正反转。

7）混控检查 - 解锁，遥控器手动检查混控。

8）混控检查 - 姿态模式与悬停模式是否正常。

5. 物流无人机飞行环境确认

（1）天气查询　飞行前一天应该确认天气情况（查询次日天气），并进行运营调整。

（2）环境观察　影响无人机飞行的气象环境主要包括风速、雨雪、大雾、空气密度、大气温度和电磁干扰等。

1）风速：建议飞行风速在 4 级（5.5 ~ 7.9m/s）以下，遇到楼层或者峡谷等注意突风现象。通常无人机起飞重量越大，抗风性越好。

2）雨雪：市场上多数无人机设备无防水功能，故雨雪形成的水滴会引发飞行器电子电路部分短路或漏电的情况；其机械结构部分零件为铁或钢等金属材料，进水后会腐蚀或生锈，影响机械运动正常运行。

3）大雾：主要影响操作人员的视线和镜头画面，难以判断实际安全距离。

4）空气密度：大气层空气密度随着海拔的增加而减小。在空气密度较低的环境中飞行，升力减小从而载重也降低。

5）大气温度：飞行环境温度非常重要，主要不利于发动机等散热。大多数无人机采用风冷自然散热，温度环境与飞行器运行温度温差越小，散热越慢。

6）电磁干扰：现在主流的飞行器无线电遥控设备采用 2.4GHz 频段，家用的无线路由器也采用 2.4GHz 模段，发射功率虽然不高，但是城市区的数量大，难免会干扰遥控器的无线操控，导致无人机失控。

为保证手机信号的覆盖率，所以国内三大电信运营公司（电信、移动、联通）在城中或乡镇地区密集建设地面基站网络。虽然此无线发射信号的频率和无人机遥控设备的频率相差较大，但由于地面基站发射功率较大，无人机靠近时，直接影响飞控的正常工作。部分较大型无线电设备会直接影响飞行，例如雷达、广播电视信号塔、高压线（电弧区）等。

另外，尽量避免在人群稠密或闹市区飞行，例如城市上空、公园、树木较多、空间狭小的地方等。注意地面相对环境的变化，起飞和降落时，注意小孩、宠物的位置。

检查评议

根据本任务所学内容填写表 8-8。

表 8-8　物流无人机飞行环境确认实施评价表

	任务名称	评分要求	满分	扣分	得分
评分标准	天气查询	飞行前一天应该确认天气情况（查询次日天气）。未做提前确认，扣此项任务分	10 分		
	环境观察	影响无人机飞行的气象环境主要包括风速、雨雪、大雾、空气密度、大气温度和电磁干扰等。未做一项检查扣 10 分，扣完为止	50 分		
	其他注意事项	注意与地面基站保持距离。尽量避免在人群稠密或闹市区飞行，例如城市上空、公园、树木较多、空间狭小的地方等。注意地面相对环境的变化，起飞和降落时，注意小孩、宠物的位置。出现以上现象，扣此项任务分	40 分		
合计总分			100 分		

任务小结

本任务介绍了物流无人机运营前检查相关知识，包括机身检查、重量与配平检查、动力电池和控制站电池电量检测、辅助定位系统校准及飞行环境确认，为物流无人机安全起飞做好准备。

课后训练

一、选择题（每题可能有一个或多个正确答案）

1. Y3 的开机顺序是先开启（　　），后开启（　　）；关机顺序是先关闭（　　），后关闭（　　）。

A. 遥控器，飞机，飞机，遥控器　　B. 飞机，遥控器，飞机，遥控器

C. 遥控器，飞机，遥控器，飞机　　D. 遥控器，飞机，飞机，油门

2. 电池满电是 4.2V，充满电的电池不能满电保存超过（　　）h。

A. 6　　B. 12　　C. 24　　D. 48

3. 保存期间，如在（　　）个月内没有使用电池，应将电池充放电一次后继续保存（注意保存电压为 3.8 ~ 3.9V），这样可延长电池的使用寿命。

A. 1　　B. 3　　C. 6　　D. 12

4. 电池应放置在阴凉的环境下储存，建议环境温度为（　　）且干燥、无腐蚀性气体。长期存放电池时，最好能放在密封袋中或密封的防爆箱内。

A. 10 ~ 25℃　　B. 15 ~ 25℃　　C. 5 ~ 25℃　　D. 0 ~ 25℃

二、判断题（正确的画"√"，错误的画"×"）

1. 无人机的配平主要考虑重心沿纵轴的前后位置。不适当的重心位置会导致无人机出现不稳定状态。（　　）

2. 无人机相对于纵轴左右重量不平衡时，可以通过调整副翼配平片或者在飞行时保持持续的副翼控制压力来抵消发生的不平衡状态。（　　）

3. 影响无人机飞行的气象环境主要包括风速、雨雪、大雾、空气密度、大气温度和电磁干扰等。（　　）

4. 长时间存放时，应将电池充放到存储电压，每隔 3 个月时间充放一次。（　　）

三、简答题

1. 物流无人机机身检查包括哪些方面？

2. 物流无人机重量与配平调整有哪些注意事项？

单元 9

物流无人机视距内基础飞行

【内容概览】

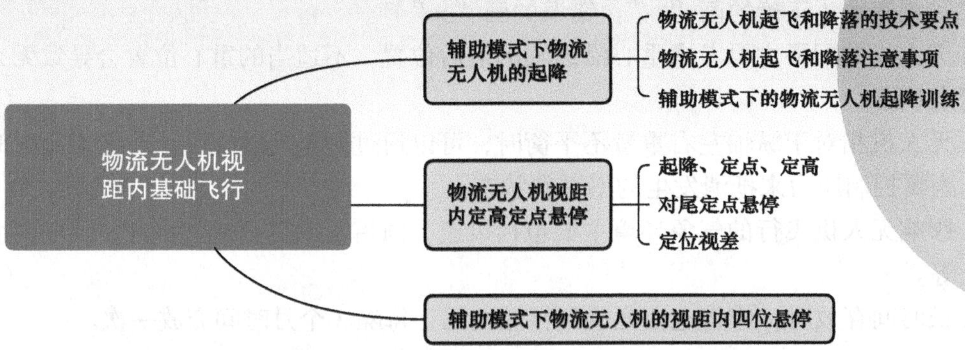

【知识目标】

1. 掌握物流无人机起飞和降落的技术要点。
2. 了解物流无人机视距内起降的含义和注意事项。
3. 掌握无人机定高悬停的技术要点。

【技能目标】

1. 能安全操纵辅助模式下的物流无人机起飞。
2. 能安全操纵辅助模式下的物流无人机降落。
3. 能安全操纵辅助模式下的无人机视距内定高定点悬停。
4. 能安全操纵辅助模式下的物流无人机视距内四位悬停。

【素养目标】

1. 培养学生的敬业精神和对物流无人机操作工作的热爱。
2. 培养学生吃苦耐劳、严谨认真、细心谨慎的工作态度。

任务 1 辅助模式下物流无人机的起降

任务描述

本任务将学习物流无人机常用的几种飞行模式，要求学生学会操控物流无人机在 GPS 辅助模式下进行起飞和降落。本任务在前期掌握外场实飞准备工作的基础上，开始进一步学习在辅助模式下，无人机保持对尾姿态进行起降的操作技术，需要注意并熟悉各个舵面和对应摇杆的动作含义，注意感受舵量的大小和无人机的灵敏度，掌握操纵无人机平稳起降的安全要点。

相关知识

1. 物流无人机起飞和降落的技术要点

物流无人机视距内起降，是指物流无人机在驾驶员或观测员与物流无人机保持直接目视视觉接触的范围内进行起飞、降落，且该范围为目视视距内半径不大于 500m，人机相对高度不大于 120m。

（1）起飞　起飞示意图如图 9-1 所示。

1）操作者距离起降点 5～10m，保持无人机对尾姿态。

2）内八解锁飞控。

3）从最低位缓慢推动油门使无人机垂直起飞，即便油门已经推动一定距离，如果无人机仍未起飞，也要继续保持缓慢推动，以防由于油门过大而无法控制无人机。

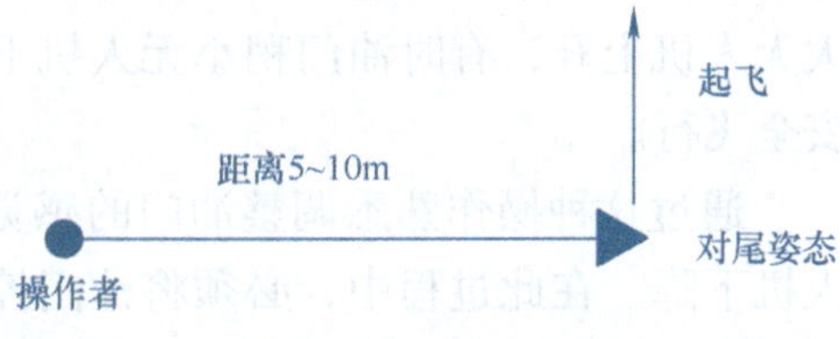

图 9-1　起飞示意图

4）当无人机起飞上升至水平视线基准以上、仰角 30° 以内的规定高度后，适当降低油门，使其约位于中立偏上位置附近，并适时小幅微调，以保持无人机高度稳定。

5）起飞过程中适时根据机身水平位移和风力情况操作俯仰舵和副翼，使无人机保持垂直上升。

6）悬停 5s。

（2）降落　降落示意图如图 9-2 所示。

1）眼睛余光观察降落点位置，判断地面是否平整安全。

2）缓慢降低油门，使无人机匀速平缓下降。

3）下降过程中应注意稳定无人机姿态，根据需要适当微调方向舵、俯仰舵和副翼。

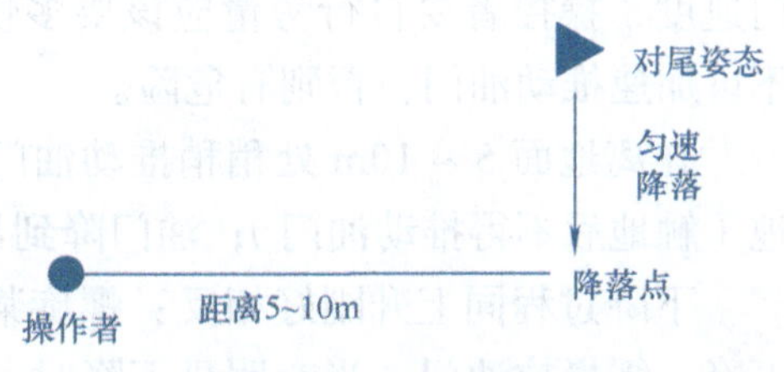

图 9-2　降落示意图

4）无人机下降至离地 5 ~ 10m 时，稍微向上推动油门，减缓下降速度，然后再次降低油门直至无人机触地。

5）无人机触地后不得再次推动油门，应持续压住油门使其在最低位置，直至锁定飞控，电动机停转。

2. 物流无人机起飞和降落注意事项

（1）物流无人机起飞注意事项 物流无人机进行起飞降落训练时，首先要求操作人员确认飞行环境是否允许，保证所有人员距离无人机有一个安全的距离（建议 5m 以上）。操作人员在飞行训练时尽量保证站在无人机机尾正后方，使物流无人机机头方向与操作人员站立方向一致，并且在合适的距离操作无人机。

起飞与降落是飞行过程中首要的练习方式，至关重要；降落较起飞而言，难度更大、操作更复杂，需多次练习方可掌握。进行升降练习不仅可以练习对油门的控制，还能练习稳定飞行。

在起飞和降落的操控中，还需要注意保证物流无人机的稳定，无人机的摆动幅度不可过大，否则降落和起飞时，有打坏螺旋桨的可能。

起飞时，要缓慢推动油门，即使已经推动一点儿距离，若电动机还没有起动，也要慢慢来。应垂直起飞，这样可以防止由于油门过大而不好控制无人机，导致侧翻，发生炸机事件。在起飞后，不能保持油门不变，当飞行器达到一定高度（一般离地 1m）后开始降低油门，并不停地调整油门大小，使无人机在一定高度内上下徘徊。这是因为有时油门稍大无人机上升，有时油门稍小无人机下降，必须控制油门才能使无人机在一个安全高度下安全飞行。

通过这种操作熟悉调整油门的感觉，即油门稍大使得无人机上升，或者油门稍小让无人机下降。在此过程中，必须将油门控制在可以让无人机保证安全的飞行高度。在起飞时需要注意保证无人机的稳定，飞行器的摆动幅度不可过大，否则会打坏螺旋桨。

（2）物流无人机降落注意事项 降落是练习初期最难掌握的操控技术，所以要多加练习，更要胆大心细。

当物流无人机返航降落时，首先要确保降落地点没有人及障碍物，然后才能降落。无人机降落之后需等电动机上锁后取下外壳，先断开动力蓄电池，再断开飞控电源（切记不要先断开飞控电源再断动力蓄电池）。

降落时，同样需要注意操控顺序。降低油门，使飞行器缓慢接近地面。在这个过程中如果下降的高度太大，或者快要接近地面但是无人机无法停止下降时，就需要加快推动油门速度（操控者要自行考量应该要多快）。一定要注意查看飞行器姿态，若过于偏斜，则不可加速推动油门，否则有危险。

在离地面 5 ~ 10m 处稍稍推动油门，降低下降速度；然后再次降低油门直至无人机触地（触地后不得推动油门）；油门降到最低，待电动机全部停转之后锁定飞控。

下降过程同上升刚好相反：螺旋桨转速降低当飞行器稳定悬停并到达足够高度时开始下降，缓慢拉油门；当有明显下降时，停止拉油门，这时无人机还会继续下降（切忌飞行器过于接近地面)；到达一定高度时推油门，直到其停止下降。这时会出现与上升操作时类似的情况，经过反复操作，即可稳定。

3. 辅助模式下的物流无人机起降训练

常见的物流无人机的辅助模式有 GPS 模式、姿态模式、运动模式和自主模式。

（1）GPS 模式　使用 GPS 模块或多方位视觉系统实现精确悬停，指点飞行、规划航线等都需要在 GPS 模式下进行。GPS 模式适合新手，也是使用最频繁的一种模式。

GPS 信号良好时，无人机可以实现精准定位。GPS 信号较差但光照良好时，无人机利用视觉系统实现定位，但悬停精度会变差。GPS 信号较差并且光照条件也较差的时候，无人机不能实现精确悬停，仅提供姿态增稳。无人机此时相当于姿态模式。

GPS 模式需要满足两个条件：GPS 定位的精度和指南针的正常工作。无人机在飞行的时候，GPS 和指南针是有可能被干扰的（楼宇间、大型磁性或吸磁的环境下很容易被干扰）。GPS 被干扰不满足定位的表现是风往哪个方向吹无人机就往那个方向飘，此时飞控会自动将飞行模式切换到姿态模式，需要手动接管无人机的控制。指南针被干扰后表现为自己往一个方向较为快速地飞走，或者自己进行绕圈飞行。

一键起飞：在 GPS 模式下单击此键，飞行器螺旋桨开始转动（操作此键时要远离人群），3s 后飞机将自动起飞。

一键返航：飞行器在 GPS 模式下单击此键，飞行器会根据所设定的返航高度，返回到起飞点，安全降落着陆。

（2）姿态模式　适合于没有 GPS 信号或 GPS 信号不佳的飞行环境，因为它不启用导航系统，只依赖加速器和陀螺仪来控制飞机姿态，无人机本身的姿态可以保持稳定。

在实际操作中，无人机会明显地出现漂移，无法悬停，需要操作者通过遥控器来不断修正无人机的位置。姿态模式考验的是操作者对于无人机的操控性。在一些紧急情况下，需要切换姿态模式。

（3）运动模式　这种模式下，完全凭借操作者对遥控器摇杆舵量的控制，无人机的所有动作（包括稳定姿态）都需要操作者通过遥控器来控制。此模式下新手操作的话，会比较危险。

在遇到紧急状况时，如飞机突然失控，建议迅速把飞行模式改为手动，然后加大油门，拉高飞机，在空中纠正飞机的姿态，寻找合适的降落点。当机身出现异常时，要尽量稳住飞行姿态，宁可炸机，也不可伤人。

（4）自主模式　飞机会按照预设航线进行自主飞行（依赖 GPS 信号），也就是说，这是一种在 GPS 模式下运行的功能。

任务准备

1）外场实飞训练场地。

2）训练用无人机、遥控器、电池。

任务实施

1. 无人机起飞降落训练的步骤

1）将无人机置于平坦空旷的场地，保证无人机一切正常且机头方向与操作人员站立方向一致。远离无人机，对无人机进行解锁操作，听到提示音或者电动机开始起动表示解锁成功，并将各摇杆归位。遥控器解锁图如图 9-3 所示。

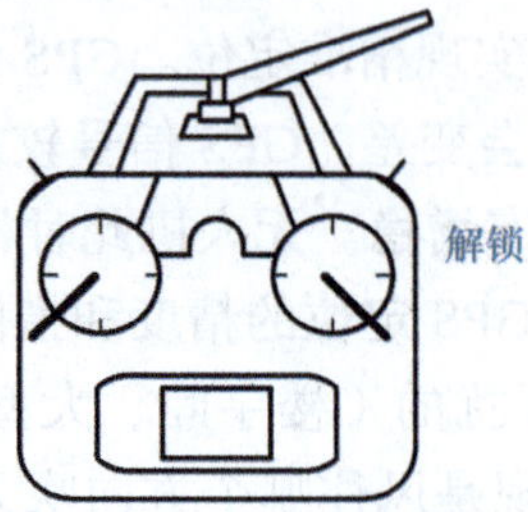

图 9-3　遥控器解锁图

2）将油门从正下方位置缓缓上推，并时刻观察无人机的状态。当无人机即将离开地面，达到临界起飞速度时，继续缓慢上推油门；无人机离开地面后，右手稳定无人机各方向姿态，使其进入水平稳定状态。

3）待无人机飞行高度达到与自己视线持平的高度，稍微减小油门使无人机进入悬停状态，起飞训练完成。

4）将无人机飞至降落点正上方并使其进入悬停状态，缓慢减小油门，使无人机进入缓慢下降状态，然后停止减小油门。

5）待无人机飞行高度距离地面小于半个螺旋桨的大小时，无人机进入地面效应，升力会略微增大，使无人机有上升的趋势，此时需要调整无人机航向及姿态位置，并再次校正无人机待降地点。

6）此时稍微减小油门，无人机继续下降直至触地，迅速将油门收至最小位置。待螺旋桨停转后，进行上锁操作，无人机降落训练完成。

2. 在训练过程中应遵循的要求

1）将班级学生按 3 ~ 5 人为单位进行分组，指定组长负责小组的设备管理和训练秩序。

2）各小组领取训练器材，并按标准摆设训练场地。

3）按照外场实飞前的准备操作规范对无人机、遥控器和电池等训练设备进行安装调试和全面检查，确保安全可靠。

4）各小组分组同步展开训练。一人训练时，同组其他学生做好电池充电、测电等待飞准备，并可在一侧帮助训练的学生观察起降及周边情况，确保训练安全。

5）教师全程指导，并根据训练进度参照训练考核标准（见表 9-1）对学生逐一考核评分（见表 9-2）。每人 3 次考核机会，考核合格后方可进入下一任务的学习训练，不合格者继续训练至考核通过为止。

表 9-1　无人机起飞降落训练考核标准

序号	项目	操作规范与评分指标	考核比重
1	飞前检查准备	1. 起飞前先检查无人机、遥控器电量是否充足 2. 检查桨叶是否安装正确 3. 开机后校准指南针，检查电动机是否正常起动 4. 检测周围环境是否符合飞行条件，要求在空旷的场地，避开高楼、人群集聚地	10%
2	起飞与降落	1. 起降过程中，油门控制是否缓慢匀速，落地前有无减速 2. 起降过程中，无人机姿态是否平稳 3. 无人机起降方向是否垂直，位移是否过大 4. 起降点地面是否平整，周边有无障碍或安全隐患 5. 触地后是否压住油门直至停机，有无出现炸机等较大失误	70%
3	训练态度与操作规范	1. 操作姿势动作标准 2. 训练态度端正认真、纪律良好 3. 遵守无人机飞行安全操作规范	10%
4	结束整理操作	1. 降落后，加锁遥控器、切断电源 2. 降落后，检查电池电量及无人机外观状态 3. 收纳清点并清洁设备及配件 4. 及时将电池充电备用	10%

注意：以分组方式开展起飞与降落训练，学生训练前由教师先进行起降示范，而后将控制权限由教师控制切换至学生控制，并在训练过程中始终观察起降姿态，随时做好应急接管准备。训练完成后由教师参照训练考核标准进行考核，出现位移偏差较大、高度不稳、方向不准以及炸机等问题，则当次成绩不合格。

检查评议

无人机飞行操作考核评分表见表 9-2。

表 9-2　无人机飞行操作考核评分表

序号	姓名	飞前检查准备（10%）	飞行训练效果		结束整理操作（10%）	总分（100%）
			起飞与降落（70%）	训练态度与操作规范（10%）		
1						
2						
3						
4						
5						
6						
7						
8						
班级：		教师：		日期：		

全班训练完成后，各小组对整体训练情况进行总结评议，学生自评、互评并交流训练的困难问题和效果心得，教师对训练和评议情况分析点评，强调技术要点和难点。

问题管理

根据前期训练检查评议情况，发现本飞行训练任务中容易出现的问题如下：

1）起飞时，不敢推动油门或推动过猛，无人机无法离地或起飞速度过快。应多加练习，熟悉油门大小及无人机离地起飞的临界点，熟悉控制无人机缓慢匀速上升的操作手感。

2）无人机起飞至规定高度后无法及时停止，或无法稳定短暂悬停。应练习熟悉油门上升和下降的临界点，提前减速停止，同时应练习养成细腻、及时修舵的操作习惯。

3）无人机触地不稳，甚至出现倾倒、二次离地等情况。应着重注意观察降落点地面情况，控制无人机降落速度平缓和姿态稳定，触地前务必上推油门减速，触地后务必压住油门，防止电动机未停甚至加速。

任务小结

本任务重点学习了无人机起飞与降落的操作，要求学生能够扎实掌握无人机起降的技术要领，熟练规范操纵无人机安全平稳完成起飞与降落的外场实飞。

课后训练

一、选择题（每题可能有一个或者多个正确答案）

1. 操作人员在飞行训练时尽量保证站在无人机机尾（　　），使物流无人机机头方向与操作人员站立方向一致，并且在合适的距离操作无人机。

A. 正前方　　B. 正后方　　C. 左侧　　D. 右侧

2. 当物流无人机返航降落时，首先确保降落地点没有人及障碍物才能降落。无人机降落之后需等（　　）后取下外壳，先断开（　　），再断开（　　）。

A. 电动机上锁　　B. 动力蓄电池　　C. 飞控电源

3. 常见的物流无人机的辅助模式有（　　）。

A. GPS 模式　　B. 姿态模式　　C. 运动模式　　D. 自主模式

4. GPS 模式需要满足（　　）两个条件。

A. GPS 定位的精度　　B. 指南针的正常工作

C. GPS 定位无须精准　　D. 指南针无须正常工作

二、判断题（正确的画“√”，错误的画“×”）

1. 物流无人机起飞降落训练首先要求操作人员确认飞行环境是否允许，保证所有人员距离无人机有一个安全的距离。（　　）

2. 当物流无人机返航降落时，首先确保降落地点没有人及障碍物才能降落。（　　）

3. 使用 GPS 模块或多方位视觉系统实现精确悬停，指点飞行、规划航线等都需要在 GPS 模式下进行。GPS 模式适合新手，也是使用最频繁的一种模式。（　　）

4. 姿态模式适合于没有 GPS 信号或 GPS 信号不佳的飞行环境，因为它不启用导航系统，只依赖加速器和陀螺仪来控制飞机姿态，无人机本身的姿态可以保持稳定。（　　）

三、简答题

1. 简述物流无人机视距内起降的含义。

2. 简述无人机起飞降落训练的步骤。

四、操作题

练习无人机起飞与降落，强化操作技能，同时巩固无人机飞前准备工作的操作规范。

任务 2　物流无人机视距内定高定点悬停

任务描述

本任务在前期掌握外场实飞准备工作和无人机起降操作的基础上，开始进一步学习在辅助模式下，无人机保持对尾姿态在固定高度进行定点悬停的操作技术，需要注意熟悉各个舵面和对应摇杆的动作含义以及舵量的大小，注意练习操纵无人机在悬停过程中的水平位移和高度偏差的控制以及对不同风向和风速影响的修正，同时要注意避免无人机与定位点的视觉误差。

相关知识

物流无人机定高定点悬停的技术要点如下：

无人机视距内定高定点悬停至能够达到指定高度后朝指定方位点飞行，并在飞行过程中保持飞行高度不变、飞行时不左右摇摆；保持悬停过程中不出现前进后退现象，保持不偏移。

1. 起降、定点、定高

1）操作者距离起降点 5 ~ 10m。

2）保持无人机对尾姿态，控制油门平稳起飞。

3）协调控制俯仰舵和副翼使无人机飞至定位桩上方。

2. 对尾定点悬停

1）保持油门位于中立偏上位置并适时小幅微调，保证无人机高度在水平视线基准以上、仰角 30° 以内。

2）时刻观察机身位置并留意风向风力变化，适时小幅微调俯仰舵和副翼，以始终保持机身全向位移控制在定位点正上方 2.5 倍机身内。

3）对尾状态下，副翼的修正方向与飞机漂移方向相反。一旦无人机偏离中心位置，不要着急猛烈打舵把无人机一次性拉回中心，而应通过迅速修舵先将无人机稳定在当前位置，然后再柔和打舵将其慢慢拉回正确位置。

4）压住方向舵，根据机身方向及时修正对尾姿态。

5）悬停时间为30s。

3. 定位视差

由于无人机距离较远，且与定位桩有一定高度差，因此悬停时易出现视觉误差，导致定位不准。应反复比对观察，熟悉无人机在准确位置时机身与定位桩间的视觉关系，培养形成自然精准的视觉判断。

小技巧：

1）操作过程中，一定要注意体会和培养两大操作原则和意识，即动作细腻、提前预判并迅速反应。

2）操作过程中，不能完全依赖目测进行反应，如果用眼睛观察无人机姿态发生变化后再修舵已经晚了，应练习并相信直觉对无人机姿态的判断，在其姿态变化前修舵才是最好的时机。

任务准备

1）外场实飞训练场地、1只定位桩（距离操作点10～15m）。

2）训练用无人机、遥控器、电池。

任务实施

1. 无人机定高定点悬停训练的步骤

1）将无人机置于平坦空旷的场地，保证无人机一切正常且机头方向与操作人员站立方向一致。远离无人机，对无人机进行解锁操作，听到提示音或者电动机开始起动表示解锁成功，并将各摇杆归位。

2）无人机完成起飞操作后，操纵升降摇杆，从视线斜上方观察无人机距离起降点高度是否到达指定高度（A点），到达指定高度后保持无人机对尾悬停，静止保持时间大于10s。

3）保持当前高度，继续保持油门50%，推动俯仰摇杆，使无人机沿直线向前飞至航线第二根标志杆（B点），静止保持时间大于10s。无人机视距内定点定高悬停路线如图9-4所示。

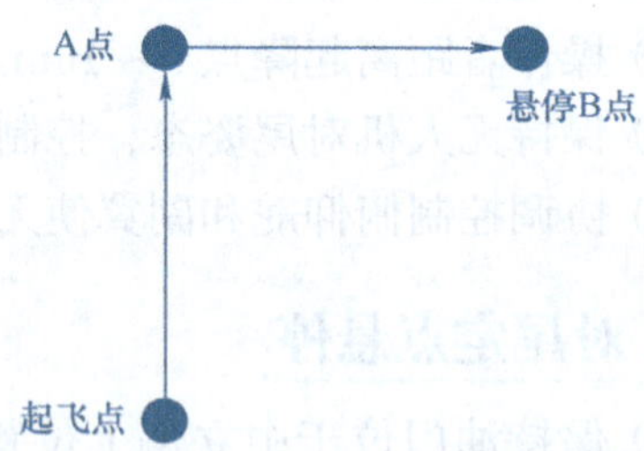

图9-4　无人机视距内定点定高悬停路线

2. 物流无人机视距内定高定点悬停训练

以分组方式开展悬停训练，并由教师参照训练考核标准进行考核，出现位移偏差较大、高度不稳、方向不准以及炸机等问题，则当次考核成绩不合格。

3. 注意事项

1）当方向摇杆向右推动时，无人机则向右偏航飞行；当方向摇杆向左推动时，无人机则向左偏航飞行；当方向摇杆向前推动时，无人机则向前偏航飞行；当方向摇杆向后推动时，无人机则向后偏航飞行。

2）当升降摇杆向前推动时，无人机则向上方飞行；当升降摇杆向后推动时，无人机则向下方飞行。

3）无人机完成定高操作后，进行定点飞行操作。如果目的地在左侧或者右侧，则操控方向摇杆，使无人机朝目的地点匀速定高水平飞行，并能实现在目的地点正上方快速悬停。如果目的地在前方或者后方，则前后操控方向摇杆，使无人机朝目的地点匀速定高水平飞行，并能实现在目的地点正上方快速悬停。

4）将方向摇杆和升降摇杆相互配合，并执行降落操作。

4. 训练过程中应遵循的要求

1）将班级学生按 3 ~ 5 人为单位进行分组，指定组长负责小组的设备管理和训练秩序。

2）各小组领取训练器材，并按标准摆设训练场地。

3）按照外场实飞前的准备操作规范对无人机、遥控器和电池等训练设备进行安装调试和全面检查，确保安全可靠。

4）各小组分组同步展开训练。一人训练时，同组其他学生做好电池充电、测电等待飞准备，并可在一侧帮助训练的学生观测、纠正悬停位移等情况。

5）教师全程指导，并根据训练进度参照训练考核标准（见表 9-3）对学生逐一考核评分（见表 9-4）。每人 3 次考核机会，考核合格后方可进入下一任务的学习训练，不合格者继续训练至考核通过为止。

表 9-3　物流无人机定点定高悬停训练考核标准

序号	项目	操作规范与评分指标	考核比重
1	飞前检查准备	1. 起飞前先检查无人机、遥控器电量是否充足 2. 检查桨叶是否安装正确 3. 开机后校准指南针，检查电动机是否正常起动 4. 检测周围环境是否符合飞行条件，要求在空旷的场地，避开高楼、人群集聚地	10%
2	定点定高悬停	1. 飞行中，控制机身全向位移： 0.5 倍机身内为 A（≥ 90 分） 1 倍机身内为 B（≥ 80 分） 1.5 倍机身内为 C（≥ 70 分） 2.5 倍机身内为 D（≥ 60 分） 超出 2.5 倍机身为不及格（<60 分） 2. 出现炸机等较大失误，则当次成绩为不及格；每人 3 次考核机会	70%
3	训练态度与操作规范	1. 操作姿势动作标准 2. 训练态度端正认真、纪律良好 3. 遵守无人机飞行安全操作规范	10%

（续）

序号	项目	操作规范与评分指标	考核比重
4	结束整理操作	1. 降落后，加锁遥控器、切断电源 2. 降落后，检查电池电量及无人机外观状态 3. 收纳清点并清洁设备及配件 4. 及时将电池充电备用	10%

检查评议

无人机飞行操作考核评分表见表 9-4。

表 9-4　无人机飞行操作考核评分表

序号	姓名	飞前检查准备（10%）	飞行训练效果		结束整理操作（10%）	总分（100%）
			定点定高悬停（70%）	训练态度与操作规范（10%）		
1						
2						
3						
4						
5						
6						
7						
8						
班级：		教师：		日期：		

全班训练完成后，各小组对整体训练情况进行总结评议，学生自评、互评并交流训练的困难问题和效果心得，教师对训练和评议情况分析点评，强调技术要点和难点。

问题管理

根据前期训练检查评议情况，发现本飞行训练任务中容易出现的问题如下：

1）悬停时，高度和水平位置等位移较大，尤其受风力影响时偏差较明显。应着重培养对无人机姿态变化提前预判和修正的意识，持续观察无人机的方位和姿态，同时通过耳听目测等方法时刻留意风向风力变化，通过直觉和观察预先为下一步变化做出判断并调整修正。

2）悬停发生较大位移后，修舵动作较大，机身反应剧烈，位移修正过度。应练习克服猛烈修舵的条件反射，养成先稳定机身、再柔和修正的操作习惯，同时还应强化细腻、及时的打舵习惯。

3）无人机与定位桩的视觉误差较大。飞行时可请同组其他学生在一侧帮助观测，纠正机身位移等情况，找正位置并牢记，还应多加练习以培养准确的视觉感受。

任务小结

本任务重点学习了物流无人机的定点定高悬停操作，要求学生能够全面掌握物流无人机定点定高悬停的技术要领，熟练规范操纵无人机完成定点定高悬停的外场实飞。

课后训练

一、选择题（每题可能有一个或者多个正确答案）

1. 视距内定高定点悬停是指无人机能够达到指定高度后朝指定方位点飞行，并在飞行过程中保持（　　）、（　　）；（　　）不出现前进后退现象，保持不偏移。

A. 飞行高度不变　　B. 飞行时不左右摇摆

C. 保持悬停过程中　　D. 保持运动过程中

2. 在对尾定点悬停时，时刻观察机身位置并留意风向风力变化，适时小幅微调俯仰舵和副翼，以始终保持机身全向位移控制在定位点正上方（　　）倍机身内。

A. 1　　B. 1.5　　C. 2　　D. 2.5

二、判断题（正确的画“√”，错误的画“×”）

1. 无人机起飞前，将无人机置于平坦空旷的场地，保证无人机一切正常且机头方向与操作人员站立方向一致。（　　）

2. 无人机降落时需要将方向摇杆和升降摇杆相互配合，并执行降落操作。（　　）

三、简答题

1. 简述视距内定高定点悬停的含义。

2. 无人机在定高定点悬停时，需要注意哪些事项？

四、操作题

1. 练习无人机对尾悬停，强化操作技能，同时巩固无人机飞前准备和起降操作规范。

2. 在熟练掌握无人机对尾悬停的基础上，尝试练习操作无人机在 90°、180°、270° 等其他三面完成定点悬停，技术要点和指标参照对尾悬停。

任务 3　辅助模式下物流无人机的视距内四位悬停

任务描述

本任务将介绍 GPS 辅助模式下物流无人机的视距内四位悬停，要求学生通过本任务的学习，能够操控物流无人机在停机坪垫处一次起飞成功，能够操控物流无人机在 GPS 辅助模式下进行四位悬停，并在训练结束后能够操控物流无人机准确地降落在停机坪垫中心处。

相关知识

四位悬停是指将无人机的运动方向分为4个方位，分别是正前、左、右、后4个方位，使无人机的机头依次指向这4个方位，则无人机刚好旋转一周。通过这4个方位的训练，可以完全掌握各个角度的无人机的运动控制。

无人机空中悬停后，每旋转90°，让无人机保持空间位置基本不变的飞行状态10s以上，其左、右偏移不超过1个机身，其上、下移动不超过0.2m范围。

任务准备

物流无人机、飞行训练场地。

任务实施

飞机在空中保持高度不变，机头或机尾分别朝向东、南、西、北4个方向定点按矩形航线飞行，并在矩形的每个点悬停，不产生飘移。其操作路线如图9-5所示。

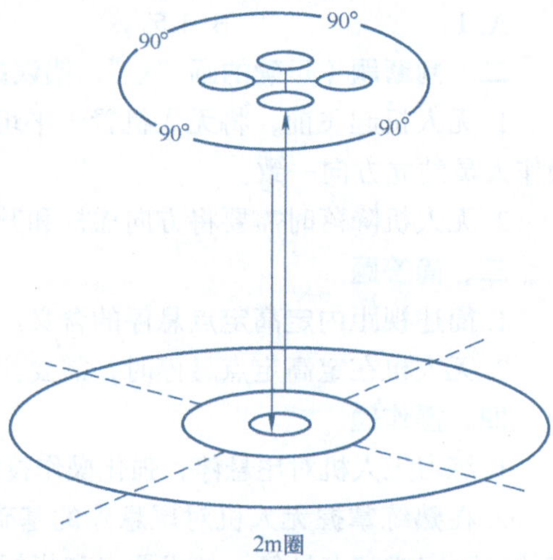

图 9-5　四位悬停操作路线

具体操作步骤如下：

1）保持飞行器的机尾对着自己，控制飞行器在一个矩形的航线上顺时针飞行，在矩形的每个点上稍作悬停，再飞到下一个点。

2）保持飞行器的机尾对着自己，控制飞行器在一个矩形的航线上逆时针飞行，在矩形的每个点上稍作悬停，再飞到下一个点。

3）保持飞行器的机尾对着自己左侧，控制飞行器在一个矩形的航线上顺时针飞行，在矩形的每个点上稍作悬停，再飞到下一个点。

4）保持飞行器的机尾对着自己右侧，控制飞行器在一个矩形的航线上逆时针飞行，在矩形的每个点上稍作悬停，再飞到下一个点。

5）保持飞行器的机头对着自己，控制飞行器在一个矩形的航线上顺时针飞行，在矩形的每个点上稍作悬停，再飞到下一个点。

6）保持飞行器的机头对着自己，控制飞行器在一个矩形的航线上逆时针飞行，在矩形的每个点上稍作悬停，再飞到下一个点。

注意：降落时要降低油门，在离地面0.2～0.3m时稍微降低油门，使无人机缓慢地接近停机坪，接着再次缓慢地降低油门，直到无人机缓慢地触地（停止推动油门），停在停机坪上。这样可以有效地避免无人机突然降落，而受到地面巨大的反冲击力，使其严重受损。

检查评议

根据本任务所学内容填写表 9-5。

表 9-5　无人机四位悬停飞行训练考核表

飞行训练时间		飞行场地	训练环境	适用机型		
4 课时		平坦开阔	风速 2 级以下	Y3		
评分标准	任务名称	评分要求		满分	扣分	得分
	解锁起飞	对无人机进行解锁操作，并将各摇杆归位，出现一次解锁未成功，扣 5 分，如果出现带杆现象，扣 10 分		10 分		
	俯仰舵操控	通过俯仰舵调节物流无人机高度位置，如果无人机出现多次上下摆动并且未及时恢复悬停状态，每次扣 10 分		40 分		
	副翼操控	通过副翼调节物流无人机左右位置，如果无人机出现多次左右摆动并且未及时恢复悬停状态，每次扣 10 分		40 分		
	精准降落	无人机缓缓下降直至触地，迅速将油门收至最小位置，并用遥控器上锁，如果出现粗猛着陆现象，扣 5 分，如果出现着陆时未将油门收到最小或未上锁，扣 10 分		10 分		
合计总分				100 分		

问题管理

在降落时要注意减小油门的速度不宜过快，否则会导致无人机快速下降；即将到达地面时要减小无人机下降的冲击力，以保护无人机。

任务小结

本任务重点介绍了在辅助模式下物流无人机的视距内四位悬停，这是物流无人机较为基础的飞行技能，要求学生通过学习，能够全面掌握此项飞行技能的要点，进而在物流无人机的实践操作中更好地控制无人机。

课后训练

一、简答题

1. 简述四位悬停的含义。

2. 简述四位悬停的操作过程。

二、操作题

360° 匀速水平悬停训练。

训练要求：无人机尾部向前，头部对着训练者，能够在 2m 高度的空中完成 8 次旋转 45° 操作，让物流无人机保持空间位置基本不变的飞行状态 10s 以上，其左、右偏移不超过 1 个机身，其上、下移动不超过 0.2m 范围。

单元 10
物流无人机视距内飞行

【内容概览】

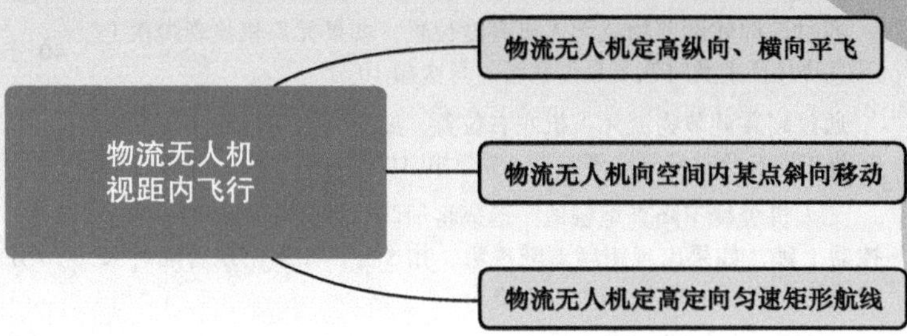

【知识目标】

了解物流无人机在视距内飞行的理论知识，为飞行实操打下基础。

【技能目标】

1. 能够操控辅助模式下的物流无人机定高纵向、横向平飞。
2. 能够操控辅助模式下的物流无人机向空间内某点斜向移动。
3. 能够操控辅助模式下的物流无人机定高定向匀速矩形航线。

【素养目标】

1. 培养学生的敬业精神和对物流无人机操作工作的热爱。
2. 培养学生吃苦耐劳、严谨认真的工作态度。

任务 1　物流无人机定高纵向、横向平飞

任务描述

在掌握了物流无人机的基本操控技能后，本任务将学习物流无人机的定高纵向、横向平飞，提高对无人机的操控能力。通过本任务的学习，要求学生能够操控物流无人机在停机坪垫处一次起飞成功，能够操控物流无人机在 GPS 辅助模式下进行定高匀速平飞，并在训练结束后能够操控物流无人机准确地降落在停机坪垫中心处。

任务准备

物流无人机、飞行训练场地。

任务实施

物流无人机匀速定高纵向、横向平飞训练步骤如下：

1）无人机起飞后，缓慢推动油门至 50%，飞到指定高度（2m）后，操控升降摇杆，将无人机飞至航线第 1 根标志杆（A 点，见图 10-1）并保持无人机对尾悬停。

2）保持当前高度，继续保持油门 50%，推动俯仰摇杆，使无人机纵向沿直线向前飞至航线第 2 根标志杆（B 点）。

3）操作方向摇杆，将无人机机头向顺时针转向 90°，使无人机横向沿直线向前飞行至航线第 3 根标志杆（C 点）。

4）将副翼摇杆和升降摇杆相互配合，并执行降落操作。

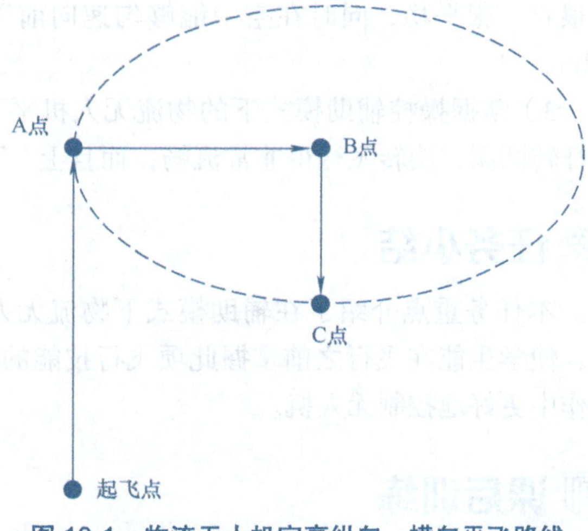

图 10-1　物流无人机定高纵向、横向平飞路线

检查评议

根据本任务所学内容填写表 10-1。

10

表 10-1 物流无人机定高纵向、横向平飞训练考核表

<table>
<tr><td colspan="2">飞行训练时间</td><td>飞行场地</td><td>训练环境</td><td colspan="3">适用机型</td></tr>
<tr><td colspan="2">4 课时</td><td>平坦开阔</td><td>风速 2 级以下</td><td colspan="3">Y3</td></tr>
<tr><td rowspan="5">评分标准</td><td>任务名称</td><td colspan="2">评分要求</td><td>满分</td><td>扣分</td><td>得分</td></tr>
<tr><td>解锁起飞</td><td colspan="2">对无人机进行解锁操作，并将各摇杆归位，出现一次解锁未成功，扣 5 分，如果出现带杆现象，扣 10 分</td><td>10 分</td><td></td><td></td></tr>
<tr><td>俯仰舵操控</td><td colspan="2">通过俯仰舵调节物流无人机前后位置，如果无人机出现多次前后摆动并且未及时恢复悬停状态，扣 10 分</td><td>40 分</td><td></td><td></td></tr>
<tr><td>副翼操控</td><td colspan="2">通过副翼调节物流无人机左右位置，如果到达指定标志杆后，无人机出现多次左右摆动并且未及时恢复悬停状态，每次扣 10 分</td><td>40 分</td><td></td><td></td></tr>
<tr><td>精准降落</td><td colspan="2">无人机缓缓下降直至触地，迅速将油门收至最小位置，并用遥控器上锁，如果出现粗猛着陆现象，扣 10 分，如果出现着陆时未将油门收到最小或未上锁，扣 5 分</td><td>10 分</td><td></td><td></td></tr>
<tr><td colspan="4">合计总分</td><td>100 分</td><td></td><td></td></tr>
</table>

问题管理

1）掌握操控辅助模式下的物流无人机向空间内某定高点斜向匀速移动，无人机在空中能够把直线飞得很直、很平稳，同时在空中能够匀速向前飞行，而且上、下、左、右移动范围不超过 0.2m。

2）掌握操控辅助模式下的物流无人机平飞矩形航线，无人机在空中能够把直线飞得很直、很平稳，同时在空中能够匀速向前飞行，而且上、下、左、右移动范围不超过 0.2m。

3）掌握操控辅助模式下的物流无人机平飞圆形航线，无人机在空中能够围绕 1 根标志杆转圆圈，旋转飞行得非常流畅，而且上、下移动范围不超过 0.4m。

任务小结

本任务重点介绍了在辅助模式下物流无人机定高匀速平飞，通过翔实的操作步骤介绍，使学生能在飞行之前掌握此项飞行技能的要点及注意事项，进而在物流无人机的实践操作中更好地控制无人机。

课后训练

一、选择题（每题可能有一个或者多个正确答案）

1. 物流无人机匀速定高纵向、横向平飞训练中，无人机起飞后，缓慢推动油门至 50%，飞到指定高度后（2m），操控（　　），将无人机飞至航线第一根标志杆（A 点）并保持无人机对尾悬停。

A. 升降摇杆　　B. 副翼摇杆　　C. 俯仰摇杆　　D. 方向摇杆

2. 在物流无人机定高纵向、横向平飞训练中，将（　　）相互配合，并执行降落操作。

A. 副翼摇杆和升降摇杆　　B. 副翼摇杆和俯仰摇杆

C. 俯仰摇杆和副翼摇杆　　D. 升降摇杆和俯仰摇杆

二、判断题（正确的画“√”，错误的画“×”）

在物流无人机定高横向、纵向平飞训练中，无人机起飞后，缓慢推动油门至30%，飞到指定高度后（2m），操控升降摇杆。　　（　　）

任务2　物流无人机向空间内某点斜向移动

任务描述

在掌握了物流无人机的基本操控技能后，本任务将学习物流无人机向空间内某点斜向移动，提高对无人机的操控能力。通过本任务的学习，要求学生能够操控物流无人机在停机坪垫处一次起飞成功，能够操控物流无人机在GPS辅助模式下向空间内某点斜向移动，并在训练结束后能够操控物流无人机准确地降落在停机坪垫中心处。

任务准备

物流无人机、飞行训练场地。

任务实施

物流无人机向空间内某点斜向移动训练步骤如下：

1）在长方形的4个顶点分别放1根标志杆。

2）将无人机置于平坦空旷的场地，保证无人机一切正常且机头方向与操作人员站立方向一致。远离无人机，对无人机进行解锁操作，听到提示音或者电动机开始起动表示解锁成功，并将各摇杆归位。

3）无人机完成起飞操作后，操纵升降摇杆，观察无人机距离起降点高度是否到达指定高度（2m），到达指定高度后保持无人机对尾悬停，保持10s。

4）45°操控方向摇杆，无人机从第1根标志杆沿长方形的对角线向前直线飞到第3根标志杆（见图10-2），高度2m，保持10s。

5）飞机重新回到对尾状态，无人机准确降落到停机坪垫中心处，结束一个训练过程。

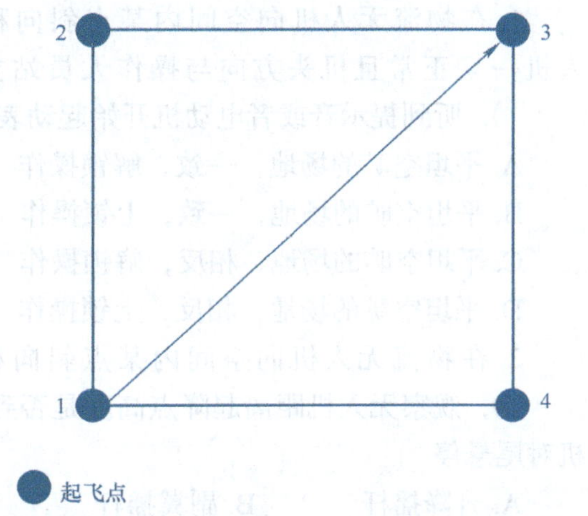

图10-2　物流无人机向空间内某点斜向移动路线

检查评议

根据本任务所学内容填写表 10-2。

表 10-2　物流无人机向空间内某点斜向移动训练考核表

<table>
<tr><td colspan="2">飞行训练时间</td><td>飞行场地</td><td>训练环境</td><td colspan="3">适用机型</td></tr>
<tr><td colspan="2">4 课时</td><td>平坦开阔</td><td>风速 2 级以下</td><td colspan="3">Y3</td></tr>
<tr><td rowspan="5">评分标准</td><td>任务名称</td><td colspan="2">评分要求</td><td>满分</td><td>扣分</td><td>得分</td></tr>
<tr><td>解锁起飞</td><td colspan="2">对无人机进行解锁操作，并将各摇杆归位，出现一次解锁未成功，扣 5 分，如果出现带杆现象，扣 10 分</td><td>10 分</td><td></td><td></td></tr>
<tr><td>俯仰舵操控</td><td colspan="2">通过俯仰舵调节物流无人机高度位置，如果无人机出现多次上下摆动并且未及时恢复悬停状态，每次扣 10 分</td><td>40 分</td><td></td><td></td></tr>
<tr><td>方向舵操控</td><td colspan="2">通过方向舵调节物流无人机向指定标志杆飞行，如果到达指定标志杆后，无人机出现多次摆动并且未及时恢复悬停状态，每次扣 10 分</td><td>40 分</td><td></td><td></td></tr>
<tr><td>精准降落</td><td colspan="2">无人机缓缓下降直至触地，迅速将油门收至最小位置，并用遥控器上锁，如果出现粗猛着陆现象，扣 10 分，如果出现着陆时未将油门收到最小或未上锁，扣 5 分</td><td>10 分</td><td></td><td></td></tr>
<tr><td colspan="4">合计总分</td><td>100 分</td><td></td><td></td></tr>
</table>

任务小结

本任务重点介绍了在辅助模式下物流无人机向空间内某点斜向移动，通过翔实的操作步骤介绍，使学生能在飞行之前掌握此项飞行技能的要点及注意事项，进而在物流无人机的实践操作中更好地控制无人机。

课后训练

一、选择题（每题可能有一个或者多个正确答案）

1. 在物流无人机向空间内某点斜向移动训练中，将无人机置于（　　），保证无人机一切正常且机头方向与操作人员站立方向（　　）。远离无人机，对无人机进行（　　），听到提示音或者电动机开始起动表示解锁成功，并将各摇杆归位。

A. 平坦空旷的场地，一致，解锁操作

B. 平坦空旷的场地，一致，上锁操作

C. 平坦空旷的场地，相反，解锁操作

D. 平坦空旷的场地，相反，上锁操作

2. 在物流无人机向空间内某点斜向移动训练中，无人机完成起飞操作后，操纵（　　），观察无人机距离起降点高度是否到达指定高度（2m），到达指定高度后保持无人机对尾悬停。

A. 升降摇杆　　B. 副翼摇杆　　C. 俯仰摇杆　　D. 方向摇杆

二、判断题（正确的画“√”，错误的画“×”）

1. 在物流无人机向空间内某点斜向移动训练中，无人机完成起飞操作后，操纵方向摇

杆，到达指定高度后保持无人机对尾悬停。（　）

2. 在物流无人机向空间内某点斜向移动训练中，无人机降落时要降低油门，在离地面 0.2 ~ 0.3m 时稍微降低油门，使无人机缓慢地接近停机坪，接着再次缓慢地降低油门，直到无人机缓慢地触地（停止推动油门）。（　）

任务 3　物流无人机定高定向匀速矩形航线

任务描述

在掌握了物流无人机的基本操控技能后，本任务将学习物流无人机定高定向匀速矩形航线飞行，提高对无人机的操控能力。通过本任务的学习，要求学生能够操控物流无人机在停机坪垫处一次起飞成功，能够操控物流无人机在 GPS 辅助模式下按矩形航线飞行，并在训练结束后能够操控物流无人机准确地降落在停机坪垫中心处。

任务准备

物流无人机、飞行训练场地。

任务实施

物流无人机定高定向匀速矩形航线飞行训练步骤如下：

1）无人机起飞后，缓慢推动油门至 50%，将无人机飞至航线第 1 根标志杆（A 点，见图 10-3）并保持无人机对尾悬停。

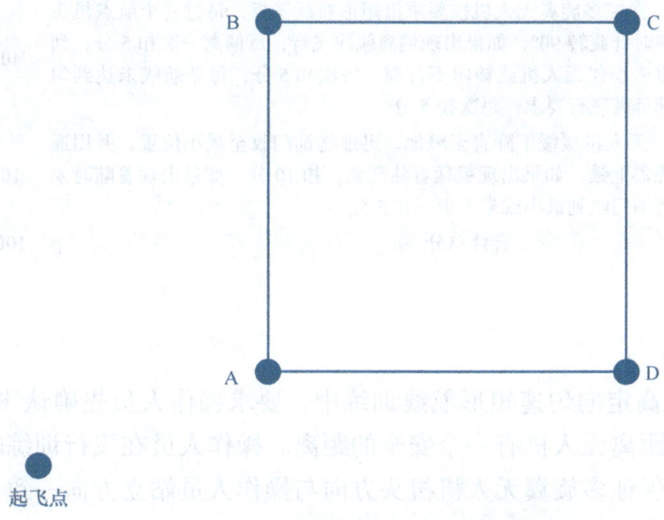

图 10-3　物流无人机定高定向匀速矩形航线路线

2）保持当前高度，继续保持油门 50%，向上推动俯仰摇杆，使无人机沿直线向前飞，当飞行一定距离后，俯仰摇杆回位，向右推动方向摇杆，待无人机沿顺时针方向转过 90°后回正摇杆，此时无人机飞至航线第 2 根标志杆（B 点）上空悬停。

3）将无人机飞至航线第 3 根标志杆（C 点）后继续执行上述操作，飞至航线第 4 根标志杆（D 点）后再飞往航线第 1 根标志杆，顺时针矩形航线完成。将无人机飞至航线第 4 根标志杆，准备矩形航线逆时针飞行训练。

4）保持当前高度，操控升降摇杆，使无人机沿直线向前飞，同时副翼配合控制无人机左右位置，无人机从航线第 4 根标志杆开始，飞至航线第 3 根标志杆上空悬停并将机头逆时针旋转 90°，继续执行沿航线飞行操作。重复上述步骤，直至无人机飞回航线第 4 根标志杆。

5）无人机从第 4 根标志杆向右斜线飞到停机坪垫上面，将副翼摇杆和升降摇杆相互配合，并执行降落操作。

检查评议

根据本任务所学内容填写表 10-3。

表 10-3　物流无人机定高定向匀速矩形航线训练考核表

<table>
<tr><td colspan="2">飞行训练时间</td><td>飞行场地</td><td>训练环境</td><td colspan="3">适用机型</td></tr>
<tr><td colspan="2">4 课时</td><td>平坦开阔</td><td>风速 3 级以下</td><td colspan="3">Y3</td></tr>
<tr><td rowspan="5">评分标准</td><td>任务名称</td><td colspan="2">评分要求</td><td>满分</td><td>扣分</td><td>得分</td></tr>
<tr><td>起飞悬停</td><td colspan="2">操纵无人机解锁起飞，并将各摇杆归位，出现一次解锁未成功，扣 5 分，如果出现带杆现象，扣 10 分</td><td>10 分</td><td></td><td></td></tr>
<tr><td>顺时针矩形飞行</td><td colspan="2">操控多旋翼无人机按要求沿矩形航线飞行，每过一个航点机头顺时针旋转 90°，如果出现偏离航线飞行，每偏离一次扣 5 分，到点未稳住无人机或转向不合理，每次扣 5 分，每条航线未达到匀速等高飞行要求，每次扣 5 分</td><td>40 分</td><td></td><td></td></tr>
<tr><td>逆时针矩形飞行</td><td colspan="2">操控多旋翼无人机按要求沿矩形航线飞行，每过一个航点机头逆时针旋转 90°，如果出现偏离航线飞行，每偏离一次扣 5 分，到点未稳住无人机或转向不合理，每次扣 5 分，每条航线未达到匀速等高飞行要求，每次扣 5 分</td><td>40 分</td><td></td><td></td></tr>
<tr><td>精准降落</td><td colspan="2">无人机缓缓下降直至触地，迅速将油门收至最小位置，并用遥控器上锁，如果出现粗猛着陆现象，扣 10 分，如果出现着陆时未将油门收到最小或未上锁，扣 5 分</td><td>10 分</td><td></td><td></td></tr>
<tr><td colspan="4">合计总分</td><td>100 分</td><td></td><td></td></tr>
</table>

问题管理

物流无人机定高定向匀速矩形航线训练中，要求操作人员先确认飞行环境是否允许，并且保证所有人员距离无人机有一个安全的距离。操作人员在飞行训练时尽量保证站在无人机机尾正后方，保证多旋翼无人机机头方向与操作人员站立方向一致，且在合适有效的安全距离操作无人机。

任务小结

本任务重点介绍了在辅助模式下物流无人机定高定向匀速矩形航线飞行，通过翔实的操作步骤介绍，使学生能在飞行之前掌握此项飞行技能的要点及注意事项，进而在物流无人机的实践操作中更好地控制无人机。

课后训练

一、选择题（每题可能有一个或者多个正确答案）

1. 在物流无人机定高定向匀速矩形航线飞行训练中，无人机到达第 1 根标志杆（A 点）后，保持当前高度，继续保持油门（　　），向上推动（　　），使无人机沿（　　）向前飞，当飞行一定距离后，俯仰摇杆回位，向右推动方向摇杆，待无人机沿顺时针方向转过 90° 后回正摇杆，此时无人机飞至航线第 2 根标志杆（B 点）上空悬停。

A. 50%，俯仰摇杆，直线　　B. 50%，俯仰摇杆，曲线
C. 30%，俯仰摇杆，直线　　D. 30%，俯仰摇杆，曲线

2. 在物流无人机定高定向匀速矩形航线飞行训练中，无人机从第 4 根标志杆向右斜线飞到停机坪垫上面，将（　　）和（　　）相互配合，并执行降落操作。

A. 副翼摇杆，升降摇杆　　B. 升降摇杆，俯仰摇杆
C. 副翼摇杆，俯仰摇杆　　D. 俯仰摇杆，升降摇杆

二、判断题（正确的画“√”，错误的画“×”）

1. 在物流无人机定高定向匀速矩形航线飞行训练中，无人机从第 4 根标志杆向右斜线飞到停机坪垫上面，将副翼摇杆和俯仰摇杆相互配合，并执行降落操作。　（　　）

2. 操控多旋翼无人机按要求沿矩形航线飞行，每过一个航点机头逆时针旋转 90°。　（　　）

3. 无人机缓缓下降直至触地，迅速将油门收至最小位置，并用遥控器上锁，避免出现粗猛着陆现象。　（　　）

三、操作题

进阶版矩形航线飞行训练。

训练要求：其训练路线如图 10-4 所示。要求练习无人机飞行矩形航线，高度不变，先按 A-B-C-D-A 完成矩形航线飞行，回到 A 点后，再按 A-D-C-B-A 完成反方向矩形航线飞行，最后操控无人机飞回起点，LED 灯对着操作人员，练习结束。

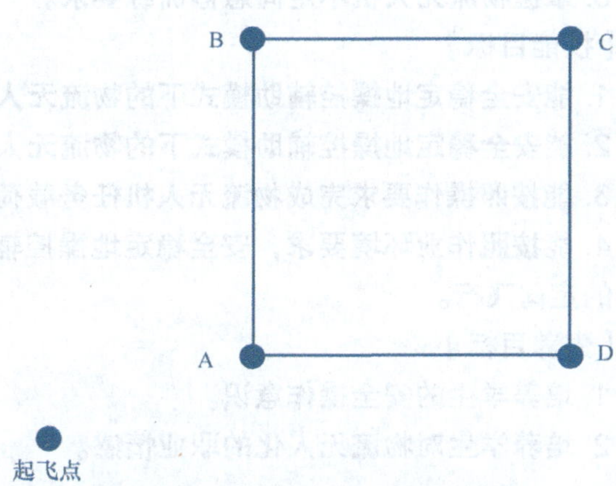

图 10-4　进阶版矩形航线飞行训练路线

单元 11 物流无人机视距内安全保障飞行

【内容概览】

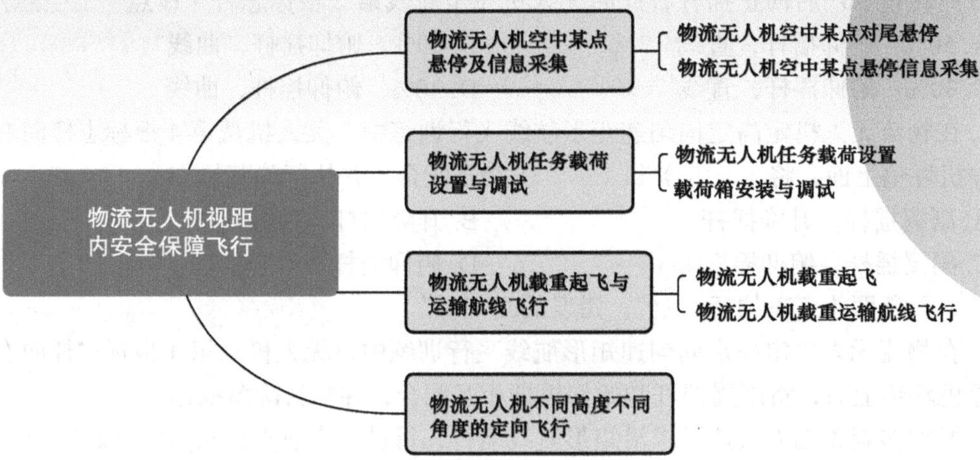

【知识目标】

1. 了解物流无人机空中某点悬停信息采集操作步骤。
2. 掌握物流无人机任务载荷设置。
3. 掌握物流无人机不定向悬停训练要求。

【技能目标】

1. 能安全稳定地操控辅助模式下的物流无人机在空中某点悬停，并完成信息采集。
2. 能安全稳定地操控辅助模式下的物流无人机执行载重起飞与运输航线运行。
3. 能按照操作要求完成物流无人机任务载荷设置与调试操作。
4. 能按照作业环境要求，安全稳定地操控辅助模式下的物流无人机进行不同高度不同角度的定向飞行。

【素养目标】

1. 培养学生的安全操作意识。
2. 培养学生对物流无人化的职业情感。

任务 1　物流无人机空中某点悬停及信息采集

任务描述

在物流无人机应用技术专业中，物流无人机的飞行操控是物流无人机从业者的必备技能，而用遥控器操控无人机飞行又是无人机操控技术中最基本的方法，也是难度相对较大的一种操控方式。本任务主要是让学生在巩固前面基础飞行任务的同时，能够安全稳定地操控辅助模式下的物流无人机在空中某点悬停，并完成信息采集。

相关知识

1. 物流无人机空中某点对尾悬停

物流无人机空中某点对尾悬停是指物流无人机上升至规定起飞点上空指定高度的对尾悬停。此训练中，要求操作人员确认飞行环境允许，并保证所有人员距离无人机有一个安全距离。操作人员在飞行训练时尽量保证站在无人机机尾正后方，保证物流无人机机头方向与操作人员站立方向一致，且在合适的距离操作无人机。物流无人机空中某点对尾悬停示意图如图 11-1 所示。

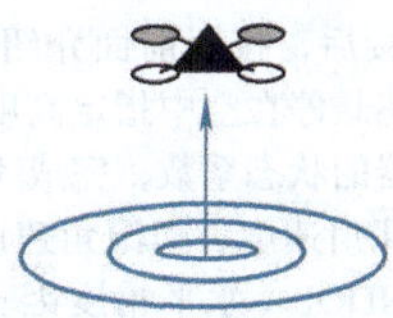

图 11-1　物流无人机空中某点对尾悬停示意图

2. 物流无人机空中某点悬停信息采集

物流无人机空中某点悬停信息采集是指让飞行器在某点对尾悬停在空中时，观看物流地面站飞行器的状态系数，完成飞行器信息数据的采集，包括俯仰角速度、横滚角速度、航向角速度、经纬度、GPS HDOP（水平精度因子）、GPS 卫星信号、电池电量和电压电流等。

任务准备

1）外场实飞训练场地、1 只定位桩（距离操作点 10 ~ 15m）。

2）物流无人机、遥控器、电池。

任务实施

1. 物流无人机空中某点对尾悬停操作步骤

1）保持油门位于中立偏上位置并适时小幅微调，保证无人机高度在水平视线基准以上、仰角 30° 以内。

2）时刻观察机身位置并留意风向风力变化，适时小幅微调俯仰舵和副翼，以始终保持机身全向位移控制在定位点正上方 2.5 倍机身内。

3）对尾状态下，副翼的修正方向与飞机漂移方向相反。一旦无人机偏离中心位置，不要着急猛烈打舵把无人机一次性拉回中心，而应通过迅速修舵先将无人机稳定在当前位置，然后再柔和打舵将其慢慢拉回正确位置。

4）压住方向舵，根据机身方向及时修正对尾姿态。

5）悬停时间为 30s。

2. 物流无人机空中某点悬停信息采集操作步骤

物流无人机空中某点悬停信息采集操作步骤见表 11-1。

表 11-1　物流无人机空中某点悬停信息采集操作步骤

步骤	操作说明	示意图
1	按照正确的操作步骤完成物流无人机、遥控器及物流地面站的连接：选择串口连接，端口号为 COM5，波特率一般选择 57600，最后单击“保存”即可完成新建飞行器并连接	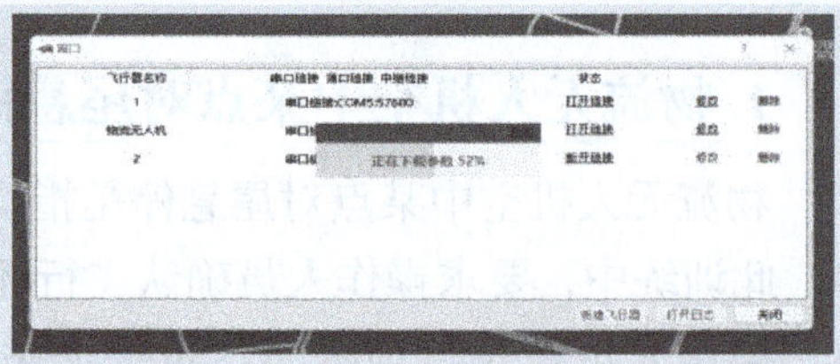
2	连接后，按照前面介绍的正确操作步骤，让飞行器对尾悬停在空中指定高度和位置，观看物流地面站飞行器的状态系数，完成飞行器信息数据的采集，包括俯仰角速度、横滚角速度、航向角速度、经纬度、GPS HDOP（水平精度因子）、GPS 卫星信号、电池电量和电压电流等	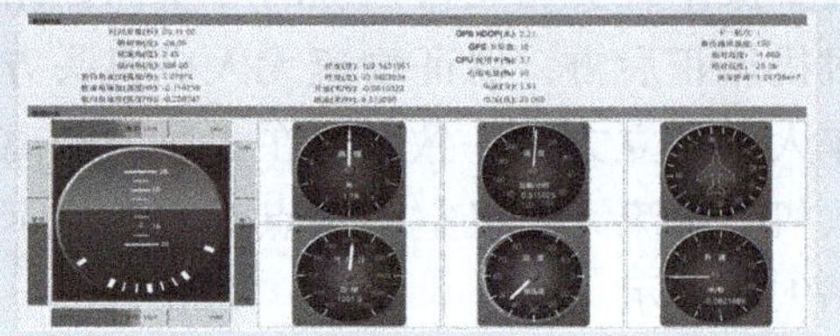

检查评议

根据本任务所学内容填写表 11-2 和表 11-3。

表 11-2　物流无人机空中某点对尾悬停训练考核表

<table>
<tr><td colspan="2">训练时间</td><td>飞行场地</td><td>训练环境</td><td colspan="3">使用机型</td></tr>
<tr><td colspan="2">2 课时</td><td>平坦开阔</td><td>符合航行要素</td><td colspan="3"></td></tr>
<tr><td rowspan="4">评分标准</td><td>任务名称</td><td colspan="2">评分要求</td><td>满分</td><td>扣分</td><td>得分</td></tr>
<tr><td>起飞悬停</td><td colspan="2">操控物流无人机解锁起飞，并将各摇杆归位，如果出现一次解锁未成功，每次扣 5 分，如果出现带杆现象，每次扣 10 分</td><td>30 分</td><td></td><td></td></tr>
<tr><td>飞至空中某点对尾悬停 30s</td><td colspan="2">操控物流无人机在指定位置、高度某点对尾悬停，如果出现高度不定或不对，每次扣 20 分，保持停留 30s，时间不够扣 10 分</td><td>40 分</td><td></td><td></td></tr>
<tr><td>指定位置降落</td><td colspan="2">操控物流无人机缓缓下降直至触地，迅速将油门收至最小位置，并用遥控器上锁，如果出现粗猛着陆，扣 10 分，如果出现着陆后未将油门收到最小或未上锁，扣 5 分</td><td>30 分</td><td></td><td></td></tr>
<tr><td colspan="4">合计总分</td><td>100 分</td><td></td><td></td></tr>
</table>

表 11-3　物流无人机空中某点悬停信息采集训练考核表

训练时间	飞行场地	训练环境	使用机型		
2 课时	平坦开阔	符合航行要素			
评分标准	任务名称	评分要求	满分	扣分	得分
	某点位置起飞悬停	观看物流地面站飞行器的状态系数，完成飞行器信息数据的采集，包括俯仰角速度、横滚角速度、航向角速度、经纬度、GPS HDOP（水平精度因子）、GPS 卫星信号、电池电量和电压电流等，每项数据 5 分，采集完整 50 分	50 分		
	飞至空中某点对尾悬停 30s	观看物流地面站飞行器的状态系数，完成飞行器信息数据的采集，包括俯仰角速度、横滚角速度、航向角速度、经纬度、GPS HDOP（水平精度因子）、GPS 卫星信号、电池电量和电压电流等，每项数据 5 分，采集完整 50 分	50 分		
合计总分			100 分		

任务小结

本任务介绍了物流无人机信息采集的相关内容，重点介绍了如何安全稳定地操控辅助模式下的物流无人机在空中某点悬停的操作步骤和如何在物流地面站完成物流无人机空中某点悬停信息采集工作。

课后训练

1. 选择合适的辅助模式，安全稳定地完成物流无人机在某训练场所中心位置 10m 高度的空中悬停和信息采集操作。

2. 选择合适的辅助模式，安全稳定地完成物流无人机在某训练场所中心位置 20m 高度的空中悬停和信息采集操作。

任务 2　物流无人机任务载荷设置与调试

任务描述

Y3 飞行器在搭载包裹进行配送服务前，需要取货及对包裹进行检查，核对其是否符合载荷箱要求和载荷条件，并进行装箱称重，还要调试物流无人机以保证其平稳飞行，最后完成物流无人机载荷条件确认单和当前架次运营记录单。

相关知识

1. 物流无人机任务载荷设置

物流无人机最主要的任务就是完成包裹的配送服务。物流无人机配送包裹具有自己的配送流程，驾驶员及相应工作人员需了解包裹的流程及相关注意事项。

包裹就是物流无人机的载荷对象，物流无人机能承载什么尺寸的包裹、什么类型的包裹、什么重量的包裹等，需要根据物流无人机的载荷承载能力进行确认。本文主要以 Y3 飞行器作为示范对象。

（1）物流无人机一般配送流程 物流无人机一般配送流程如图 11-2 所示。

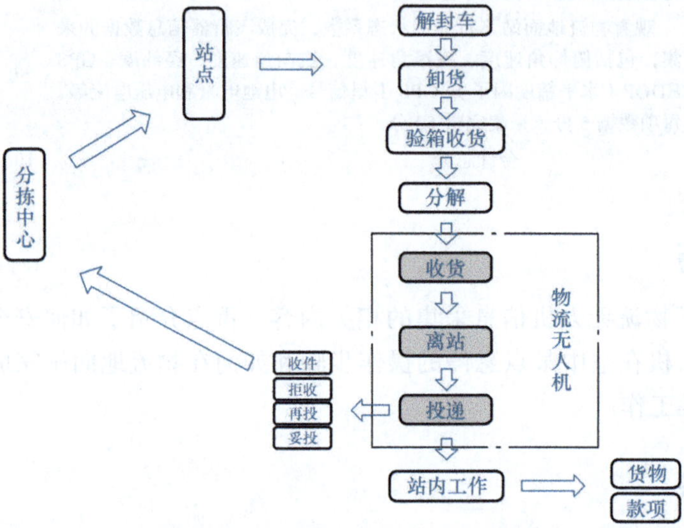

图 11-2 物流无人机一般配送流程

（2）物流无人机载荷条件 当包裹到达物流无人机配送站点时，需要对货物进行筛查。具体流程可参照单元 8 任务 1 的“相关知识”。

（3）物流无人机载荷装箱 确认配送的包裹符合物流无人机载荷条件后，将包裹装入载荷箱。一般需要对配送的包裹用缓冲海绵垫进行四周全方位包裹，目的是起到缓冲保护作用，避免包裹受损。具体流程可参照单元 8 任务 1 的“相关知识”。

2. 载荷箱安装与调试

完成以上包裹装箱、称重并记录后，就可安排载荷箱安装实施物流配送作业。载荷箱安装与调试的详细操作过程可参考单元 8 任务 2 的“相关知识”。

任务准备

载荷箱，物流无人机，不同重量、规格、性质的包裹若干，称重器，海绵垫包装材料等。

任务实施

1）当包裹到达物流无人机配送站点时，需要对货物按照物流无人机载荷条件进行筛查。

2）完成货物筛查后，将包裹装入载荷箱，并按照装箱要求和步骤进行装箱和称重。

3）根据配送的包裹是否满足物流无人机载荷条件，完成物流无人机载荷条件确认单，见表 11-4。

表 11-4　物流无人机载荷条件确认单

分类	要求	判断是否符合
包裹性质	非易碎、液体类包裹	
包裹尺寸	小于载荷箱尺寸	
包裹重量	低于 5.5kg	

将称重数据记录在当前架次运营记录单的“配重”栏，见表 11-5。

表 11-5　运营记录表

机型	电池编号	起飞时间	降落时间	航时	抛货地点
飞行高度	飞行速度	配重	俯仰姿态角（最大值）	横滚姿态角（最大值）	俯仰巡航角
起飞电压	爬升电压	抛货电压	降落电压	抛货星数	差分

检查评议

根据本任务所学内容填写表 11-6。

表 11-6　物流无人机任务载荷设置与调试考核单

训练时间	飞行场地	训练环境	使用机型			
2 课时	平坦开阔	符合航行要素				
评分标准	任务名称	评分要求		满分	扣分	得分
	包裹是否满足物流无人机载荷条件	能判定包裹是否满足载荷条件，确认包裹的性质是否为非易碎、液体类包裹，包裹尺寸是否小于载荷箱尺寸，包裹重量是否低于 5.5kg，每确认错误一条扣 20 分，扣完为止		50 分		
	载荷箱安装与调试	能完成包裹装箱、称重并记录；安全稳定地安装载荷箱，并根据实际情况进行适当调整调试，确保载荷箱平稳。没有称重记录扣 20 分，没有平稳装箱调试扣 30 分		50 分		
合计总分				100 分		

任务小结

本任务介绍了物流无人机一般配送流程，并重点介绍了物流无人机的载荷条件，以及载荷箱的装箱过程和步骤，还阐述分析了载荷箱的安装过程和细节问题，以及出现问题后如何调试，最终确保物流无人机能够安全飞行和完成配送任务。

课后训练

一、选择题（每题可能有一个或者多个正确答案）

1. 以下有关物流无人机载荷箱说法错误的是（　　）。

A. 对配送的包裹用缓冲海绵垫进行四周全方位包裹，目的是起到缓冲保护作用，避免包裹受损

B. 将配送的包裹装入载荷箱，装箱时应合理摆放，以保证货物的重心不偏移

C. 若包裹本身重心不在中间，不能装入载荷箱内

D. 装箱完成后，需对已装箱好的载荷箱进行称重

2. 当包裹到达物流无人机配送站点时，需要对货物进行筛查，以下说法正确的是（　　）。

A. 易碎玻璃、酒水等不能配送

B. 液体尽量不配送，但视货物包装具体而定

C. 液体不能配送

D. 包裹尺寸大小适宜，小于载荷箱尺寸

E. 单件包裹重量一般不超过 10kg

二、判断题（正确的画“√”，错误的画“×”）

1. 可以用 Y3 无人机底部四周配置的 4 个弹簧垫调整载荷箱，以保证载荷箱的平稳。（　　）

2. 载荷箱安装前，应完成包裹的称重和记录。（　　）

三、简答题

1. 简述物流无人机一般配送流程，并画出流程图。

2. 简述物流无人机的载荷条件。

任务 3　物流无人机载重起飞与运输航线飞行

任务描述

为保障物流无人机安全稳定飞行，必须创造稳定飞行的环境，且做好一切飞行准备。要按照取货流程进行取货，按照基站架设要求架设好基站，对物流无人机的动力系统、遥控器情况、结构部分等进行检查，完成运营前检查单，创建航班服务与运单，将货物和无人机连接，并在运营平台完成起飞前检测报告，按照载荷条件进行载荷装箱和调试。为了确保物流无人机的稳定性，需对无人机进行手动测试。还要确保起降场地 10m×10m 范围内无人，停机坪平整无杂物、开胶等，一切起飞准备要保障好。按照前面单元所学习的起飞操作要求进行物流无人机载重起飞，并根据规划好的运输航线进行载重飞行。

相关知识

在进行载重飞行前，需要完成飞行前的准备，其中的飞行前检查及装箱在前文已经介绍，接下来主要介绍取货、基站架设、起降点保护等内容。

1. 取货

按照前文介绍的物流无人机任务载荷设置要求进行取货，取货要求及流程如图 11-3 所示。

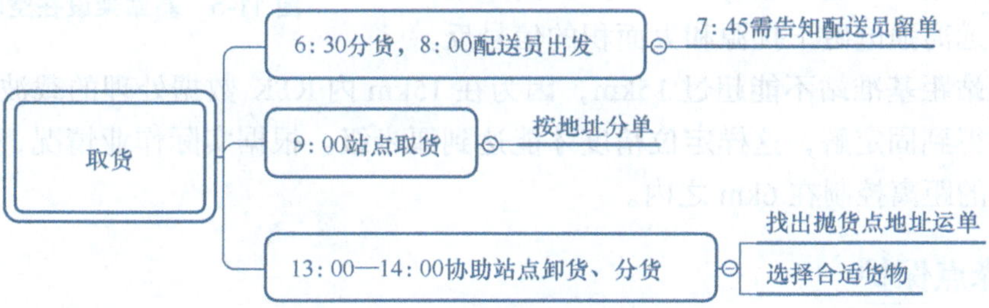

图 11-3　取货要求及流程

2. 基站架设

基站由 GPS 接收模块、通信模块、变压模块、电池组成，如图 11-4 所示。

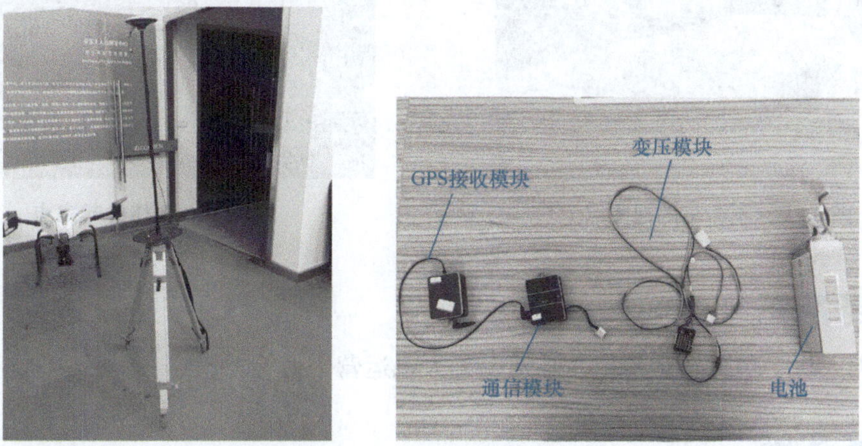

图 11-4　基站的组成

基站架设时要注意以下几点：

1）可以选择建筑物顶部或者周围及上方无遮挡的空旷场所（见图 11-5）。

2）基站固定。

3）天线垂直。

4）保证电池电量充足。

5）固定后通电。

6）检查指示灯是否正常。

7）基站首次架设位置做标识。

8）保证每次架设位置固定不变。

图 11-5　基站架设在空旷场所

在一定的观测时间内，一台或几台接收机分别固定在一个或几个测站上，一直保持跟踪观测卫星，其余接收机在这些测站的一定范围内流动设站作业，这些固定测站就称为基准站，在基准站的一定范围内流动作业的接收机所设立的测站就是流动站。基准站应尽量架设在地势较高的地方，而且要远离强电磁干扰源和大面积的信号反射物。流动站距基准站不能超过 15km，因为在 15km 内 RTK 数据处理的载波相位的整周模糊度能够得到固定解，这样定位精度才能达到厘米级。根据实际作业情况，一般将流动站和基准站的距离控制在 6km 之内。

3. 起降点保护

要保障起降点的安全，需进行起降点清场，确保起降场地 10m × 10m 范围内无人，停机坪平整无杂物、开胶等，避免出现图 11-6 所示的现象，合格的起降点如图 11-7 所示。

图 11-6　不合格的起降点

图 11-7　合格的起降点

任务准备

物流无人机、包裹、载荷箱、基站、无人机运营平台等。

任务实施

1. 物流无人机载重起飞

物流无人机的操控主要由遥控器的左右两个摇杆完成，每个摇杆均有上、下、左、右 4 个运动方向，分别控制不同的飞行动作。但不同遥控器的操控方式不同，本任务主要是美国手操作方法。

起飞与降落是飞行过程中首要的操作，尤其是装有载荷箱的物流无人机，要确保无人机的稳定起飞，必须严格做好飞行准备。

在完成载重飞行前的检查和准备后，单击“一键作业”按钮，执行起飞操作，如图 11-8 所示。

按照操作要求控制无人机起飞，在推动油门时一定要缓慢，即使已经推动一点距离，电动机还没有起动也要慢慢来，这样可以防止由于油门过大而无法控制飞行器。在物流无人机起飞后，不能保持油门不变，而是在无人机达到一定高度（一般离地面约 1m）后开始降低油门，并不停地调整油门大小，使物流无人机在一定高度内徘徊。这是因为有时油门稍大物流无人机就上升，有时油门稍小物流无人机又下降。有载荷的物流无人机也会因为油门控制不当而不稳定，所以必须将油门控制得当才可以保持适当的飞行高度。

在起飞操作中还需要注意保证物流无人机的稳定，飞行器的摆动幅度不可过大，因载重起飞的物流无人机会更加不稳定，摆动幅度过大有打坏螺旋桨的可能。

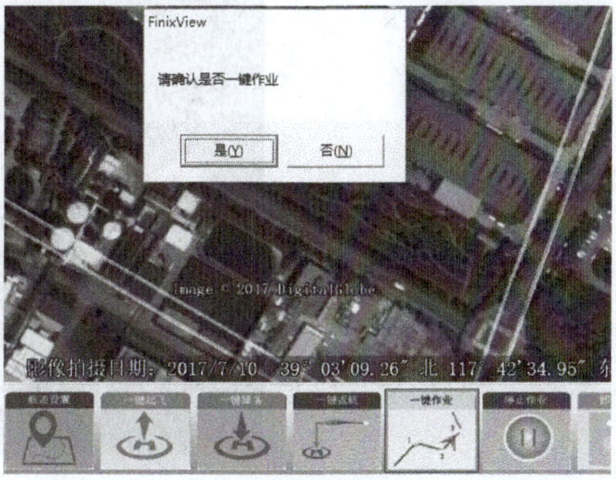

图 11-8　一键起飞确认界面

2. 物流无人机载重运输航线飞行

物流无人机应按照规划好的运输航线进行飞行，其中航点的空间平面布局如图 11-9 所示。

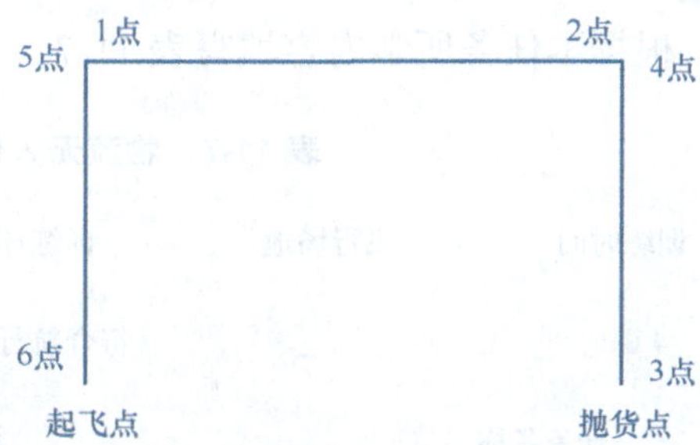

图 11-9　航点的空间平面布局

完成载重起飞后，载重的物流无人机悬停在起飞点上空 1 点位置，此时要注意载荷箱和物流无人机的稳定情况。然后物流无人机头朝向前方，保持匀速直线飞行，飞到 2 点位置，再缓慢减小油门，使物流无人机下降，无人机将在抛货点上空 1.5m（3 点位置）处悬停并抛货，如图 11-10 所示。

无人机抛货后将由配送人员完成最后的订单交接，如图 11-11 所示。

在 3 点位置悬停 3s 后无人机将爬升返航，爬升到 4 点位置，然后机头朝向起飞方向，保持匀速直线飞行至 5 点位置，并缓慢减小油门，使物流无人机下降，当离地面 30cm（6 点位置）时，停止下降动作，使物流无人机保持稳定姿态，继续减小油门使物流无人机安全降落返航，完成整个载重运输飞行任务。

图 11-10　物流无人机悬停并抛货

图 11-11　订单交接

检查评议

根据本任务所学内容填写表 11-7。

表 11-7　物流无人机载重运输航线飞行训练考核单

<table>
<tr><td colspan="2">训练时间</td><td>飞行场地</td><td colspan="2">训练环境</td><td colspan="3">使用机型</td></tr>
<tr><td colspan="2">4 课时</td><td></td><td colspan="2">符合航行要素</td><td colspan="3"></td></tr>
<tr><td rowspan="6">评分标准</td><td>任务名称</td><td colspan="3">评分要求</td><td>满分</td><td>扣分</td><td>得分</td></tr>
<tr><td>调节油门</td><td colspan="3">增加或减小油门时要保证缓慢匀速，如出现突然增加或减小油门情况适当减分</td><td>20 分</td><td></td><td></td></tr>
<tr><td>起飞动作</td><td colspan="3">油门处于中立位置时是否果断，如无人机出现再次触碰地面情况，触碰一次扣 5 分，扣完为止</td><td>20 分</td><td></td><td></td></tr>
<tr><td>飞行高度</td><td colspan="3">在飞行过程中应保证高度一致，若出现大幅度掉高或上升情况，出现一次扣 5 分，扣完为止</td><td>20 分</td><td></td><td></td></tr>
<tr><td>载荷箱稳定</td><td colspan="3">负有载荷任务的无人机在起飞及运输飞行的过程中是否有不稳定现象，若有飞行不稳定现象，根据情况适当减分</td><td>20 分</td><td></td><td></td></tr>
<tr><td>降落动作</td><td colspan="3">物流无人机降落接触地面幅度是否平稳，是否出现弹跳，如触碰地面幅度较大，扣 5 分，弹跳一次扣 10 分，扣完为止</td><td>20 分</td><td></td><td></td></tr>
<tr><td colspan="5">合计总分</td><td>100 分</td><td></td><td></td></tr>
</table>

问题管理

1）途中丢失信号：无人机此时会在丢失信号位置附近悬停、缓慢漂移，需要操作人员迅速赶到无人机最后位置点，手动降落，取下包裹，将包裹代运到抛货点，并携带无人机返回。

2）降落点抛货失败：操作人员切换姿态模式，手动降落，将包裹取下，并将无人机带回。

3）空中意外迫降：赶去降落点取回无人机。

4）突然失控坠落：迅速提升危险等级，直接汇报给总负责人，按照出现伤人伤物的最严重事故做预案，迅速准备好公关资源，自己人第一时间赶赴现场处理，并联系政府配合保护事故现场。

任务小结

本任务介绍了物流无人机载荷飞行前的取货、基站架设、起降点保护等准备工作，也详细介绍了物流无人机载重起飞操作流程及注意事项，并根据规划的运输航线及航点进行载重运输航线飞行，完成载重起飞到成功抛货返航等全部流程。

课后训练

一、选择题（每题可能有一个或者多个正确答案）

1. 下列关于基站架设操作的说法错误的是（　　）。

A. 基准站应尽量架设在地势较高的地方

B. 流动站距基准站不能超过 5km

C. 基站位置不可以随意变动

D. 应保证基站的电池电量充足

2. 以下属于基站架设时应注意的事项是（　　）。

A. 一般固定基站后再通电　　B. 天线应该呈垂直状态

C. 无须考虑周围是否被遮挡　　D. 一定要检查指示灯是否正常

E. 基站每次架设的位置可以不一致

3. 以下属于移动基站组成部分的是（　　）。

A. GPS 接收模块　　B. 通信模块　　C. 变压模块　　D. 充电器　　E. 电池

二、判断题（正确的画“√”，错误的画“×”）

1. 物流无人机在飞行前无须特别检查。（　　）

2. 要保障起降点的安全，进行起降点清场，确保起降场地 10m×10m 范围内无人。（　　）

3. 根据实际作业情况，将流动站和基准站的距离控制在 6km 之内。（　　）

三、简答题

物流无人机在飞行前需要做哪些准备工作？

任务4　物流无人机不同高度不同角度的定向飞行

任务描述

物流无人机操作人员应该具有不同作业环境下安全稳定地操作物流无人机的技能水平，故需要熟练掌握不同高度和不同角度的定向飞行技能，提高对无人机的操控能力。

任务准备

物流无人机训练场地、物流无人机、警戒线、警示标牌、交通锥等。

任务实施

请操控物流无人机按从A点到B点再到C点的路线完成不同高度不同角度的定向飞行任务，如图11-12所示。飞行训练点的属性见表11-8。

图11-12　飞行训练示意图

表11-8　飞行训练点的属性

训练点	属性
A点	起飞点，高度30m，与B点角度45°方向
B点	高度50m，与C点角度150°方向
C点	高度40m，与A点角度300°方向

具体操作步骤如下：

1）用交通锥作为A、B、C三个训练点，完成图11-12所示飞行训练场示意图的布置。

2）起动物流无人机，缓慢推动油门至50%，将无人机飞升至A点高度（30m），对尾悬停5s，操作无人机方向摇杆，控制无人机转动至B点方向，即顺时针旋转45°，悬停5s。

3）操控升降摇杆，使无人机定向匀速前进至B点，悬停5s。

4）缓慢推动油门至50%，将无人机在B点上升至50m，悬停5s，并逆时针转动无人机至C点方向，即转动105°，悬停5s。

5）操控升降摇杆，使无人机定向匀速前进至C点，悬停5s。

6）缓慢降低油门，将无人机降低至40m高度，悬停5s，并逆时针转动无人机至A点方向，即转动150°，悬停5s。

7）操控升降摇杆，使无人机定向匀速前进至A点，悬停5s，并逆时针转动无人机150°，对尾悬停5s。

8）按照无人机降落操作要求，完成降落操作。

检查评议

根据本任务所学内容填写表 11-9。

表 11-9　物流无人机不同高度不同角度的定向飞行训练考核表

<table>
<tr><td colspan="2">飞行训练时间</td><td>飞行场地</td><td>训练环境</td><td colspan="3">适用机型</td></tr>
<tr><td colspan="2">4 课时</td><td>平坦开阔</td><td>风速 3 级以下</td><td colspan="3">Y3</td></tr>
<tr><td rowspan="6">评分标准</td><td>任务名称</td><td colspan="2">评分要求</td><td>满分</td><td>扣分</td><td>得分</td></tr>
<tr><td>起飞悬停</td><td colspan="2">操纵无人机解锁起飞，并将各摇杆归位，出现一次解锁未成功，扣 5 分，如果出现带杆现象，扣 10 分</td><td>10 分</td><td></td><td></td></tr>
<tr><td>按照作业要求定向转动</td><td colspan="2">操控物流无人机定向转动，向 A、B、C 三点转动错误一次扣 5 分</td><td>30 分</td><td></td><td></td></tr>
<tr><td>按照作业要求定高悬停</td><td colspan="2">按照作业要求操控物流无人机定高悬停，升降错误一次扣 5 分</td><td>20 分</td><td></td><td></td></tr>
<tr><td>按照作业要求定向定高匀速飞行</td><td colspan="2">操控物流无人机按作业要求定向定高匀速飞行，如果出现偏离航线飞行，每偏离一次扣 5 分</td><td>30 分</td><td></td><td></td></tr>
<tr><td>精准降落</td><td colspan="2">无人机缓缓下降直至触地，迅速将油门收至最小位置，并用遥控器上锁，如果出现粗猛着陆现象，扣 10 分，如果出现着陆时未将油门收到最小或未上锁，扣 5 分</td><td>10 分</td><td></td><td></td></tr>
<tr><td colspan="4">合计总分</td><td>100 分</td><td></td><td></td></tr>
</table>

任务小结

本任务重点介绍了在辅助模式下物流无人机定向定高匀速飞行，通过翔实的操作步骤介绍，使学生能在飞行之前掌握此项飞行技能的要点及注意事项，进而在物流无人机的实践操作中更好地控制无人机。

课后训练

请操控物流无人机按从 A 点到 B 点再到 C 点的路线完成不同高度不同角度的定向飞行任务，如图 11-13 所示。飞行训练点的属性见表 11-10。

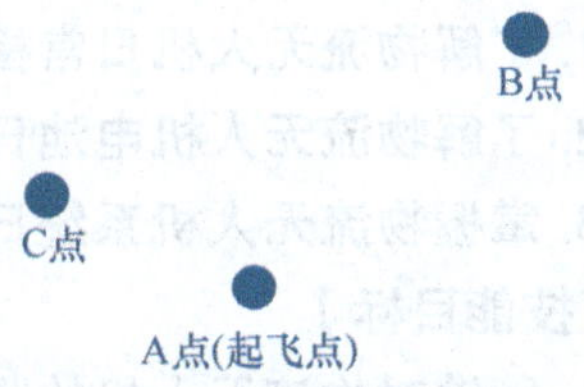

图 11-13　飞行训练示意图

表 11-10　飞行训练点的属性

训练点	属性
A 点	起飞点，高度 40m，与 B 点角度 60° 方向
B 点	高度 50m，与 C 点角度 210° 方向
C 点	高度 40m，与 A 点角度 315° 方向

单元 12 物流无人机系统日常维护

【内容概览】

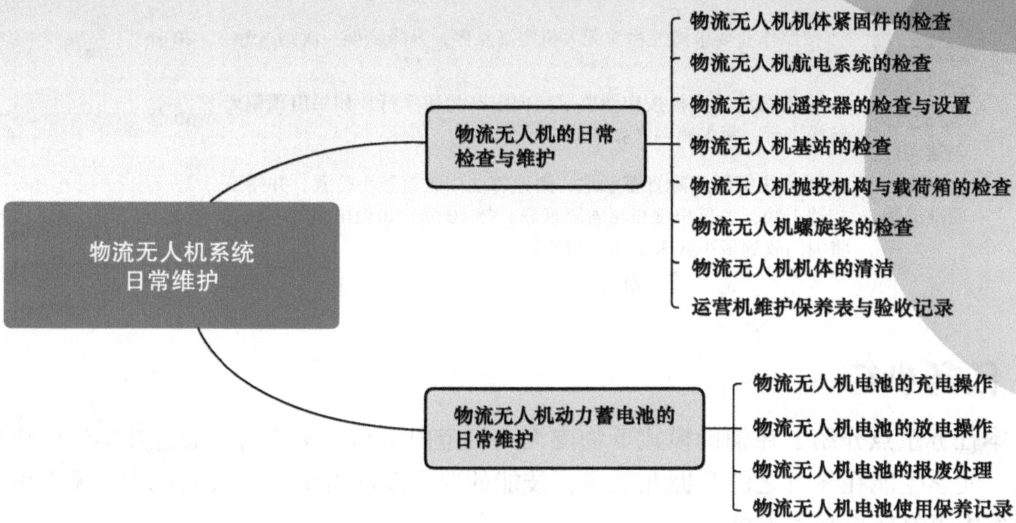

【知识目标】

1. 了解物流无人机日常检查与维护的内容。
2. 了解物流无人机电池日常检查与维护的内容。
3. 掌握物流无人机系统日常维护的操作步骤。

【技能目标】

1. 能够对物流无人机的紧固件和螺旋桨等进行日常检查与维护。
2. 能够对物流无人机的电池进行日常检查与维护。
3. 能够对物流无人机的电池进行充电和放电操作。
4. 能够对物流无人机的电池进行报废处理操作。
5. 能填写物流无人机系统检查履历。

【素养目标】

1. 培养学生的职业意识。
2. 培养学生的安全操作意识。
3. 培养学生深度思考和有效解决问题的能力。

任务 1 物流无人机的日常检查与维护

任务描述

本任务将介绍物流无人机的机体结构部件、航电系统部件、基站部件和机体清洁工具等知识，要求学生能进行物流无人机的日常检查、日常维护和机体清洁，系统性地锻炼学生在物流无人机日常检查与维护方面的技能。

相关知识

物流无人机作为一个新的高科技产品，除了要按照正确的方式操作和使用，日常的维护保养和检查也至关重要，在每次飞行后都应该对无人机进行全面细致的检查，及时发现并处理隐患。物流无人机是一种长期、重复性使用的工具，在多次使用后，一些重要设备容易出现问题，需要定期检修，避免因长时间使用而造成损坏。

物流无人机属于精密器械，任何部件的微小变动都会影响其飞行状态和使用寿命，存在安全隐患。因此，物流无人机在日常使用过程中应小心谨慎，且应定期进行维护和检查。

1. 物流无人机降落后的检查

（1）断电　降落后，应当先断开动力蓄电池与无人机的连接，切忌先关遥控器，以免无人机失控。

（2）电气设备及线路

1）检查电动机、机载舵机、电池，确保温度无异常发烫。

2）电池外观如果发生鼓胀现象，说明电池损坏，应及时更换。检查电池外观后，使用万用表检测电池各电芯间电压差，应不超过 0.2V。

3）电池检查无误后，将电池卸下，放入预先准备好的专用电池箱中。

（3）机身　观察螺旋桨表面是否有光泽、有无裂痕；检查机身各紧固件是否有松动的迹象；清理机身上的灰尘；拆下搭载设备与机身分开收纳。

（4）航电系统检查　检查各机载天线有无外伤、松动。

（5）无人机回收和装箱　物流无人机回收后，进行清洁后装箱。

2. 物流无人机机体结构的检查

1）检查物流无人机各结构是否有异常。

2）检查机壳是否有损伤。

3）检查起落架是否有变形，减震棉是否完好。

4）检查中心碳板是否有开裂、有无变形；机身上盖板有无松动；机体紧固螺钉的标记位置有无移动。

5）载具结构件有无松动。

6）电池接口结构件有无松动。

7）卡扣有无变形、缺失。

8）机臂连接处管夹是否有松动、有无裂纹；机臂各处铆钉是否有松动；机臂折叠机构是否有旷量；机臂折叠件螺纹是否有损伤；机臂折叠件橡胶圈是否有脱落、有无裂纹；机臂碳管是否有裂痕。

3. 物流无人机维护保养的重要性

无人机作为一个高度自动化和集成化的飞行仪器，除了要按照正确的方式操作和使用，日常的维护保养和检查也是至关重要的。无人机的日常维护与保养的重要性主要体现在以下几点：

1）保障无人机在执行任务时正常运行。

2）延长无人机的使用寿命。

3）减少飞行事故，降低飞行成本。

对于一个初学者来说，对无人机的了解比较片面，几乎都会进入这样一个误区，认为无人机的设计、组装、调试和飞行是无人机的全部，加上没有太多连续的飞行任务，对维护保养方面一直不太在意，经常是飞完后直接装箱，再飞的时候拿出来组装飞行。随着任务的增加，问题渐渐浮出水面，典型的有以下几种：

1）再次飞行时发现零配件缺失，导致无法飞行。

2）组装过程中发现无人机有损坏的地方。

3）飞行过程中经常出现发动机熄火、电池异常，甚至出现无人机解体的情况。

经过多次的教训和深入的总结思考后，总结出问题出现的原因：

1）在无人机飞行后没有将零部件和工具归位。由于没有规范的管理，回收后的无人机没有固定的存放位置，每次飞行前都需要重新收拾零件和工具及其他辅助设备，加上平时接触无人机的人比较多，使用工具或者动用无人机部件没有记录，进而出现丢三落四的情况。这是很多无人机学员在初期的通病，因此需要对整个工作流程进行规范化、流程化管理，才能有效避免这种混乱带来的隐患。

2）在飞行后没有对无人机进行全面彻底的检查。无人机和有人机不同，几乎没有哪次是在条件良好的机场跑道上进行起降的，由于起降场地的条件差，无人机，尤其是常规起降的无人机极易在起降过程中因为冲击大造成局部的损伤，而且有些结构损伤是不容易通过外表发现的。在每次飞行后都应该对飞行器本身进行全面细致的检查，及时发现并排除隐患。

3）没有对重要的设备进行定期检查。无人机是一种长期、重复使用的设备，在多次使用后，一些重要零件容易出现问题。以电池为例，无人机飞行时间长、振动大，电池的耐用性要求很高。如果操作人员缺乏常识，加上飞行间隔时间不固定，电池经常充满电储存，会造成电池性能下降很快。同理，无人机的结构，尤其是连接部分由于经常拆解和有振动冲击，容易老化损坏，都需要在维护过程中加以注意。

4. 物流无人机电动机和螺旋桨的检查和保养

(1) 维护保养电动机时的注意事项

1）检修电动机时一定要将螺旋桨拆除，拆除时使用扳手等工具以免破坏电动机轴。

2）将螺旋桨取下后方可起动电动机，观察各电动机轴旋转时是否出现虚影，若出现虚影则说明该电动机轴不直，需要更换电动机轴或直接更换相同型号的电动机。

3）保持电动机内部洁净，定期检查是否有异物附着于电动机内部的定子绕组表面，如果表面有异物，应使用吹风机清理。

4）检查和清擦电动机接线处。检查接线盒的接线螺钉是否松动、有无烧伤。

5）检查各固定部分螺钉，将松动的螺母拧紧。

6）用手转动转轴检查是否灵活，有无不正常的摩擦、卡阻、窜轴和异常响声。同时检查电动机上各部件是否完备。

如果通电后某个电动机不转、转速很低或有异常响声，应立即断电，若通电时间较长，极有可能烧毁电动机，甚至损坏控制电路。

如果无人机在悬停时出现无故侧倾或无法顺利降落，可能是电动机出现了问题。此时，可先尝试重新校正机身后再起飞，若仍然出现问题，就要及时送厂检修，避免出现电动机停转导致无人机失控甚至炸机。另外，无人机飞行前需要确认电动机与螺旋桨是否已经固定，飞行后及时检查电动机中是否存在杂物并清理。

(2) 维护保养螺旋桨时的注意事项

1）观察桨面是否出现裂纹、磨损，若出现应及时更换相同型号的新桨。

2）安装桨叶时切勿用手或扳手过度旋紧，旋至桨叶与电动机轴不滑动即可，若过度旋紧，在高速旋转过程中可能因应力过大导致螺旋桨断裂而折桨。

3）注意起飞前螺旋桨是否按顺序固定好。

(3) 维护保养电调时的注意事项

1）因为电调工作过程中需要散发热量，长时间作业后积累的污垢会影响散热效果，导致电调过热，严重时会出现烧毁现象，所以此处应该及时清理，保证散热正常。

2）在清洗时严禁使用高压水枪、浸泡等方式，防止其内部进水导致电调短路而出现烧毁现象。

5. 物流无人机的清洁

物流无人机是一种精密器械，要使无人机处于最佳飞行状态，延长使用寿命，就需要对无人机做一些简单的维护保养。首先，需要准备一个小工具箱，包含无人机的保养、清洁和修理工具等。这些工具需和无人机的品牌、型号相匹配。

1）工具箱：小工具箱能够装下所有需要的工具，方便携带，而且能够快速进行现场检查。

2）柔软的小清洁刷：用于清除陷入无人机角落与缝隙中的尘垢，也可以用清管器代替。

3）罐装压缩空气：清洁彻底，不留水痕，环保配方，带强力小气吹，能有效地清洁缝隙内的灰尘，适合用来清除无人机电动机或电路板旁边的尘垢，而且还不会损坏无人机。

4）异丙醇清洁剂：这种清洁剂可以去除污垢、草渍、血渍等各种顽渍，还不会损坏电路，可以让无人机外壳光洁如新。

5）超细纤维布：这种布吸水去污能力强、易清洗、不掉毛、不生菌、不伤物体表面，又可以和异丙醇清洁剂协同工作、配合完美，能把无人机清洁彻底。

6）三合一多用途润滑剂：这种润滑剂包装小巧、使用方便、高效润滑且有清洁、防锈功效，能精准点滴在需要保养的部位，适用于各种金属制品表面的润滑、防锈，包括精密轴承、齿轮的润滑，各类工具的润滑、保养，也可用于家居用品的日常保养。在放飞无人机之前一定要携带一瓶三合一多用途润滑剂，以防临时需要。

任务准备

物流无人机维护和保养所需工具见表 12-1。

表 12-1　物流无人机维护和保养所需工具

保养工具	清洁工具
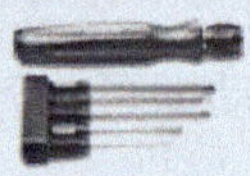 六棱角螺丝刀一套  斜口钳一把  尖嘴钳一把  剪刀  电烙铁  热风枪	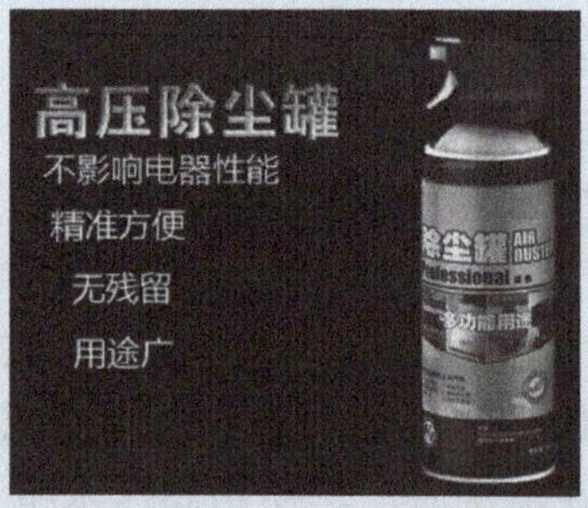

任务实施

1. 物流无人机机体紧固件的检查

机体紧固件结构检查操作步骤见表 12-2。

表 12-2 机体紧固件结构检查操作步骤

操作步骤	操作说明	示意图
1	检查无人机各结构是否有异常	 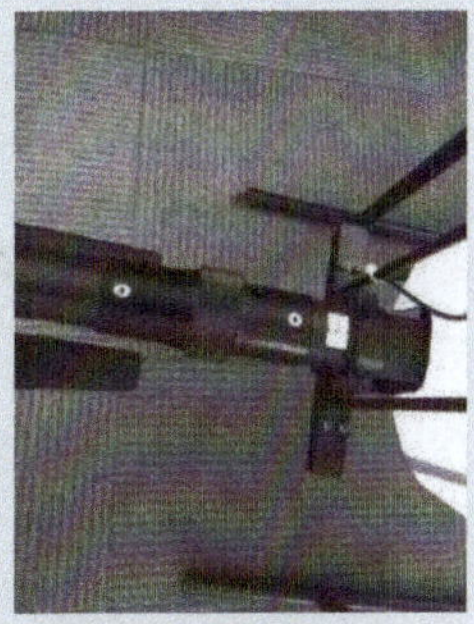
2	机壳：无损伤	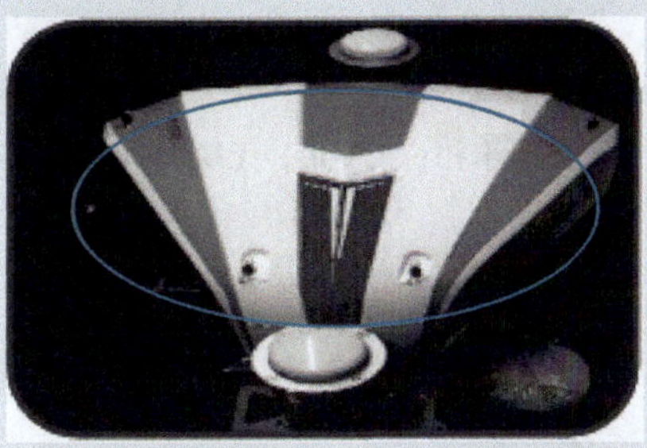
3	起落架：无变形，减震棉完好	
4	中心碳板：无开裂，无变形 机身上盖板：无松动 机体紧固螺钉：标记位置无移动	
5	载具结构件：无松动	

（续）

操作步骤	操作说明	示意图
6	电池接口结构件：无松动	
7	卡扣：无变形，无缺失	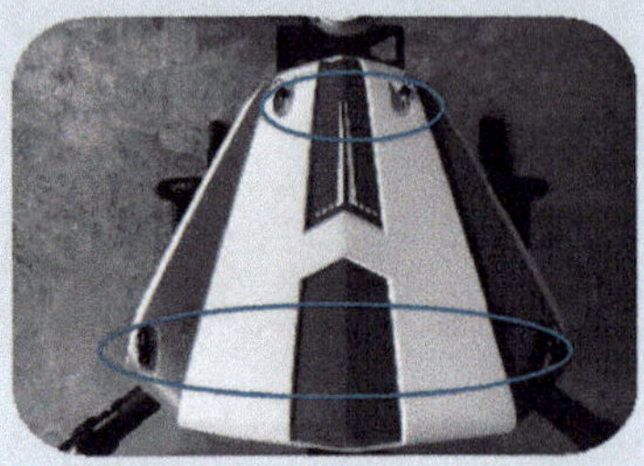
8	机臂连接处管夹：无松动，无裂纹	
9	机臂各处铆钉：无松动	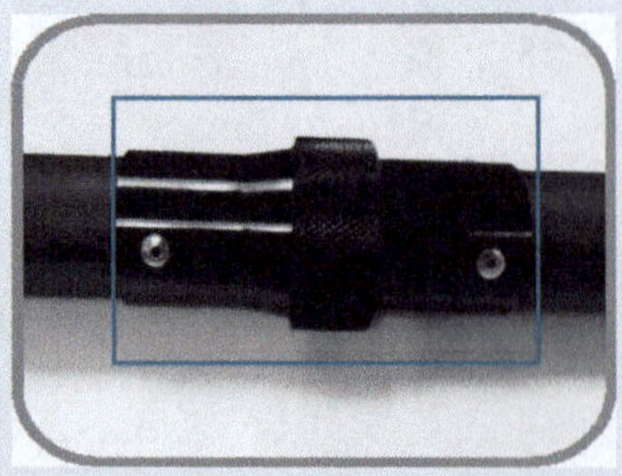
10	机臂折叠机构：无松动旷量	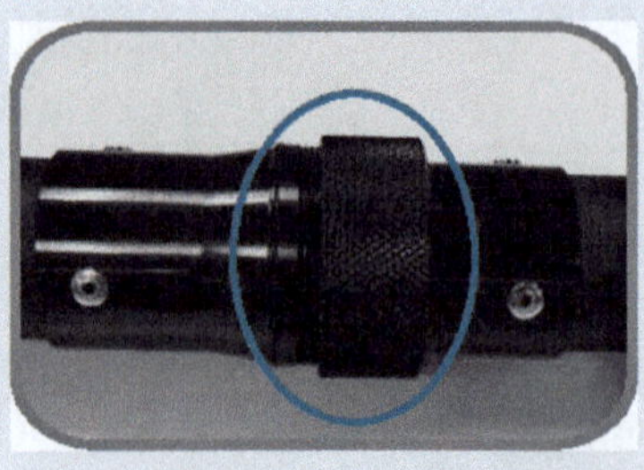

（续）

操作步骤	操作说明	示意图
11	机臂折叠件螺纹：无损伤	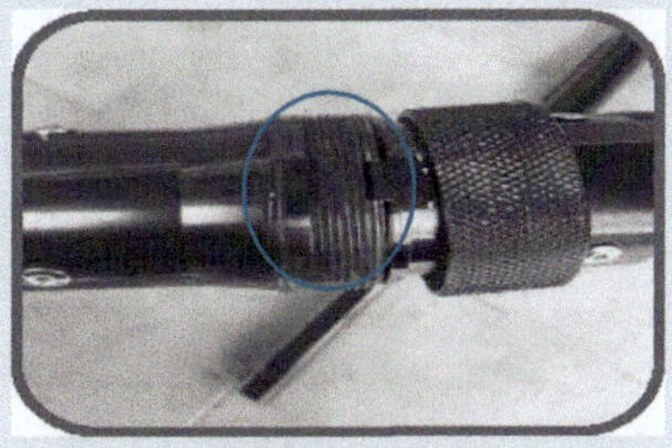
12	机臂折叠件橡胶圈：无脱落，无裂纹	
13	机臂碳管：无裂痕	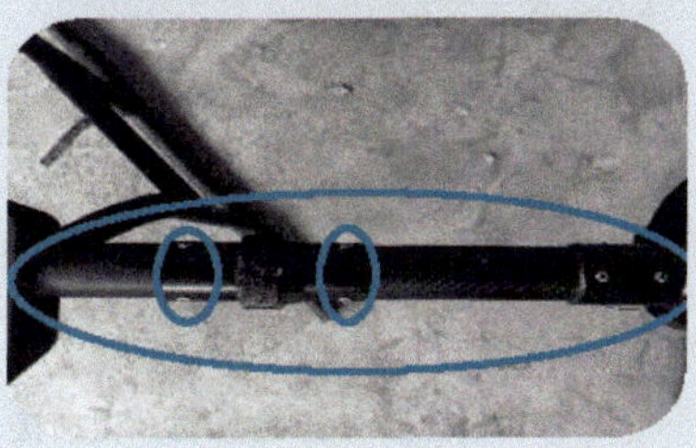

2. 物流无人机航电系统的检查

航电系统的检查主要包括以下几个方面：

1）检查机舱内各线路是否连接正常。

2）检查飞控各模块位置是否固定。

3）检查各传感器。

物流无人机航电系统检查操作步骤见表 12-3。

表 12-3　物流无人机航电系统检查操作步骤

操作步骤	操作说明	示意图
1	机舱内飞控等各模块位置是否固定	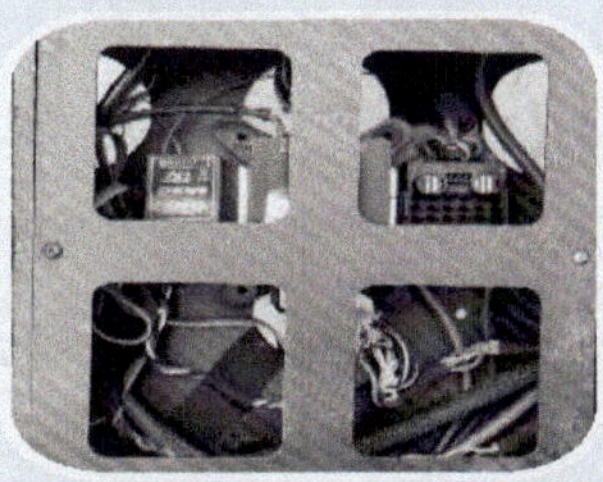

（续）

操作步骤	操作说明	示意图
2	GPS 天线、差分天线是否固定、有无损伤	
3	激光定高模块是否有损伤、是否有灰尘遮挡	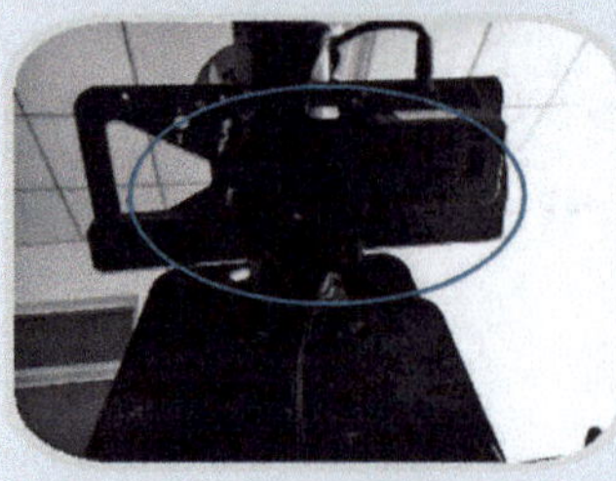
4	电源插头：无松动，无虚接	
5	电调线路：无虚接，无破损	
6	定期对电调作安全检查，查看是否有漏电的现象，如果有就要及时去维修或者更换 电调固定螺钉是否松动	

（续）

操作步骤	操作说明	示意图
7	传感器线路：无虚接，无破损	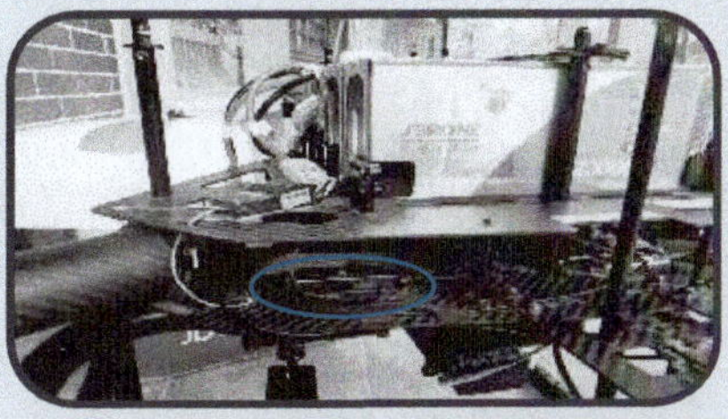
8	接收机天线：无虚接，无破损	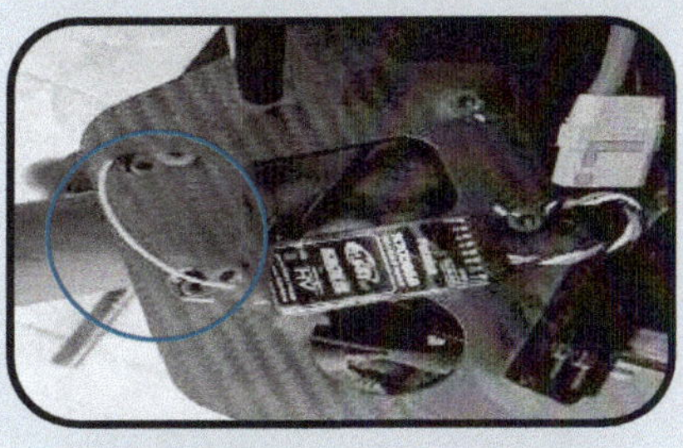
9	检查机舱内各线路是否连接正常 检查飞控各模块位置是否固定 检查各传感器是否正常工作	

3. 物流无人机遥控器的检查与设置

遥控器的设置正确与否关系到每日试飞与突发情况时是否能及时安全地将无人机接管。遥控器的主要检查点：遥控器电压；模型与发射制式；各通道设置（FUNCTION）；正反舵设置（REVERSE）；失控保护设置（FAIL SAFE）；行程量（END POINT）。

物流无人机遥控器如图 12-1 所示，检查操作步骤见表 12-4。

图 12-1 物流无人机遥控器

表 12-4　物流无人机遥控器检查操作步骤

操作步骤	操作说明	示意图
1	遥控器电压为 6.6V	
2	遥控器发射制式为 14CH	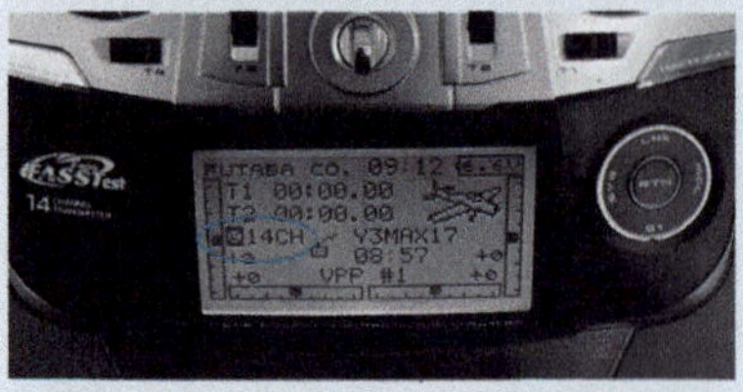
3	模型名称为 Y3MAX17	
4	模型类型为固定翼	
5	FUNCTION 日本手为 model 1 1：J1、2：J3、3：J2、4: J4	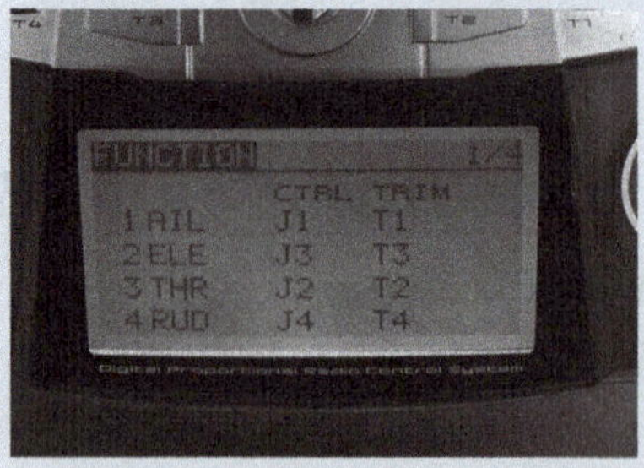
6	FUNCTION 美国手为 model 2 1：J1、2：J2、3：J3、4: J4	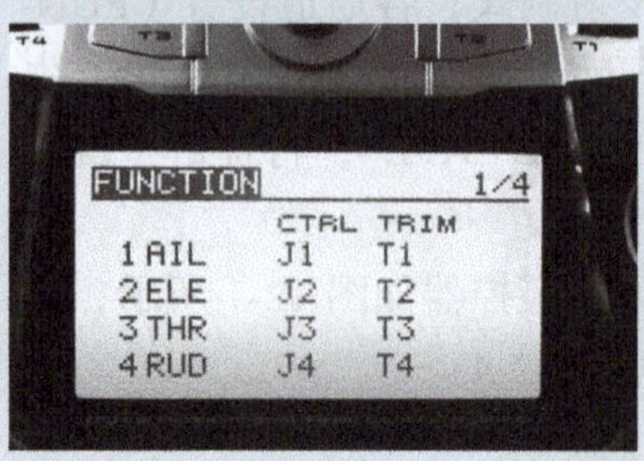

（续）

<table>
<tr><th>操作步骤</th><th>操作说明</th><th>示意图</th></tr>
<tr><td>7</td><td>REVERSE
3、5、6、7、8 为 REV（反舵）</td><td>
</td></tr>
<tr><td>8</td><td>FAIL SAFE
3：F/S ON +0%
7：F/S ON −135%</td><td>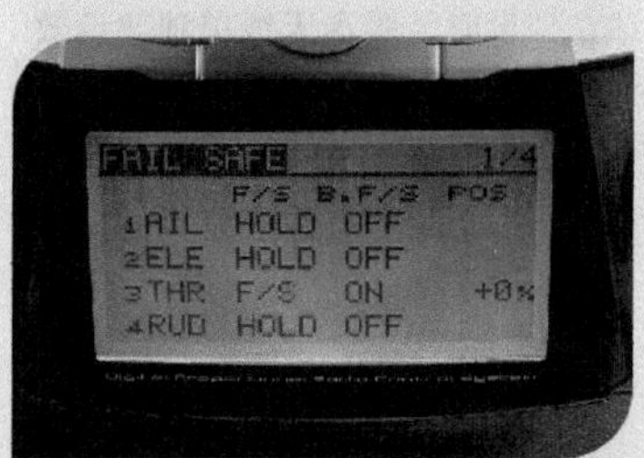

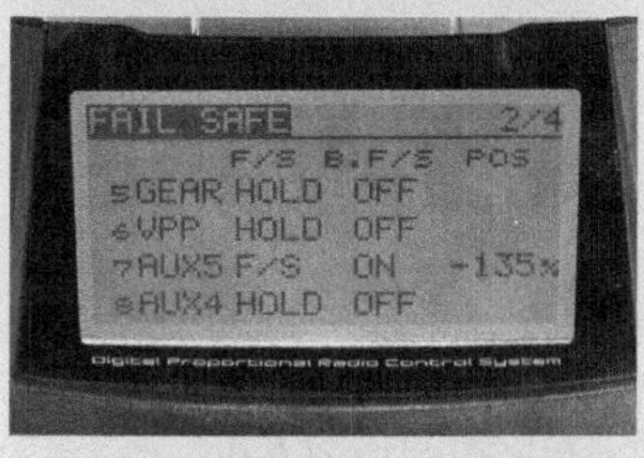
</td></tr>
<tr><td>9</td><td>END POINT
5：135 80 80 135
6：135 80 80 135
7：135 80 80 135
8：135 80 80 135</td><td>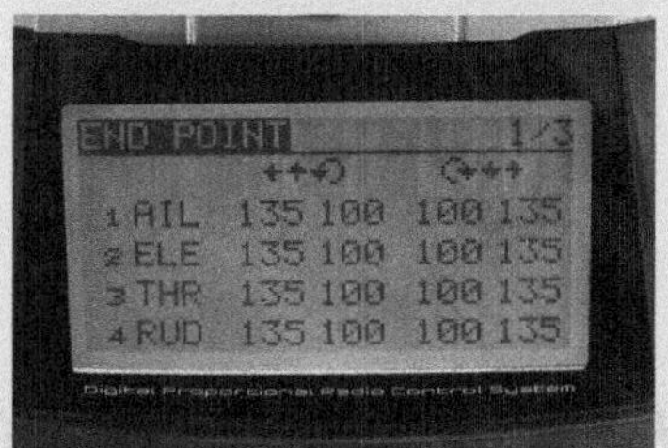

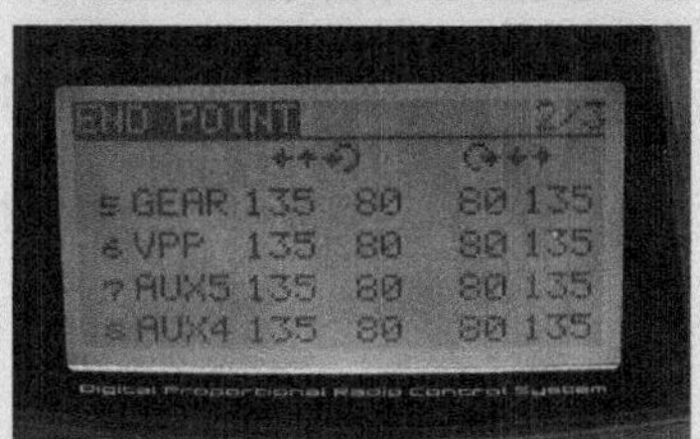

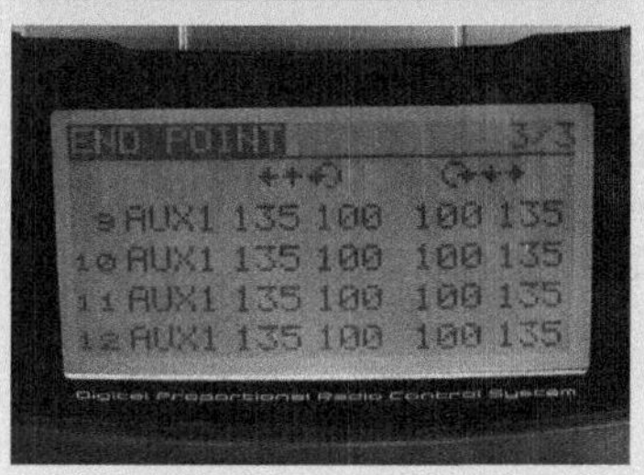
</td></tr>
</table>

4. 物流无人机基站的检查

物流无人机基站检查操作步骤见表 12-5。

表 12-5　基站检查操作步骤

操作步骤	操作说明	示意图
1	基站在架设时，吸盘天线单独架设效果最好；吸盘天线应远离基站与电源线；若考虑使用的时间，可配移动电源进行充电。正确的架设方式如右图所示	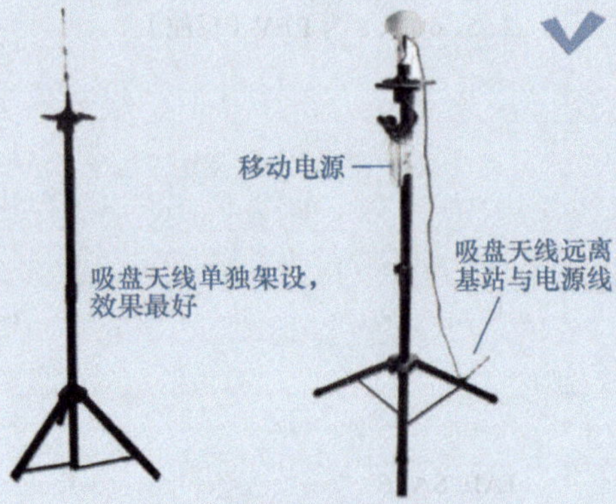 注：图中的支架与移动电源为选配产品
2	如右图所示，吸盘天线与基站及电源线过近，均是错误的架设方式	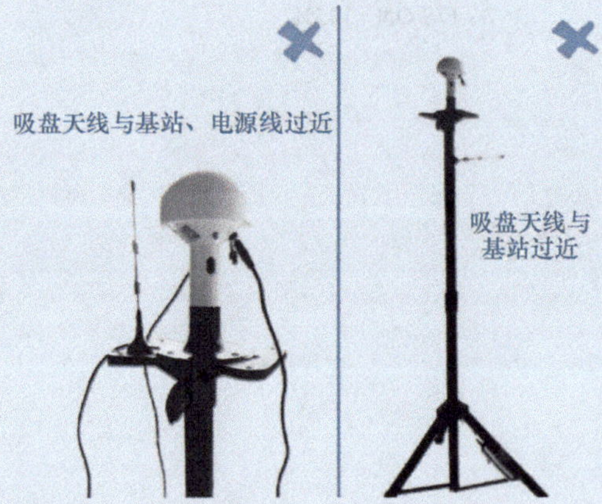

5. 物流无人机抛投机构与载荷箱的检查

物流无人机抛投机构与载荷箱检查操作步骤见表 12-6。

表 12-6　抛投机构与载荷箱检查操作步骤

操作步骤	操作说明	示意图
1	检查投放舵机是否有卡滞情况，投放的过程是否顺滑（如有卡顿情况，可在拉杆处涂抹润滑油）	

（续）

操作步骤	操作说明	示意图
2	检查上下移动减振机构是否有无法伸缩的情况	
3	检查载荷箱是否有破损，是否能承载相应重量的货物	

6. 物流无人机螺旋桨的检查

物流无人机螺旋桨（见图 12-2）主要检查以下几个部分：检查螺旋桨主体是否出现裂纹，桨尖是否有破损；检查桨夹螺钉是否固定；螺旋桨表面的污垢需要进行清洁，特别是前缘易存留大量尘土；检查电动机是否顺滑、有无异物、底座螺钉是否松动。

其检查操作步骤见表 12-7。

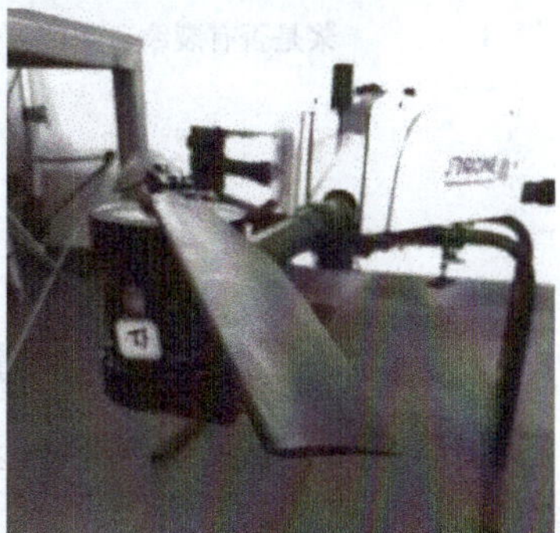

图 12-2　物流无人机螺旋桨

表 12-7　物流无人机螺旋桨检查操作步骤

操作步骤	操作说明	示意图
1	电动机是否顺滑、有无异响	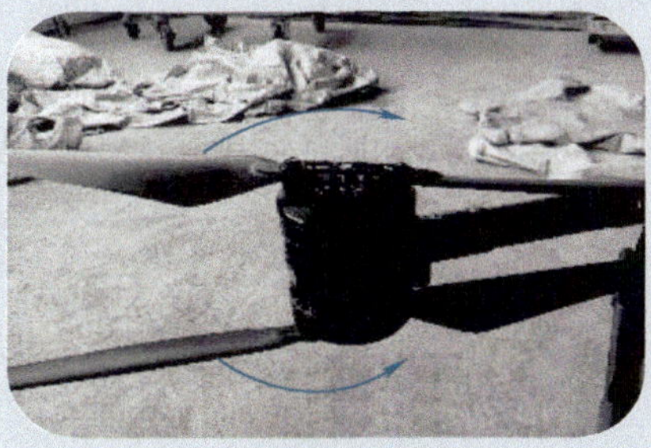

（续）

操作步骤	操作说明	示意图
2	电动机与底座的固定螺钉是否拧紧	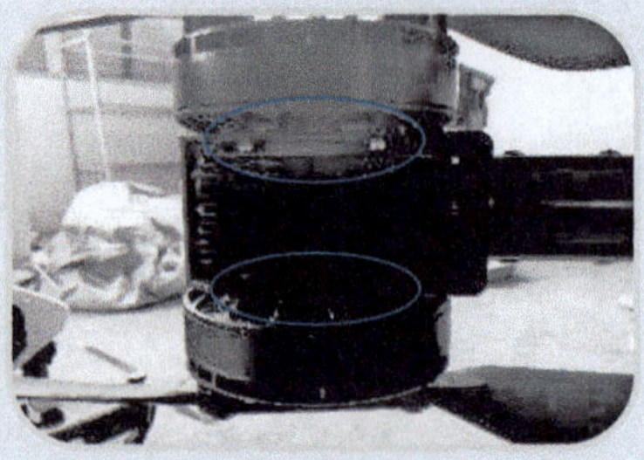
3	电动机与桨的固定螺钉是否拧紧	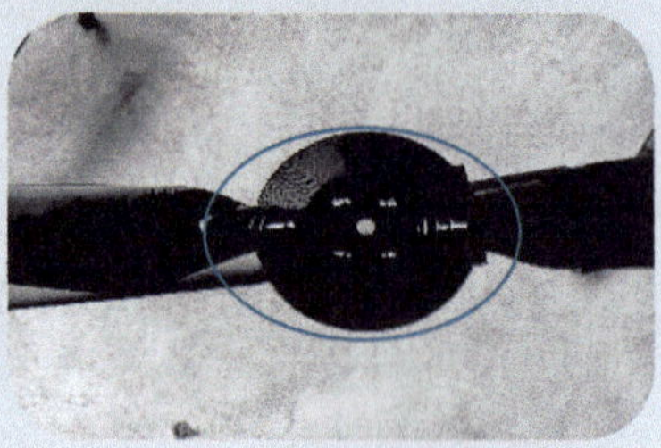
4	桨是否有裂纹，桨的翼尖是否有破损	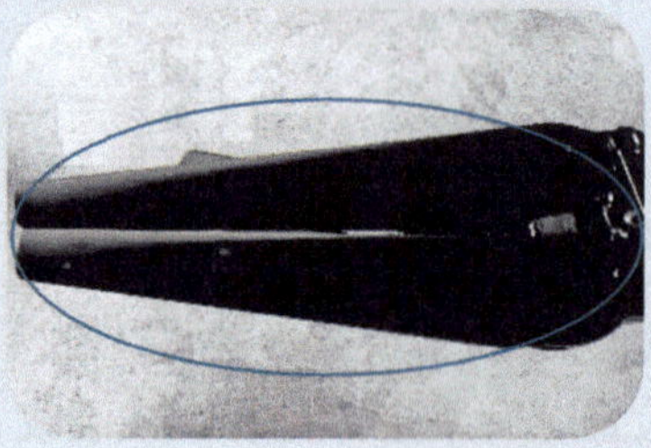

7. 物流无人机机体的清洁

物流无人机机体清洁操作步骤见表 12-8。

表 12-8　物流无人机机体清洁操作步骤

操作步骤	操作说明	示意图
1	准备物流无人机相应维护工具，用于机体部分结构拆卸，以便于维护与清洁	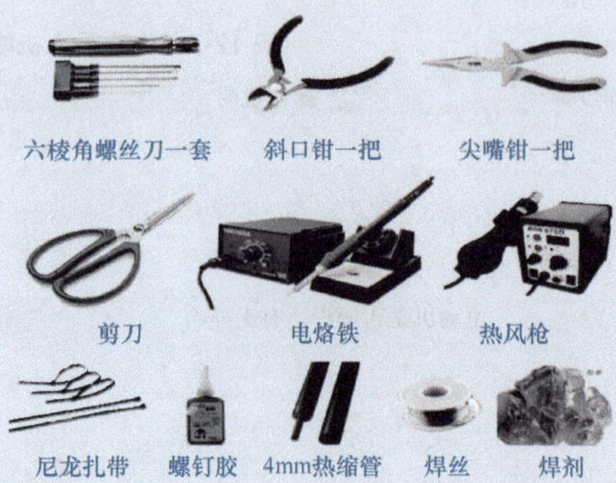

（续）

操作步骤	操作说明	示意图
2	从外观观察物流无人机机体是否有灰尘、水渍、油渍，可以使用超细纤维布擦拭	
3	使用柔软的清洁刷，与清洁剂搭配使用，清理机体角落与缝隙中的尘垢，去除各种顽渍，注意不要损坏电路与线缆	

8. 运营机维护保养表与验收记录

根据以上各方面的保养检查，完成运营机维护保养表及验收记录，见表 12-9。

表 12-9　运营机维护保养表及验收记录

运营机维护保养表及验收记录								版本号	Rev V1.0
型号		出厂编号		运营站点				年份	
序号	主要保养项目			保养月份					备注
				保养人					
				/	保养结果				
1	机体结构	中心板	无变形、开裂						
2		碳管	无损伤、裂痕						
3		机体紧固螺钉	无松动、氧化						
4		机臂折叠机构	无松动、旷量						
5		机臂折叠件螺纹	无损伤						
6		机臂折叠件橡胶圈	无脱落						
7		机臂连接处管夹	无松动、裂纹						
8		机臂铆钉	无松动						
9		电动机座	无变形						
10		电调	固定						
11		电动机	顺滑，无破损						
12		GPS 支架、RTK 支架	无松动						
13		航灯	无松动						
14		激光模块支架	无松动						
15		激光模块	无损伤						

12

（续）

序号	主要保养项目		保养月份					备注
			保养人					
			/	保养结果				
16	机体结构	电池接口结构件	无松动					
17		机身上盖板	无松动					
18		载具结构件	无松动					
19		舵机结构	固定，动作顺畅					
20		卡扣	无变形					
21		飞控各模块	固定					
22		脚架	无变形					
23		机壳	无损伤					
24		螺旋桨外观	无损伤					
25		螺旋桨动平衡	旋转平衡					
26	航电线路	总电源插头	无松动、虚接					
27		电调信号线路	无虚接、破损					
28		传感器线路	无虚接、破损					
29		接收机天线	无虚接、破损					
30		投放舵机线路	无虚接、破损					
31	基站	馈线	无损伤，固定牢靠					
32		支架	无损伤					
说明	按照保养月份进行维护保养，每次保养完成后此表交主管领导进行归档保存，再次维护保养时领取							

检查评议

根据本任务所学内容填写表 12-10。

表 12-10　物流无人机系统日常检查考核评分表

内容		自我评价	小组评价	教师评价
物流无人机动力系统检查	物流无人机电动机检查（20 分）			
	物流无人机螺旋桨检查（20 分）			
	物流无人机电调检查（20 分）			
	物流无人机电池检查（20 分）			
物流无人机运输装置检查	物流无人机抛投机构检查（20 分）			

问题管理

1）物流无人机维护保养与清洁一定要保持断电状态。

2）物流无人机检查与清洁过程中应注意力度，避免力度过大导致机体部件受损。

3）对航电系统进行清洁时，注意避开电路板，不要损伤电路和线缆的连接。

4）螺旋桨作业完成后需及时将表面清洁干净，表面破损、有裂纹的需要及时更换。

5）电动机要保持干燥，旷量较大时需要及时更换电动机或内部轴承。

6）电调在清洗时严禁使用高压水枪、浸泡等方式，防止内部进水导致电调短路而出现烧毁现象。

7）需要拆卸机体进行检查和清洁时，使用专用的配套工具。

8）对无人机进行清洁时，使用纤维布和专业清洁剂，并防止清洁剂损坏无人机。

任务小结

本任务重点介绍了物流无人机机体检查及清洁的步骤和内容，要求学生能够进行物流无人机机体的日常检查与维护操作，同时了解物流无人机回收检查操作。

课后训练

一、简答题

1. 无人机日常维护与保养的重要性主要体现在哪些方面？

2. 物流无人机降落后需检查哪些方面？

3. 如何对物流无人机进行机体清洁？

二、填空题

1. 无人机返航降落后，先断开________，后关________。

2. 电池外观如果发生鼓胀现象，说明电池损坏，应及时更换。检查电池外观后，使用万用表检测电池各电芯间电压差，应不超过________。

3. 电池检查无误后，将电池卸下，放入预先准备好的专用________中。

三、操作题

分小组在规定时间内完成物流无人机系统日常检查与清洁操作，并填写表 12-11。

表 12-11　物流无人机系统日常检查与清洁考核评分表

内容	自我评价	小组评价	教师评价
无人机回收机体固件检查（30 分）			
无人机机体螺旋桨检查（30 分）			
无人机机体清洁操作（30 分）			
团队精神（10 分）			

任务 2　物流无人机动力蓄电池的日常维护

任务描述

本任务将介绍物流无人机电池的基础知识和使用操作要求，要求学生能对物流无人机动力蓄电池进行正确的充电和放电操作，并能根据电池的特性进行合理的存放、运输、报废与安全处理等操作，系统地锻炼学生在物流无人机电池使用和保养方面的技能。

相关知识

电池是保证无人机正常起飞的必要条件，如何才能增加其使用寿命是值得每一位无人机拥有者深思的问题。无人机电池、手机电池都是锂电池，是设备的动力来源，对安全性能要求较高。但两者又存在差异，无人机电池较手机电池有一个显著的特点：放电能力要求高。无人机电池需要大电流放电，以此来满足无人机在不同环境下的使用要求，例如航拍时，如果遇到一阵强风，那么需要电池大电流放电来做出相应的补偿，以保证无人机的位置不变。

电池外观检查见表 12-12。

表 12-12　电池外观检查

电池	说明
 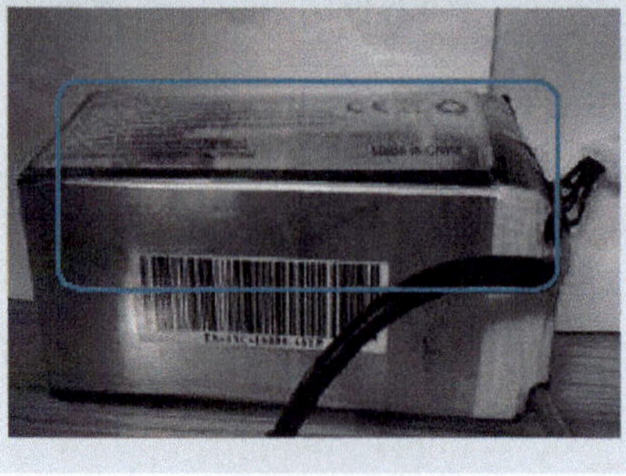	① 检查电池外箱有无受损，是否出现变形，电线是否出现破损现象 ② 检查电池外观是否出现明显鼓胀、破损、漏液、变形现象，电压是否正常

（1）电池的使用

1）电池来料接收。来料检验时，需检查外箱有无受损，如出现变形或破损现象，需开箱确认电池是否有压伤、变形现象；按规定的标准检查电池是否合格；若存入仓库需标识清楚来料型号规格、日期等信息。

2）电池取用原则。使用应遵循先进先出原则，同时便于识别储存时间过长的产品。

3）电池的电压。电池的正常电压为 3.5 ~ 4.35V（高压版为 4.35V），电池在充放电工作时，应控制在此范围内；使用中的电池组，电池压差范围为 100mV 内。

电芯能承受的最高极限电压为 4.2V（高压版为 4.35V），最低限制电压为 3.2V，当电池电压高于 4.2V（高压版为 4.35V）或低于 3.2V 时可能造成电芯的充放电性能和安全性能受损，可能会导致发热、泄漏、胀气；针对植保无人机或其他工作电流超过 5C 的产品建议放电截止电压取 3.6 ~ 3.7V，以降低过放电的风险。

（2）电池的储存

1）储存温湿度。电芯储存温度必须在 –10 ~ 45℃的范围内；仓库环境温度为（23 ± 5）℃，最高不超过 30℃，湿度为（65 ± 20）%RH。

2）储存间距。注意保持仓库干燥、干净、不拥挤；箱子与箱子间的间隙建议保持 0.5 ~ 0.8m；应存放于特定的电池防爆箱内进行储存。

3）储存电压。储存电压一般为 3.8 ~ 3.9V；长期储存（超过 15 天）时须确保电池电量在 30% ~ 60%，严禁满电（单节电芯电压≥ 3.95V）状态下储存。

4）消防要求。电池仓库中应配有消防沙、石棉毯、石棉手套、坩埚钳（或火钳）、口罩，还必须装备烟雾报警器；建议采用 24h 值班制，仓管人员应具备较高的消防意识，定期进行灭火器使用、应急疏散等消防演练。

5）其他要求。设置良好的抽排风系统；砖墙实墙相隔；具备二级防火门。

6）电池电压检测。对所有电池进行电压检测，按收到日期计算搁置时间，并按表 12-13 中的压差标准进行判定。

表 12-13　电压搁置标准

存放时间	压差标准	低压判断标准
10 ~ 30 天	≤ 30mV	≤ 3.8V
30 ~ 180 天	≤ 50mV	≤ 3.7V
180 天以上	≤ 100mV	≤ 3.6V

（3）电池的运输

1）针对长途运输的电池带电量需保持在 30% ~ 60%，严禁满电运输。

2）对待运输的电池需做好填充、防撞等措施，避免电池受到剧烈碰撞或振动。

3）若发现电芯有任何异常特征，如电芯塑料封边损坏、外壳破损、闻到电解液气味、电解液泄漏等，该电芯不得使用。有电解液泄漏或散发电解液气味的电池应远离火源，以免发生危险。电池的运输如图 12-3 所示。

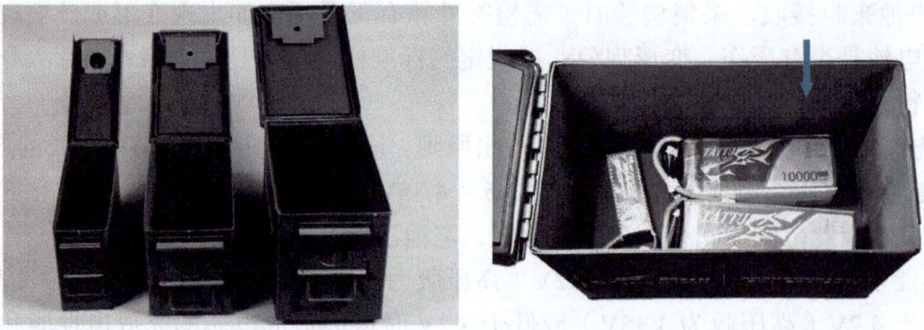

图 12-3　电池的运输

（4）防火注意事项

1）正确的灭火方法。电池在充电柜上起火时，首先应切断设备电源；迅速观察附近石棉手套、石棉毯（见图 12-4）存放位置，用石棉手套或火钳摘下充电柜架上燃烧的锂电池，将其搁置于地面或消防沙桶（见图 12-5）中；用石棉毯盖住地面上锂电池燃烧的火苗，再用消防沙掩埋石棉毯来隔绝空气将其窒息。

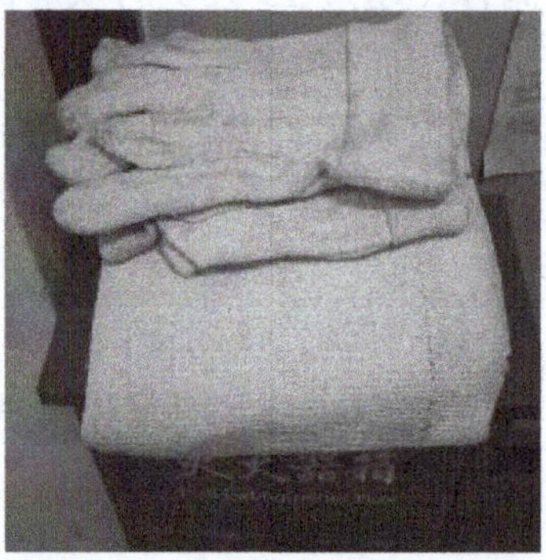

图 12-4　石棉手套和石棉毯

图 12-5　消防沙桶

2）切忌用干粉扑灭电池火灾，因为固体金属化学火灾需要大量粉尘才能覆盖，且干粉对设备有腐蚀作用，也污染空间；二氧化碳不污染空间和腐蚀机器，但只能达到对火苗瞬间抑制作用，需与消防沙、石棉毯配合使用。

（5）电池的报废回收

1）锂电池“停止使用”原则：连续两次充放电的容量低于标称容量的 80%；锂电池充放电 150 次左右，压差≤ 100mV。如果单块锂电池达到以上任何一条，此组锂电池应“停止使用”。

2）报废电池的识别。

① 外观判定：出现明显鼓胀（鼓胀厚度≥ 5mm）、破损、漏液、变形现象。电池外观检查判定见表 12-14。

表 12-14　电池外观检查判定

电池	说明
	外观平整，无鼓包、破损，判定可继续使用
  	外观存在鼓包、破损等情况应作报废处理

② 电压判定：每组电池都有多个单体电芯，在判断该组电池电压是否正常时，要求每个单体电芯的最高电压小于或等于 4.2V（高压版电池的最高电压小于或等于 4.35V）。电池中电芯的最高电压减去电芯的最小电压所得差值为整组电池的压差，压差应在压差标准之内。对于循环次数不同的电池，其压差标准也不同。电池压差标准及电压检测判定见表 12-15 和表 12-16。

表 12-15　电池压差标准

循环次数	压差标准
≤ 50 次	≤ 50mV
51 ~ 100 次	≤ 80mV
101 ~ 150 次	≤ 100mV

表 12-16　电压检测判定

电压检测	说明
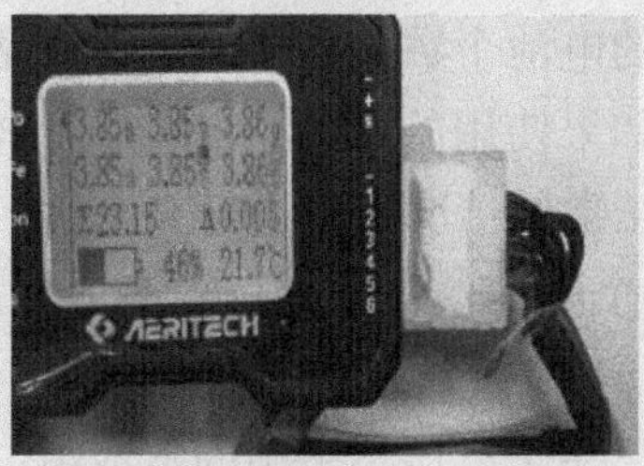	压差为 3mV，电压正常，电池可用

12

（续）

电压检测	说明
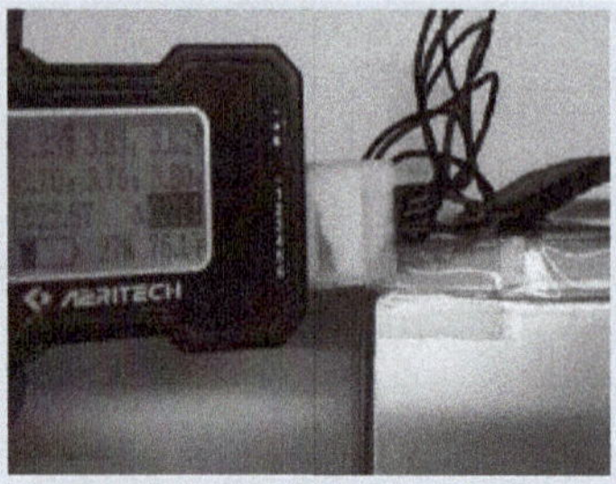	压差为 211mV，电压不正常，电池不可用

③ 内阻判定：电池内阻无穷大（测试不出来）或达到初始内阻的 2 倍以上。

④ 容量判定：连续两次放电的容量低于标称容量的 70%。

3）报废电池的处理。

① 隔离标识：已经判定为报废的电池需标识清楚并单独存放，严禁再进行充电或放电动作，临时存放位置需满足防火要求，如使用铁柜、铁桶等存放。

② 浸泡盐水：按照 1∶20 比例配置盐水，采用宽口容器盛装（如周转筐、铁桶等），放置于四周空旷的户外（周围无易燃易爆物品），将电池浸没在盐水中 2h（一次不得浸泡超过 3 组电池）。

③ 浸泡后的残骸用火钳取出，确认无电压或不再发热后，联系生产厂家协助处理。

注意：在条件允许的情况下，也可联系生产厂家协助处理。

（6）电池的日常保养与维护　物流无人机主要采用锂聚合物电池作为动力来源。锂聚合物电池使用或保管不当必然导致电池使用寿命大大缩短，具体表现为电池内阻增大、电池发生鼓胀、发热自燃等。维护保养电池时需要注意以下几点：

1）不过放电。刚开始放电时，电压下降比较快，但放电到 3.9 ~ 3.6V 后，电压下降会变慢。可一旦降至 3.6 V 以下，电压下降速度就又会加快，控制不好就导致过放电，轻则损伤电池，重则会因电压太低造成炸机。有些初学者因为电池较少，所以每次都会过放电，这样的电池使用寿命会大大缩短。对策是尽量不要每次都把电池用到超过容量极限，要充分利用电池报警器，一报警就应尽快将无人机降落。

2）不过充电。要使用专用的充电器，这个充电器可以是锂离子或锂聚合专用充电器，两者非常接近。部分移动电话的充电器可以用来充锂聚合物电池（特指带有智能保护板的锂聚合物电池），这不会损坏电池。

3）准确设置电池组的电池单体个数。如使用锂聚合物电池智能充电器，充电的前几分钟必须仔细观察充电器的显示屏，在上面会显示电池组的电池个数。如果显示不清楚，或者提示错误的，应先断开充电器，检查充电器后再充电。如果使用的充电器没有显示屏，请先用电压检测器检查每个电芯的电压和个数，电压和个数正常的情况下再进行充电。

第一次充一个新的锂电池组时，应先检查电池组每个电池单体的电压。新电池出厂时，单个电芯电压为 3.8 ~ 3.85V，每个电芯的压差不超过 0.1V。以后每次充放电结束，建议都检测一下电池电压是否正常，这样操作是非常有必要的。一个电压不平衡的电池组，即使是电池个数选择正确，在充电时仍会有爆裂的风险。若电池组内电池单体电压相差超过 0.1V，建议用 0.2C 小电流将单体电芯分别都充到 4.2V。若每次放电结束，且静置 10min 之后，电池单体的电压差均超过 0.1V，则表示该电池已经出现故障，应当更换。

4）无人照看时请不要充电。

5）使用安全的位置放置充电的电池和充电器。充电时，应注意充电的桌面或平台是否可耐热耐高温，有条件的可选择在水泥地上或者装满泥沙的花盆中充电。充电时远离易燃易爆物品，如纸张、塑料、地毯、乙烯、皮革、木材和汽油等。注意：不要直接放在负载、汽车中充电。

6）一般没有厂家的特别说明，充电电流不要超过 1C。现在支持大电流放电的电池也支持超过 1C 的电流充电，但这将影响电池的使用寿命，不如买 3 个电池交替充电，这样比买 1 个电池而不得不快充更划算。

7）不满电保存。充满电的电池，不能满电保存超过 24h。对于充满电后因各种原因没有使用的情况，需要在充满后 24h 内把电池放电到 3.8～3.9V 保存。

8）不损坏包装。电池的外包装是防止电池爆炸和漏液起火的重要结构，锂电池的铝塑膜破损将会直接导致电池起火或爆炸。电池要轻拿轻放，需要在设备上固定好电池，因为设备有可能在执行任务时，出现飞行大动作或者摔机或其他不可预料的撞击，电池有可能被甩出导致外皮破损从而燃烧等现象。

9）不短路。电池短路往往发生在电池焊线维护和运输过程中。短路会直接导致电池打火或者起火爆炸。当发现使用过一段时间后电池出现断线的情况需要重新焊线时，特别要注意电烙铁不要同时接触电池的正极和负极。另外，运输电池的过程中，最好的办法是将每个电池都单独套上自封袋并置于防爆箱内，防止运输过程中因颠簸和碰撞导致某块电池的正极和负极同时碰到其他导电物质而短路。

10）不低温使用。对于采用锂电池驱动的无刷电动机作为动力来源的无人机来说，低温环境对电池的影响是个不容忽视的问题。在中国北方冬季进行作业的操作人员会经常遇到智能手机因在低温环境中通话而迅速失电并自动关机的情况。当锂电池温度低于 15℃时，其化学活性已开始降低，内阻开始增大。当温度更低时，内阻的增大使锂电池的放电能力显著下降。当电芯电压低于 3V 时，无人机的无刷电动机将难以维持无人机的正常飞行。当温度低于 −20℃时，带有管理电路的锂电池会切断电力供应，以避免电芯过放电从而导致无人机坠毁。因此，在低温环境中拍摄的无人机正式进行航拍作业之前，要带电低空悬停 1min 以上，以便操作员了解无人机整机在低温环境中的表现情况，并对飞行计划进行调整，同时利用电池的自身发热来抵御严寒的不利影响。在掌握当地天气情况并对光照和风力等因素进行通盘考虑后，还应时刻监控无人机的状态。另外，应适当调高无人机电池的报警电压，以便适应锂电池在低温环境中陡峭的降压曲线。

再有，要给电池做保温处理，在起飞之前电池要保存在温暖的环境中，如房屋内、车内、保温箱内等。要起飞时应快速安装电池并执行飞行任务。在低温飞行时尽量将时间缩短到常温状态的 1/2，以保证安全飞行。

在高原地区执行飞行任务时，较小的空气密度使无人机的旋翼需要更高的转速来产生足够的升力，此时无人机的耗电速度要比平时快。操作人员要注意时刻监控电池状态，以免无人机坠落。另外，高原地区往往阵风频发，无人机在抵御大风时也会多耗能量。因此，在高原上作业时，操作人员要准备多块电池，随时准备替换。

（7）充电箱的使用 充电箱及附件和充电箱说明如图 12-6 和图 12-7 所示。充电箱规格见表 12-17。

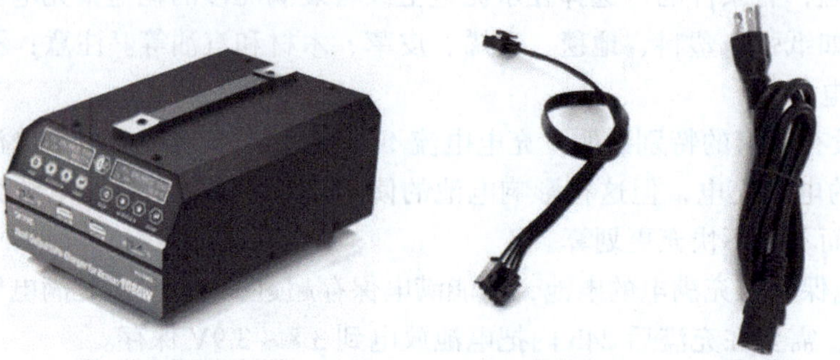

SkyRC PC1080充电箱　　数据线　　电源线

图 12-6　充电箱及附件

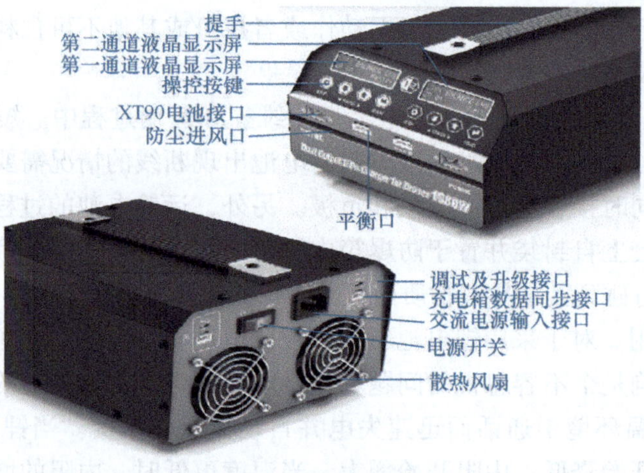

图 12-7　充电箱说明

表 12-17　充电箱规格

重量	4.88kg
输入电压	100 ~ 240V
输出功率	1080W（540W × 2）
放电功率	100W（50W × 2）
充电电流范围	1 ~ 20A
最大平衡电流	1.2A
充电电池类型	LiPo/LiHV（高压锂电池）
锂电池节数	6S × 2
充电模式	快速平衡充电模式
	精准平衡充电模式
	电池存储充放电模式

充电箱支持 LiHV，LiHV 充电器支持 LiHV 和 LiPo 电池充电，通过同时按向上和向下键，可切换选择电池类型，其操作示意图如图 12-8 所示。

3 种充电模式介绍：

1）快速平衡充电模式（FAST CHARGE）。快速平衡充电模式是每一位需要提高工作效率的用户的最佳选择。它比较科学地分配了快速充满时间和平衡时间，在保证电池充电质量的情况下，优化恒压阶段的电流，使电池快速充满，但不会过充电，缩短了充电时间。快速平衡充电模式显示图如图 12-9 所示。

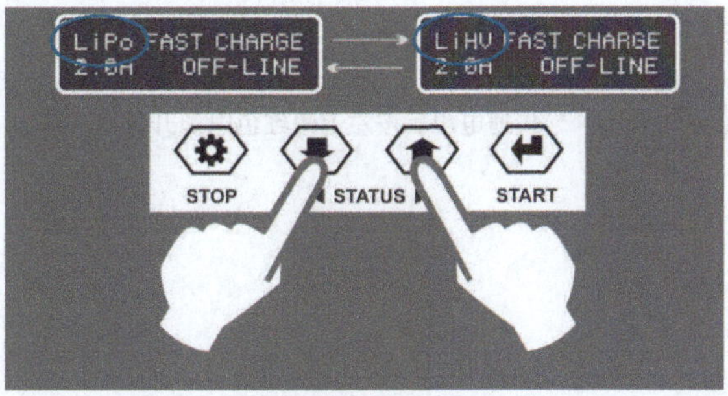

图 12-8　切换选择电池类型操作示意图

2）精准平衡充电模式（BALANCE CHG）。精准平衡充电模式是比较科学合理的充电方法。它根据电池本身的综合状态，智能地进行综合自动调节，降低电池压差，高精度地平衡了每节电池的电压，不过充电，更加细致地呵护每个电芯，极大地保护了电池。它能使电池蓄电能力更强，让电池的循环使用次数最大化，使电池使用时间更长。精准平衡充电模式显示图如图 12-10 所示。

图 12-9　快速平衡充电模式显示图

图 12-10　精准平衡充电模式显示图

3）电池存储充放电模式（STORAGE）。选择电池存储充放电模式时，会自动将充电电池的电压调至 3.85V（高压版电池会调至 3.95 ~ 4.0V），即电池电压不够 3.85V 时就会自行充电使其达到 3.85V，电池电压超过 3.85V 时会自动放电，直至电压降至 3.85V 为止。电池存储充放电模式显示图如图 12-11 所示。

图 12-11　电池存储充放电模式显示图

任务准备

电池、充电箱。

任务实施

1. 物流无人机电池的充电操作

物流无人机电池充电操作流程见表 12-18。

表 12-18 物流无人机电池充电操作流程

操作步骤	操作说明	示意图
1	接通电源后按左上角红色电源开关	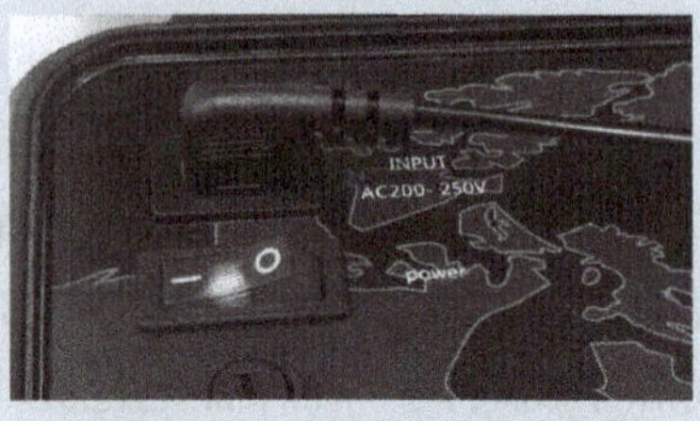
2	检查 OUTPUT 和 BALANCE PORT 接口是否插接正确	
3	给一块电池充电时一般不用检测电压，两块或两块以上电池充电之前需要用测电器测量电池电压（如右图所示，两电量百分比之差不能超过 10%）	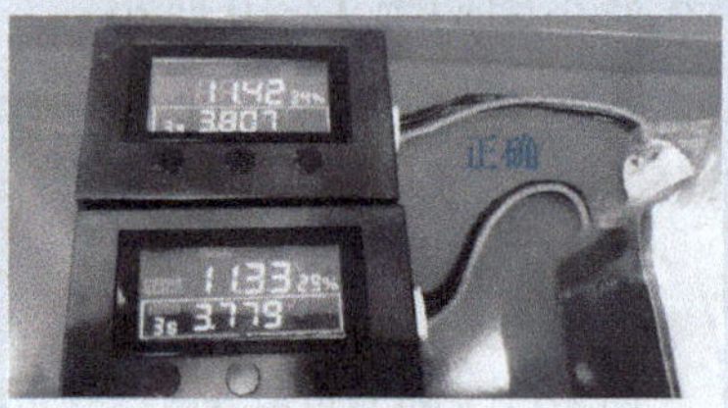 
4	充电之前先检查无人机电池是几 S 电池（以右下图为例，图中为 3S 电池），用电池上的细线接口接在平衡充电板相对应的几 S 接口位置上，再接上橡胶头（以红线对红线、黑线对黑线方式连接，若接反会引发短路起火）	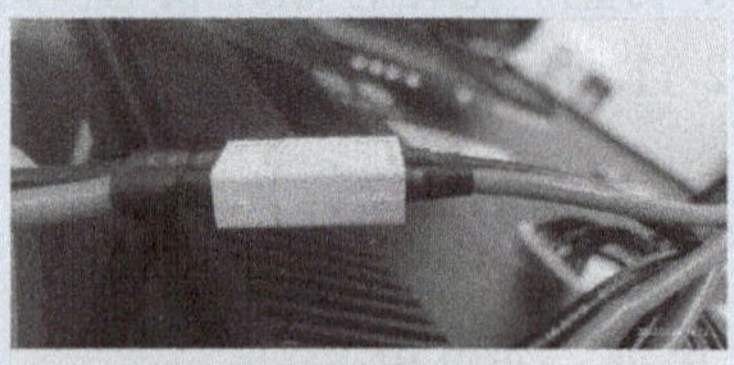 

（续）

操作步骤	操作说明	示意图
5	由于充电的电池是锂电池，所以通过左右箭头选择显示屏上的 LiPo 电池，点击“CHG”，进入后点击“Pack.Volt.”，点击下方的上下键选择几 S 电池，选完后再点击“Capacity”，选择上下箭头设置电池容量（充一块电池就填相对应的容量，两块或两块以上电池就按照“容量 × 电池数量 = 总容量”进行填写），检查无误后长按“Enter” 充电过程中必须有人在旁查看，如果中途有事需停止充电就点击界面上的“STOP”，再点击两次“ESC”会退出充电，然后先拔掉橡胶头接口和平衡充电板接口，并关掉电源开关再拔电源	  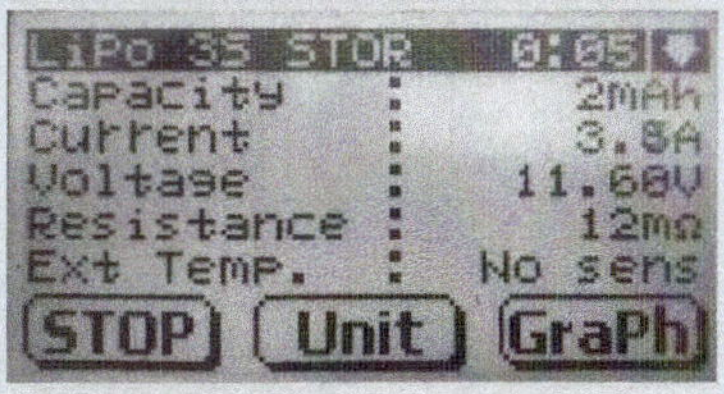  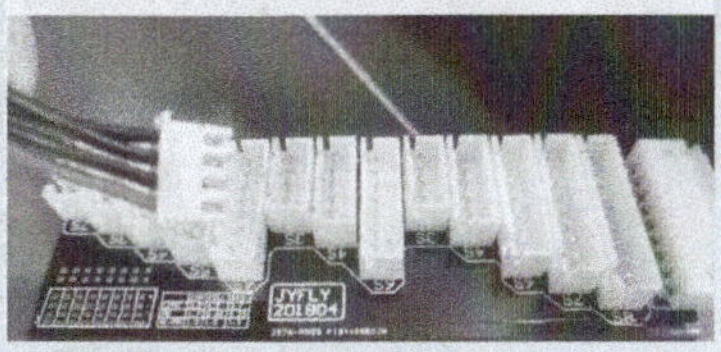

2. 物流无人机电池的放电操作

物流无人机电池放电操作流程见表 12-19。

表 12-19　物流无人机电池放电操作流程

操作步骤	操作说明	示意图
1	接通电源后按左上角红色电源开关	

（续）

<table>
<tr><th>操作步骤</th><th>操作说明</th><th>示意图</th></tr>
<tr><td>2</td><td>放电前先检查无人机电池是几 S 电池（以右下图为例，图中为 6S 电池），用电池上的细线接口接在平衡充电板相对应的几 S 接口位置上，再接上橡胶头（以红线对红线、黑线对黑线方式连接，若接反会引发短路起火）</td><td>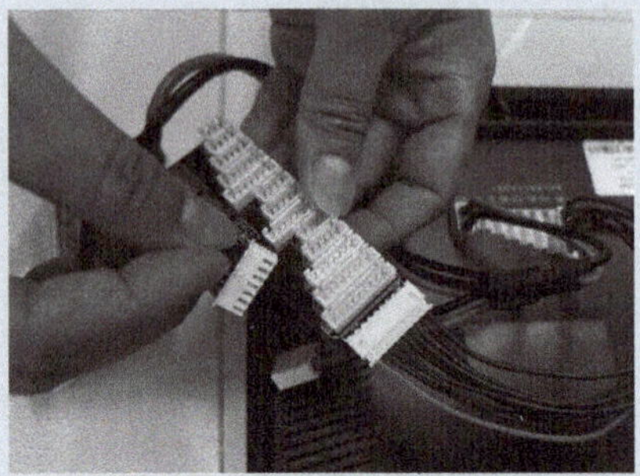
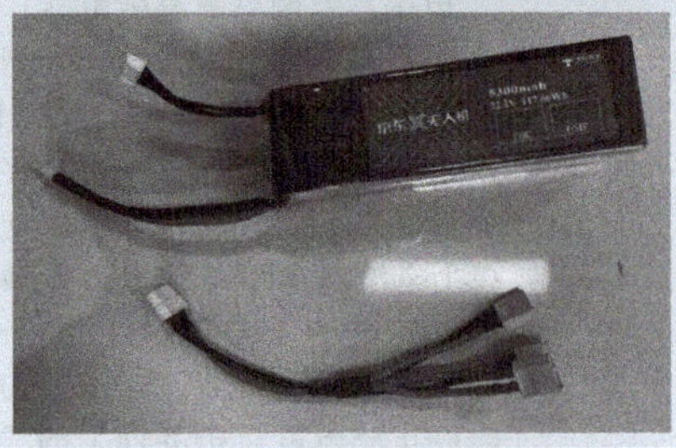</td></tr>
<tr><td>3</td><td>由于放电的电池是锂电池，所以通过左右箭头选择显示屏上的 LiPo 电池，点击“STOR”，进入后点击“Pack.Volt.”，点击下中位置的上下键选择 6S 电池、22.2V（以放电电池上的数据进行设置）。选完后再点击“Capacity”，选择上下箭头设置电池容量（放电电池储存的健康电量是 38% 电容量，本放电电池容量为 5300mA · h、22.2V，故选择为 2050mA · h）。检查无误后长按“Enter”，将会进入“LiPo 6S STOR”一直闪动界面，表示电池此时正在放电
放电过程中必须有人在旁查看，如果中途有事需停止放电就点击桌面上的“STOP”，再点击两次“ESC”会退出放电，然后先拔掉橡胶头接口和平衡充电板接口，并关掉电源开关再拔电源</td><td>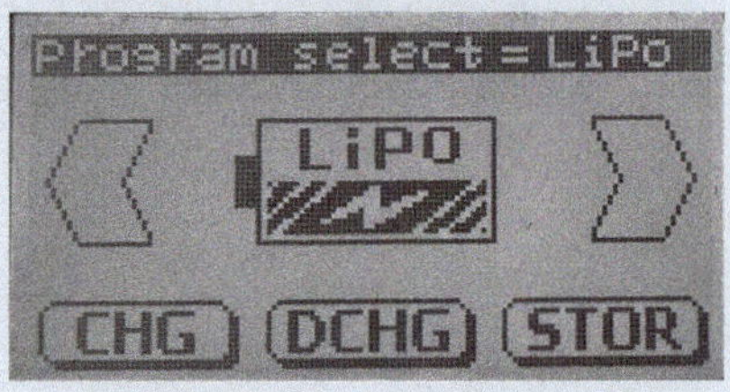

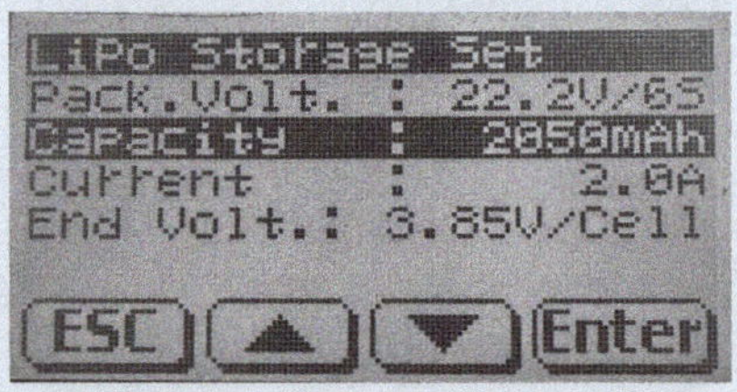

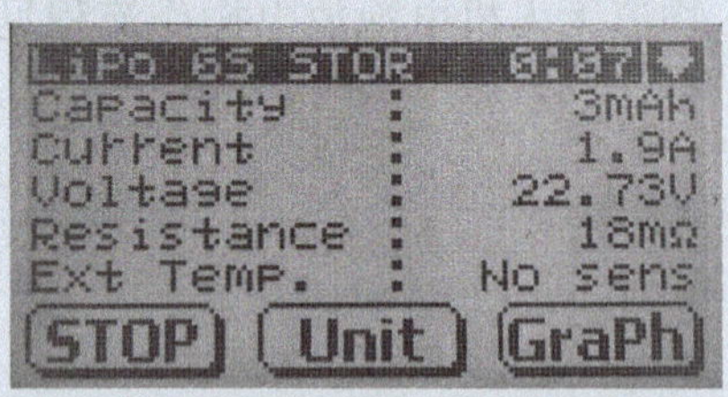
</td></tr>
<tr><td>4</td><td>当放电结束后，“LiPo 6S STOR”停止闪动，完成放电过程。点击“ESC”退出，拔下电池并按照要求储存</td><td>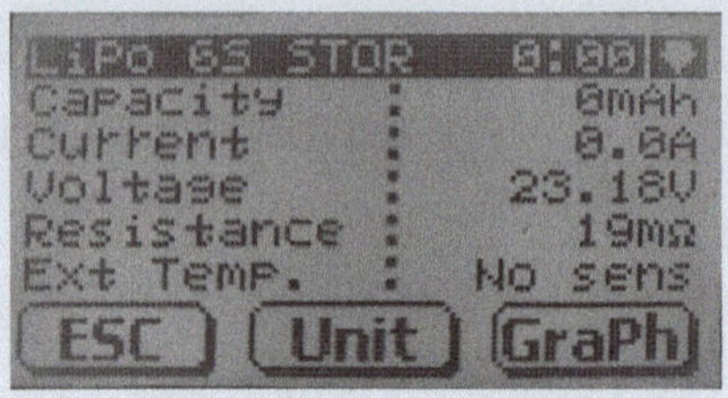
</td></tr>
</table>

3. 物流无人机电池的报废处理

物流无人机电池报废处理流程见表 12-20。

表 12-20　物流无人机电池报废处理流程

操作步骤	操作说明	示意图
1	准备绝缘胶筐（绝缘水桶之类也可以），放入清水，水高为胶筐高度的 3/4	
2	准备食用盐，按照水和盐 20∶1 的比例加入	
3	准备将要报废的电池	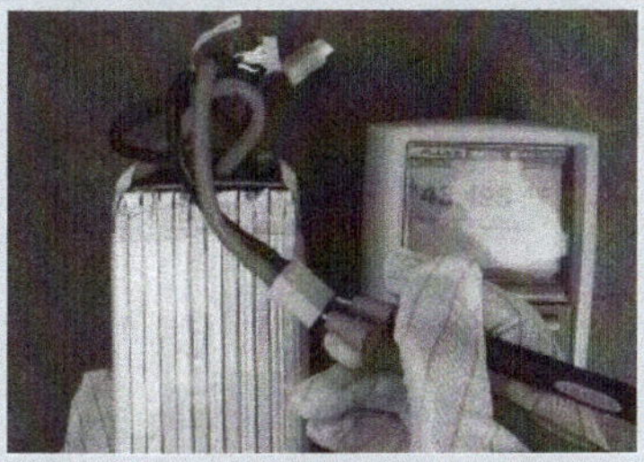
4	将盐加入清水中搅匀	
5	将电池浸入水中（电池必须完全浸入）	

（续）

操作步骤	操作说明	示意图
6	浸泡过程中的现象：初始时表面产生大量白色气泡	
7	2h 后只有微量气泡产生；在表面已形成泡沫层	
8	6h 后电量完全损耗完毕，无气泡产生	
9	抽检 1 组电池的总电压，其值应小于 1V	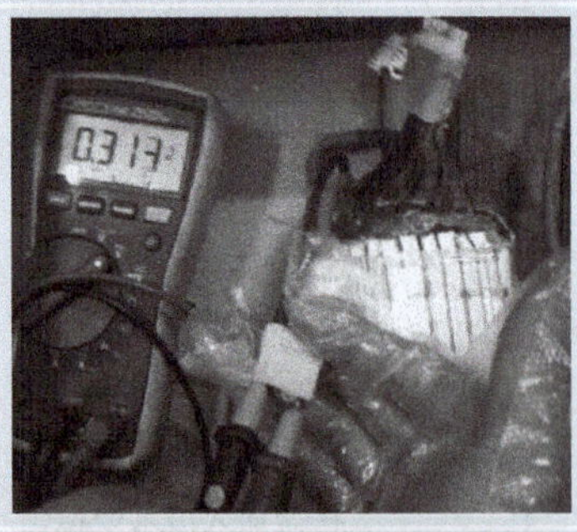
10	将电池集中回收处理（建议联系厂家回收处理，不建议随意丢弃）	

4. 物流无人机电池使用保养记录

根据以上电池使用和保养操作过程，完成物流无人机电池使用保养记录表，见表 12-21。

表 12-21　物流无人机电池使用保养记录表

日期	编号	使用次数	充电前			充电后			充入容量	保存电压	检验员
			电池电压	单片电压	最大压差	电池电压	单片电压	最大压差			
负责人签字：								日期：			

检查评议

根据本任务所学内容填写表 12-22。

表 12-22　物流无人机电池使用保养考核评分表

内容		自我评价	小组评价	教师评价
物流无人机电池的充电操作	能正确匹配相应电池和充电箱接口（20 分）			
	能完成电池的充电操作（20 分）			
物流无人机电池的放电操作	能正确匹配相应电池和充电箱接口（20 分）			
	能完成电池的放电操作（20 分）			
能正确操作充电箱（20 分）				

问题管理

1）物流无人机电池维护保养时一定要检查电池外观是否膨胀、破损。

2）确保电池电压正常，不过放电，不过充电，不满电保存，不损坏外皮，不短路，不过热，不着凉。

3）物流无人机电池在充电、放电时一定要确保有人在场。

任务小结

本任务重点介绍了物流无人机电池的维护保养内容与步骤，要求学生能够根据操作的内容和步骤对物流无人机电池进行维护检查；同时学习了物流无人机电池的充电和放电操作，讲解了充电箱如何使用，电池如何储存、运输、报废处理等知识点。

课后训练

一、选择题（每题可能有一个或者多个正确答案）

1. 关于无人机电池储存要求正确的是（　　）。

A. 长期储存（超过 15 天）时必须确保电池电量在 30% ~ 50%，严禁满电（单节电芯电压≥ 3.95V）状态下储存

B. 仓库环境温度为（23 ± 5）℃，最高不超过 30℃，湿度为（65 ± 20）%RH

C. 电池仓库必须装备烟雾报警器，建议采用 24h 值班制，仓管人员应具备较高的消防意识，定期进行灭火器使用、应急疏散等消防演练

D. 电池仓库对消防要求高，需要配备足够的灭火器

2. 电池的日常保养与维护包括（　　）。

A. 不过放电　　B. 不过充电

C. 无人照看时请不要充电　　D. 不满电保存

3. 当温度低于（　　）时，带有管理电路的锂电池会切断电力供应，以避免电芯过放电从而导致无人机坠毁。

A. −20℃　　B. −10℃　　C. −30℃　　D. 0℃

4. 新电池出厂时，单个电芯电压为 3.8 ~ 3.85V，每个电芯的压差不超过（　　）。

A. 0.1V　　B. 0.2V　　C. 0.3V　　D. 0.4V

二、判断题（正确的画“√”，错误的画“×”）

1. 锂电池连续两次充放电的容量低于标称容量的 80% 应停止使用，做报废处理。（　　）

2. 锂电池充放电 150 次左右，压差≤ 100mV，应停止使用，做报废处理。（　　）

3. 锂电池如果出现明显的鼓胀（鼓胀厚度≥ 5mm）、破损、漏液、变形现象，应做报废处理。（　　）

4. 针对长途运输的电池带电量需保持在 80% 以上。（　　）

三、简答题

1. 简述充电箱的 3 种充电模式。

2. 电池运输有什么要求？

3. 简述如何处理报废电池。

参 考 文 献

[1] 远洋航空教材编写委员会 . 无人机飞行训练指导书 [M]. 北京：北京航空航天大学出版社，2020.

[2] 董朝阳，张文强 . 无人机飞行与控制 [M]. 北京：北京航空航天大学出版社，2020.

[3] 深圳市无人机行业协会 . 无人机操控与竞技 [M]. 北京：机械工业出版社，2020.

[4] 杨苡，蔡志洲，戴长靖，等 . 无人机理论与飞行培训：多旋翼 [M]. 北京：高等教育出版社，2018.

[5] 崔胜民 . 轻松玩转多旋翼无人机 [M]. 北京：化学工业出版社，2017.

[6] 杨宇，孙祥蕊 . 无人机结构与操作 [M]. 北京：化学工业出版社，2020.

[7] 贾玉红 . 无人机系统概论 [M]. 北京：北京航空航天大学出版社，2020.

[8] 远洋航空教材编委会 . 无人机飞行原理与气象环境 [M]. 北京：北京航空航天大学出版社，2020.